左上：モスキート・コーストの河川沿いの村落、右上：大きな船（Duri Tara）、左中：アオウミガメの屠殺作業（Lih Ikaia）、右中：早朝の肉や魚（Wupan）の売却に集まる村人、下：村のアオウミガメの漁獲作業（Lih Alkaia）の様子。

左上：船主の妻（Duri Dawanka Maya）、右上：アオウミガメ肉の訪問販売と信用買い（Trasto）、右中央：ロブスター小屋（Lobsta Cyanpka nani）、下：船主（右端、Duri Dawanka）とその親類（Kiyamka）。

人とウミガメの民族誌

ニカラグア先住民の商業的ウミガメ漁

高木 仁
Hitoshi Takagi

明石書店

人とウミガメの民族誌——ニカラグア先住民の商業的ウミガメ漁

＊

目次

第一章　序論……7
一．問題の所在　7
二．先行研究と本書の学術的位置づけ　9
三．現地学術調査について　14
第二章　大航海時代の発見の片隅で……17
一．ウミガメ諸島（Las Tortugas）の発見　17
二．富と名声の象徴として　21
三．二つの民族集団と二つの宗主国　23
四．英領ケイマンとモスキート・コーストへの南進　26
五．米開発資本とワシントン条約、自治州の設立　27
第三章　インディアンたちの生産科学……35
一．資源管理下の先住民漁業　35
二．換金できる海産物をめぐる領海の分割　37
三．集団編成の論理　42
四．現代のアオウミガメ漁獲作業　52

五．海上での航路と空間的合理　73
六．漁の季節と海流　81
七．生産性の向上　85

第四章　富や財としての価値 ………… 95
一．ミスキート社会における希少動物の価値　95
二．換金商品のロブスターが生み出す莫大な富　96
三．港町での流通　101
四．金銭的な価値とその交換　108
五．村の交換財として価値　119
六．海産物交易の中で　128

第五章　肉としての価値 ………… 135
一．高依存度とその解釈について　136
二．偏在するウミガメの肉　140
三．商品化の模様　144
四．現代のキッチン　150

五、欧風の味付けや調理法の導入　153
六、家畜動物の肉　158

第六章　討論……169
一、問題に対する本研究の位置づけ　169
二、文明社会における希少動物アオウミガメの保護や管理方法について　174
三、「地球」という空間に対する意識の変化の中で　176

第七章　結論……179

付録　184
1　老漁師の話〈原文〉　184／2　老漁師の話〈訳文〉　189／3　大きな船の建造方法　198／4　アオウミガメ漁獲作業の航路　208／5　港町（Bilwi）や近郊の漁村での流通・消費に関するデータ　229

あとがき　247
参考文献　256

第一章　序論

一．問題の所在

「（私たちのいる現代には、）地球時代という時代がやってきて、何事を考えるのにも地球という背景で考えなければ、真の解決はないということが非常にはっきりとしてきた」、梅棹忠夫がそう述べたのは、一九八三年の対談集『地球時代の人類学』の上でのことであった（梅棹 1983, p.14）。

当時、地球上の人口の増加によってもたらされていた資源の有限性やその枯渇に対する危機意識が、世界各地で広がっていた時代であった。

梅棹の先見の明には脱帽せざるを得ない。しかしこれは、本書が最も批判的に考えていかなければならない概念である。氏のように地球のような果てしない大きさを実感できるものなど、どれほどいるのだろうか。普段の生活とかけ離れたその馴染みのなさに、私などはどうしても実感がわいてこない。地球を基準とする新たな時代など本当に存在するのだろうか？

近年、氏のこうした地球時代というものに対する大きな意識改革の訴えに対して、人類学的な研究が盛んに行われている（池谷 2003; 2009; 2017）。[*1] なかでも池谷は、諸人類がどのようにこの地球時代を歴史的に発展させてきたかを狩猟採集時代の自然財の利用という観点から再現しようと試みて、注目を集めているが、もし、氏の言うように、地球という時代が形をなしてきているのであれば、それはどのような経緯で誕生したというのだろうか。戦後の復興と高度経済成長、探検の時代や環境のムーブメントの中を生きた氏の存在は、ゼロ成長の時代を生きる私たちにはあまりにも眩しい。その熱が冷めたように見える今、私たちの間に浸透しているようにみえる地球像について、深く腰を据えて分析するには確かに良い時期を迎えているのかもしれない。

本書、『人とウミガメの民族誌』と題した研究書は、こうした地球時代というものに対する人類学的な学術問題意識の連続の中で育まれ、その一つとして派生したものである。

∷

本研究書で問題としているのは、この地球という不確定な時代において、その共存の可能性が問題視されている人類とウミガメについてである。本書では、このテーマについて、遠くカリブ海でその動物を最も多く殺し、最も多く食べて生活するあるインディオたちを例に論じていきたい。

∷

このウミガメというのは海にいる爬虫類である。鰐《わに》や蛇の仲間であるが、ご存知の方も多いように、現代社会で保護され守られている稀少動物のアイコンと言えるほどの動物である。諸々の社会で愛され珍重されている動物の一種である。

私が調査に入ったカリブ海の西部海域には、このウミガメを毎年、数千頭単位で消費する人々がいて、彼らが本研究書の研究対象であり、本書はその大部分を彼らの生活の記録にあてている。

なお本研究書は、二〇一六年度に総合研究大学院大学文化科学研究科、地域文化学専攻（基盤、国立民族学博物館）に提出した博士学位請求論文「自然資源の利用に関する環境人類学研究――ニカラグア先住民によるアオウミガメ漁の事例」をもとにしたものである（高木 2016）。文章上の表現や図表に対する改編はあるものの、基本的にその内容を整理するなどして多少、手を加えただけである。

二 先行研究と本書の学術的位置づけ

本研究書の前身には、環境人類学という新たな学術分野の一つとして研究するようにとの課題をいただき、これまでその任にあたってきた。この分野についてはすでに幾冊か教科書が出版されている。詳しくは省略するが、その中身は、これまで研究されてきた文化生態学と呼ばれる分野で課題視されてきた諸民族集団の生活の描写や環境への適応に対する研究や、人類の進化や狩猟採集や漁撈、牧畜、農耕といった生産体系を課題視する生態人類学の研究、地球の周辺部にいる農民のような人々とそれを動かす巨視的なエコノミーのダイナミズムを追求する政治生態学、民族の生物知に対する認識に関する研究などを集めた論集、またはその総括という形をとる（Haenn and Wilk 2005）。

この環境人類学における研究であるが、三つのエコロジーと呼ばれる指針が存在している。これは、これまでの文化生態学（又は生態人類学）を基礎に、そこから批判的に発展し、特に近年、激しい議論がおこなわれている歴史生態学と政治生態学を取り入れて、より複眼的に人間の生態をとらえ直し、そこから地球環境問題に対する解を得ようとするアイデアである。

本書はその指針を経線にして、記録を残してきたものである。ただし、与えていただいた課題の言葉が導いてくれるような、環境という考え方を、複数の生態という考え方と同一視することには若干の違和感を覚えた。その点については、本書とは別の議論の場が必要のように思える。その点は別稿へ譲ることをお許しいただきたい。

::

さて私が調査に入ったのはカリブ海である。このカリブ海には全七種類のウミガメのうち、四種類が生息していると言われている。

その生態に詳しい生物学者のカールによれば、そのうち、アオウミガメやアカウミガメという種類については、回遊する空間が広く、中にはカリブ海から遠くアフリカの象牙海岸にまで回遊していくものもあるのだという（Carr and Ogren 1960; Carr et al. 1978）。カリブ海では現在、こうしたウミガメ類はすべて、国家や諸民族の居住地を超えた空間での管理が必要になっている（Bjorndal 1981）。また、こうしたウミガメ類はすべて、絶滅の危機にある動物種（レッドリスト）に記載され、カリブ海の各地では、その生息数や産卵個体のモニタリング調査が実施されている。カリブ海でもその管理体制の構築が、急ピッチで進められている。周辺の海域では、各地で毎年、漁獲量が報告され、それらを基にこの海の生物資源の管理コントロールがおこなわれている（Bräutigam and Eckert 2006）。

カリブ海のウミガメは、産卵の季節がやってくると、雌らが砂浜へとやって来てピンポン玉大の卵を産む。産卵のための砂浜は、人為から隔離して守らなければならない。また、産んだ場所は木や柵で囲うようにして守ってやらなければハナグマやコンドルに持っていかれてしまう。海上では、成熟した個体の混穫を避けるような方策も練る必要がある。近年の研究によれば、保全に関しては、近年では放流や人工衛星を使った回遊路の解明、養殖による野生の生息数を保障するようなバックアッププランも、最先端の技術として世界的に注目を集めている（Bell

2005; 亀崎 2012; Troeng et al. 2005; Humber et al. 2014）。[*2]

こうした現代の危機的な状況がある一方で、カリブ海のウミガメは、この地の人間生活と切っても切り離せないことがわかってきた（Ingle and Smith 1938; Parsons 1962; Rabel 1974）。地理学者のパーソンズによれば、特に草食性を示すアオウミガメ（*Chelonia mydas*）は、人間に良質なたんぱく質を提供する食量資源として、長らく人為によって利用されてきた動物である（Parsons 1962）。このアオウミガメに加えて、カリブ海では、べっ甲のとれる美しい甲羅を持つタイマイ（*Eretmochelys imbricata*）という種類も、日本やアジア市場へと輸出するために人為によって開発されてきた歴史を有する（Ingle and Smith 1938; Rabel 1974）。

これまでの世界の他の熱帯海域での研究においても、この二種を中心としたウミガメは、現地の人々の生活に大変大きな意味合いを持っていることがわかってきた。

なかでも東南アジアのインドネシア・バリ島でおこなわれているヒンドゥー教儀礼時における供犠での大量消費や、インド洋や東アフリカ海岸、マダガスカル近海における広範囲の自給的及び商業的な利用は特筆すべきものであることがわかってきた（Frazier 1980）（図1）。

図1．調査地（3）の位置

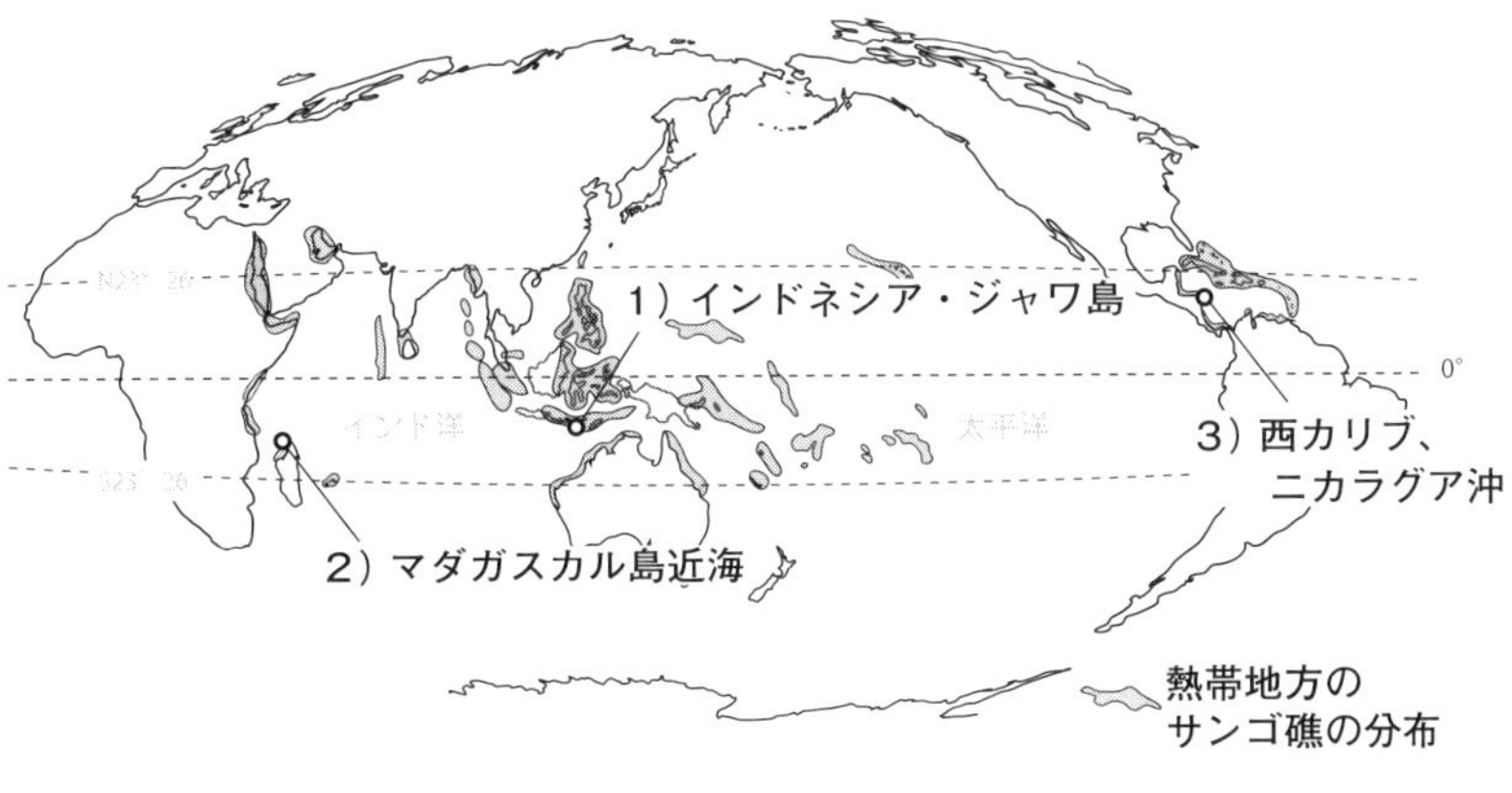

インドネシアで調査をおこなった秋道によると、インドネシア・バリ島の数あるヒンドゥー儀礼の饗宴にはかならずといってよいほどウミガメが登場するという。秋道による一九八四年の資料によると、そのために殺されるウミガメの数は、実に年間三万頭以上！にのぼる。

氏によれば、「インドネシアではナマコやフカひれ、夜光貝などの水産物は主に海外向けの輸出品である。それに対しウミガメは、その一部が輸出されるものの、大半は国内向けである。特に国内消費の約半分はバリの儀礼用である。カリマンタン、スマトラ島部、小スンダ列島、スラウェシ島南部、マルク諸島、イリアンジャヤなどウミガメが多くとれる場所はインドネシア各地にある。ウミガメは船を家として海上生活をおこなってきたバジャウ人をはじめ、各地の漁民によって捕獲される。そして商人であるブギス人や華人、バリ人などを介し、様々なルートを経てバリへと集まる。つまり、インドネシアでは、バリ人を中心としたウミガメ流通ネットワークが形成されているのである。しかもこれには多くの民族集団が関わっている。これがバリ・コネクションである」（秋道 1994）。

その数の多さには驚くほかない。長津はその生産地となっているという漂海民のバジャウ人の定住集落の分布について研究を残しているが、その点在の様子だけをみても、それはあながち大げさではないだろう（長津 2010）。もし、このようなことが実際問題として起こっているのだとすると、熱帯地方における人為による開発の規模やウミガメに対する人々の熱意は、私たちの想像とは異なる。そういっても過言ではないほどなのかもしれない。氏によれば、「（このようにバリ島の人々は）動物を生贄として神へと捧げ、それから加護を願い、その消費は、神々との共食によって実現されなければならない」（秋道 1994）。

インド洋におけるウミガメの生態学者のジェームズ・フレイザーによれば、インド洋では、広く東アフリカのタンザニア沖やケニア沖、マダガスカル近海、ソマリア沖から中東のイエメンやオマーン、紅海からペルシャ湾、そしてインドの海岸部やモルディブ、東南アジアのアンダマン諸島やニコバル諸島といった島嶼にいたるまでの各地で、アオウミガメが資源として開発されてきた（Frazier 1980）。

フレイザーによれば、それぞれの地域ごとにその開発頻度には大きな差があり、特に一九世紀後期から二〇世紀初頭のセーシェル諸島での漁獲は凄まじいものであった（Frazier 1980, p.360）。氏によれば「フランス人やバントゥー系部族、イギリス人らや逃亡奴隷がこの島に入植した理由は、この地の豊富なウミガメ資源にあった。その証拠に発見以後、この地から肉や生殖器などが、ヨーロッパへ向けて大量に輸出されていったのである。このアオウミガメの赤身は、大変重要な食材であった。他にも様々な商品が作られていた。油や心臓の油、軟骨（calipee）、乾燥した肉、甲羅、骨（lime）、赤身の肉などがそうである。セーシェル諸島民は卓越した船乗りであり、漁師でもあった。（中略）。セーシェル諸島での資源開発は、古典的な乱獲である」（Frazier 1980, p.344）。

インド洋の西にあるマダガスカルでの食文化や漁撈の慣習について、飯田が記録を残しているが、そこでは次の豊漁を願うために、アオウミガメの頭骨を家の前に飾るなどの行為が見られる（飯田 2004）。インド洋でもまた、物議を醸す問題なのである。

∷

インド洋のような大航海時代の植民活動に端を発する熱帯の海でのアオウミガメに対する開発圧の増加は、西欧列強国によって開発のすすんだカリブ海でも広く見られる現象である。

カリブ海というものが、そもそも大航海時代における西欧列強国の進出によって固定化してきた地理的概念である。そこでも、歴史的に大掛かりなアオウミガメやタイマイの開発が実施されてきた。

なかでも中央アメリカ地峡のニカラグア共和国という国のカリブ海の沖（モスキート・コースト）での開発が有名で、その地では、現地のミスキートと呼ばれるインディアンたちによる、ウミガメ類の食肉に高く依存した自給自足的な生活が発見されて、これまで物議を醸してきた（Dennevan 2002; Nietschmann 1979; Parsons 1998）。*3

本研究書の第一義的な目的は、現代のミスキートのウミガメ類を介した生活について研究し、その結果を文書として記録することにある。これまで現地でいく度か学術調査をおこなって、研究分析資料の収集に努めてきた。

三　現地学術調査について

現地学術調査は、まず修士論文の執筆のために予備調査を二〇〇九年一～五月までおこなった。政情不安定な土地のため、現地調査にあたってはニカラグアにいる海外協力隊の派遣調査員に協力を仰いだ。現地では、地元自治政府に勤める現地ミスキート・インディアンの者や現地の歴史に詳しい専門家に協力を仰いだ。

現地での学術地調査は、予備調査を含め、断続的にのべ一年五ヵ月ほどおこなった。それぞれ予備調査が二〇〇九年一～五月上旬、第一次調査は二〇一二年八～一〇月初旬、第二次調査は二〇一三年一一月～二〇一四年三月、第三次調査は二〇一四年一〇月～二〇一五年三月下旬、第四次調査は二〇一六年一、二月におこなった。

現地ではある村の副長の家に住み、研究資料の収集にあたった。村の生活一般は図版スケッチ（A6サイズ）に残し、できる限り現地語で情報収集をおこなった。天候をみては、沖でのアオウミガメ漁や村人らがおこなう様々な祭事などの調査をおこない、滞在中は時折、近隣のミスキート村落を訪れた。本稿で提示するデータのいずれもがこれら五度の学術調査で得たものである。

＊1　他にも池谷和信編（2003）『地球環境問題の人類学——自然資源へのヒューマンインパクト』世界思想社、同編（2017）『狩猟採集民からみた地球環境史——自然・隣人・文明との共生』東京大学出版会を参照。池谷は近年の研究結果について以下のように記している。「筆者は先史から現在までの長い時間の枠の中で地球環境史アプローチを採用する分野を「人類学的地球環境史」と呼びたい（池谷 2018, p.7）。〜狩猟採集民は地球の極北のツンドラから赤道の熱帯雨林にいたるまで拡散してきたが、その適応力には目を見張るものがある。その後、農耕や家畜飼育などの生業様式では、地球環境利用の集約化は一部の地域で進行するが、その広がりという点では狩猟採集を超えていない。つまり、狩猟採集民はこれらの多様な自然に関する膨大な知識や技術を持ってきたということである。これは都市文明中心の現在、化石燃料に依存している私たちがほとんど忘れた知識である（池谷 2018, p.300）。」

＊2　八〇年代初頭にアメリカで出版されたBjorndal（1981）は、ビョンダルが編んだ国際シンポジウムの論集でウミガメの生態や保全について、各分野の専門家による豊富な情報と議論をふくんでいる。この著書は三つの大きな部分からなり、一つ一つを構成する章が専門家によって執筆されている。三つの大きな部分は、①ウミガメの生物学（「sea turtle biology」）、②ウミガメの個体数（「status of sea turtle population」）、③保全の理論・方法・技法（「conservation theory, techniques, law」）からなる。

①はウミガメの回遊や生殖、営巣、採食、個体群動態が詳しい。②は太平洋各地（東部、ハワイ・オセアニア、東・東南アジア）、インド洋、大西洋の個体数の状況が詳しい。③の保全の理論・方法・技法ではいくつかの争点がある。大雑把にそれらを分類する。まず、一）アクアカルチャー（養殖や栽培）や放流の問題が一つとしてある。養殖し、それを放流した結果、どういった効果が得られるのかは未だ不透明なところがあり、それが議論されている。二）混獲の問題も一つの争点である。ウミガメがトロール漁船の網や延縄に引っ掛かり、死亡したとされる例が多々報告されており、それと漁業生産との関わりが問題視されている。三）産卵地や生息する海域及び餌場をどう保護するのか、新しい産卵地の設置も問題の一つである。その地域を保護し立ち入りを制限すれば、海浜の利用との兼ねあいが問題となってくる。四）先住民

族や現地住民の家内工業や自給自足による捕獲も問題の一つである。他の民族の諸文化をどう理解したらいいのか、異なる文化にあるからといって、先進国の基準以上を捕ることが認められるのかといった点が争点となる。

＊3　カリブ海では問題が広く分布している。国際機関に提出されたBräutigam and Eckert（2006）による報告書は、特にカリブ海に特化したものであり、本稿にとって有力な情報が多い。中でも大小二八の国や島々のウミガメ類をめぐる法律・開発・国際取引・管理・法の効力についての比較が詳しい。北東部のリーワード諸島の仏や英、米の海外領土、島嶼部の記載もある。報告書によると、二八の地域と国のうち、サバ島（蘭）、グドループ（仏）、マルティニーク（仏）、中央アメリカ各国、コロンビアとベネズエラといった一六の場所でウミガメの捕獲は禁止され、保護下にある。同じ二八の地域と国において密漁・逮捕・国際取引・法を順守する意思の有無を調査した結果、密漁は二八の国や島のうちほぼ全域の二七ヵ所に相当する場所で確認され、違法な国際取引は一八ヵ所で確認された。そのいくつかの地域では法の存在を知りながらも、逮捕者がでる事態にまで発展するほどである。つまり、表面上、国の法制度の枠組みが整っているが、内実は（規模の大小はわからないのだが）密漁や国際取引、逮捕などがカリブ海の各国や各島々で横行している。カリブ海には他にもアンギラと呼ばれる小アンティール諸島の島があって、そこではロブスターや巻貝などを採る潜水漁師たちの間にスピアガンが普及していて、それを使ったウミガメの捕獲も増加しているという。カリブ海以外では特にインドネシア近海で関連する研究書籍が出版されており、本稿ではそれらも参照にした（Achterkamp 2017; Ellen 2003; Halkyard 2009; Hendrickson 1995; Lindsey 1995; Milliken and Tokunaga 1987; Pelras 1996; Pelzer 1972; Sather 1997; Suwelo et al. 1981; Westerlaken 2016）。

第二章　大航海時代の発見の片隅で

私たちは、なぜ普段見かけることすらないこの動物に固執し、愛着の念すら感じているのか。前章では、熱帯の海洋域の各地で、大なり小なりの集団による開発があることが確認できたが、本章では調査地の海域でおこっていた大航海時代の植民活動から、その問題に接近していく。

一・ウミガメ諸島 (Las Tortugas) の発見

一五世紀の末頃、クリストファー・コロンブスが西インド諸島を発見して大航海時代が本格的に幕開けとなる前より、海洋国家のポルトガルは、アフリカの西海岸を南下するようにして、新たな航路の開拓を模索していた。コロンブスが最初の航海で辿り着いたのが、現在のキューバとハイチのあるキューバ島とヒスパニョーラ島である。カリブ海におけるアオウミガメの開発史を考える際に特に重要となるのが、この二つの島の南に位置しているジャマイカ島である。両島に挟まれるようにしてあるジャマイカは、コロンブスの二回目の航海の際、キューバが大陸かどうかを確かめるための航海していた途中で、偶然に発見された島であった（コロン 1992）。コロンブスはその後、ジャマイカよりさらに西方の中米沖に第四回の航海時に訪れている。その時に、この地の先住民らと初めて接触することとなった。

当時の記録によれば、ニカラグア沖のインディアンたちは、ユカタン半島沖で遭遇したインディアンとはずいぶんと違った、かなり原始的な様であったという。

コロンブスはその後、第四回の航海の際、中米地峡の現パナマ領にまで船を進めているが、その帰路で、ある諸島群を発見した。その当時の様子について、「一五〇三年五月一〇日、パナマ地峡近海から戻る際、ウミガメが近海に無数にいる島を発見して、それをトルトゥーガス諸島（スペイン語でウミガメ諸島、Las Tortugas）と命名した」と残している。これが現在、ケイマン諸島と呼ばれる島である。*1 歴史上、この島がこの地のアオウミガメの資源開発において大きな役割を果たしていくこととなるが、それはもうしばらく後の話になる。

コロンブスによる発見後、ジャマイカ（及びケイマン諸島）は、スペイン人たちによって一五〇年ほどかけて開発されていった。

このジャマイカ島というのは、当時、スペイン人たちが追い求めていた金銀などの鉱物資源に乏しい島であった。そのため、ジャマイカへの植民や開発のペースはむしろ緩やかなものであった。このジャマイカ島はハバナーカルタヘナの航路の中継港として発展していくこととなる。ジャマイカでは果樹やバナナが植林され、家畜なども持ち込まれるなどして、食材物資の供給地としてスペイン領ジャマイカとして形をなしていくこととなった（Long 1970）。*2

∴

スペイン人によるジャマイカ島の統治は一五〇年間ほど続いた。ジャマイカ島の南部には、スペイン人たちの町もできていったが、それらはさほど大規模に発展するまでにはいたらなかった。そうしたジャマイカ島の開発の遅れに目を付けたのが、イギリスであった。オリバー・クロムウェルはイングランドで清教徒革命を率い、新大陸ではスペイン領の空隙を狙って活動していた。クロムウェルは一六五五年にジャマイカ島へと侵攻を開始し、その後、スペイン領ジャマイカを奪取し、その支配下に置くことに成功する。

　クロムウェルが占領を成功させると、ジャマイカには他のイギリス植民地であったネービスやバルバドスからの移民が移り住んでいった。

　この頃、ジャマイカの西方に位置していたウミガメ諸島（ケイマン諸島）にもイギリス人たちの移住がはじまった。ケイマンではジャマイカの遠隔の生産地として、ジャマイカ向けの物資として綿花の栽培や木材の伐採がおこなわれるようになっていく。

　この頃、カリブ海では私掠船による海賊行為が活発になっていくが、それら海賊たちにとっても、この地の豊富なウミガメは、航海中に得られる新鮮な食肉として注目されていた。当時、そうした私掠船を率いていた者たちに

図２．カリブ海でのイギリスの勢力（17 世紀）

出典：増田（1989）

とって障害となっていたのは、その漁獲方法であった。海中のウミガメを海上から銛で狙うにはそれ相応の熟練が必要であった。海賊たちの中には、それを現地インディオたちの助力によって達成していく者も出てきたのであった。

カリブ海の西方でイギリス海賊たちの助力の一つとなったのが、ミスキート・インディアン（モスキート族）である。一七世紀末、『最新世界周航記』を著したキャプテン、ウィリアム・ダンピアは、当時雇い入れていたモスキート族の能力について、以下のように記録している。

「モスキート族は並外れた視力を有し、洋上の帆がまだ我々の視界に入らないうちに認知するし、どんなものでも我々よりはっきり見えるのである。（中略）こういう特殊な技能の持ち主だから、彼らはすべての私掠船から重宝がられ、引っぱりだこになっている。船にモスキート・インディアンを一、二名乗せておけば、百名分の食料は保証されたも同然である。そういうわけで、例えば我々は、船の傾船修理をやるような場合にも、モスキート族の獲物になるカメやマナティーが数多く生息している場所を原則として選ぶことになるのである」（ダンピア 1992）。

ダンピアによれば、当時、ウミガメという動物は、その大きさより航行中に相当量の新鮮な赤身を供することができた。特に草食性のウミガメ（アオウミガメ）は、その大きさこそ全長一メートルほどだが、重量は一〇〇キログラムを超え、そこから個体によっては五〇キログラム以上の肉を得ることもできた。

洋上で一頭でも捕まえれば、例えば、その私掠船に一〇〇人が乗り込んでいたとしても、計算上は一回につき一人あたり五〇〇グラムもの肉にあずかれる。記録によれば、この新鮮な肉を保証してくれるモスキート族（ミスキート・インディアン）は非常に重要な船員であり、海賊たちも気を使わなければならないインディオたちであった。ダンピアは以下のようにも記録している。

「我々は絶えず彼らの機嫌を損ねないように気を遣い、彼ら（モスキート族）に行動の自由を与え、彼らが帰りたくなれば、いつでも自分の国へ都合のいい船に便乗して帰れるようにとり計っている。彼らは獲物を突き刺しに出かけるときには自分らの小型カノア（丸木船）に乗り込む。そして白人がそのカノアに乗り込むことを認めず、自分らだけで気の向くままに獲物を突きに出かけるのである。それに対して我々は異を唱えたりしない。というのは、彼らの機嫌を損ねたりすると、彼らは魚やカメ、その他の獲物の群を見つけても、わざと命中しないように銛を使ったり、当たっても精々獲物をかする程度にとめておいたりするからである」（ダンピア 1992）。

イギリス人らは、インディオたち（モスキート族）の高い戦闘能力にも注目していた。海賊同士の戦闘でも、モスキート族は兵士として恐れ知らずの大変、優秀な存在であったという。モスキート族はダンピアの南米での海賊行為にも同行しているし、ジャマイカ島でのマルーン（逃亡奴隷の集団）との紛争に参加している。

二　富と名声の象徴として

この新世界における新しい食材に驚いたのは私掠船の航海士たちだけではなかった。アオウミガメは一八世紀中葉になると、イギリス本国にも運ばれるようになり、その食卓をにぎわしていくこととなる（ヒューズ 1999）。当時のイギリス人たちの日常生活に詳しいヒューズは以下のように記録している。

「一八世紀中期から西インド諸島の巨大な緑色のウミガメが、船倉に備え付けられていた淡水用タンクに入れられてイングランドに輸入されていた。このカメは食通たちの垂涎の的で、腹の肉は茹でて、背中の肉はローストして、濃厚なソースをつけた鰭や内臓などの付け合わせと共に食べた。カメ料理を主催することは富と名声の象徴となった。この珍味を手に入れられない、あるいはその余裕がない者には、カメのスープもどきが出回った」（ヒューズ 1999）。

植民地の拡大にともないイギリスが世界展開に動き出した時代であった。カリブ海（西インド諸島）沿岸に向けて、アフリカから奴隷たちが送られ、西インド諸島からは砂糖やウミガメが本国へと送られた。そして、本国からは工業製品がアフリカや北米へと送られた。こうした本国と植民地とをつなぐ三角貿易によって、大西洋の巨大な経済圏が構築されていく中で、アオウミガメもその一つとして、ヨーロッパへと運ばれていったのである。

当時のイギリスには世界中の富や食材が集まった。南米ガイアナ産の「ペッパーポット」と呼ばれる牛肉料理や、インドの「カレー」や「ケジャリー」と呼ばれる煮込み料理も紹介されていった。そうした中、この西インド諸島産のウミガメで作ったタートル・スープは抜群の人気を誇っていった。

一九世紀にルイス・キャロルが描いた『不思議の国のアリス』の中に、あるキャラクターが出てくる。カメの胴体に、子牛の頭と手ひれ、足びれが付いた奇妙なウミガメモドキというキャラクターで、いつも涙ながらに歌っている。「おお！　うるわしのスープよ。お前があれば魚も肉も何もいらない。すべてを捨ててもかまいはしない。ほんの二口のスープのためなら！　たった一口のスープのためでも！　う一るわしのスープ！　う一るわしのスープ！　ゆうべのよろこびー。げーにううるわしきスープよ♪」（キャロル 2000『不思議の国のアリス』、ウミガメモドキの歌より）。

ウミガメモドキは、何度も何度もそのような歌を歌い、アオウミガメで作ったスープがいかに美味であるかを表現するのである。

このウミガメモドキだが、当時、あまりに品薄になっていたウミガメ肉の代用品として子牛の膝関節の煮込みなどを代用していた世相を皮肉って、ルイス・キャロルが創造したキャラクターだと考えられている（キャロル 2000；桑原 2003, p.55）。

当時の英国でのタートル・スープについて、料理家で作家のイザビラ・ビートン（ビートン婦人）も記録を残している。ビートンによれば、「タートル・スープは食卓に上るスープとしては一番高価。値段は一リットルで一ポンド一シリングが相場になっている。生きたカメが高い時には、缶詰のカメを使うことが多い。これは捕まえたときにすぐ殺して、缶の中に入れて溶接密封し、イングランドに送られてきたものである。（中略）珍味のウミガメの脂入りなら七シリング六ペンスする。この材料から上等なスープが六リットルできる（Beeton 1993, 筆者訳）」。

これに対して、品薄のときに作られていたという偽ウミガメスープは、骨付きのマトン肉でスープ種を作って、その中に骨付きの子牛の頭か、子牛の膝関節を入れて煮込む。皮付きのままのレモンを一個、ニンジンと玉ねぎを一つ、月桂樹の葉を三枚入れて調理しなければならないものであった。

三　二つの民族集団と二つの宗主国

イギリスが躍進していく中、一九世紀から二〇世紀にかけて、先住民たちの土地（モスキート・コースト）では、諸外国との交易をめぐって大きな民族集団の再編が始まっていた。

現在、このモスキート・コーストには、大きく二つの民族集団（ミスキートとスム）がいると考えられている。しかし、この二つの集団の分布は、元々そのような形であったわけではない。西欧諸国との接触前は、複数のトライバル社会によって律される土地であった（Conzemius 1932; Dennis and Olien 1984; Helms 1986; Olien 1998）（図3）。

元々、このモスキート・コーストと呼ばれる土地は、コロンブスが第四次航海の際に発見した時に、その形から「耳の海岸」（Costa de Orejas）と呼ばれていた。また、モスキート・コーストの南部にあたる地方は新カルタゴや、金が産出するコスタリカを含む黄金のカスティージャ地方（またはTaguzgalpa）の一部として考えられていた。モスキート・コーストというのは、その後、この地へと進出してきたイギリス人によって、勢力を増していたモスキート族の名から命名されたもので、その後、スペイン人たちもそれをモスキティアやモスキート・コーストと呼ぶようになったのである（Conzemius 1932）。

二〇世紀初頭に民族誌を残したエドゥアルド・コンゼミウスによれば、ミスキート（モスキート族）と呼ばれている集団は、この地の先住民のうちでも、大航海時代から始まる外国人らとの接触によって混血性を強めた人々の

図３．ミスキート・インディアンの拡大

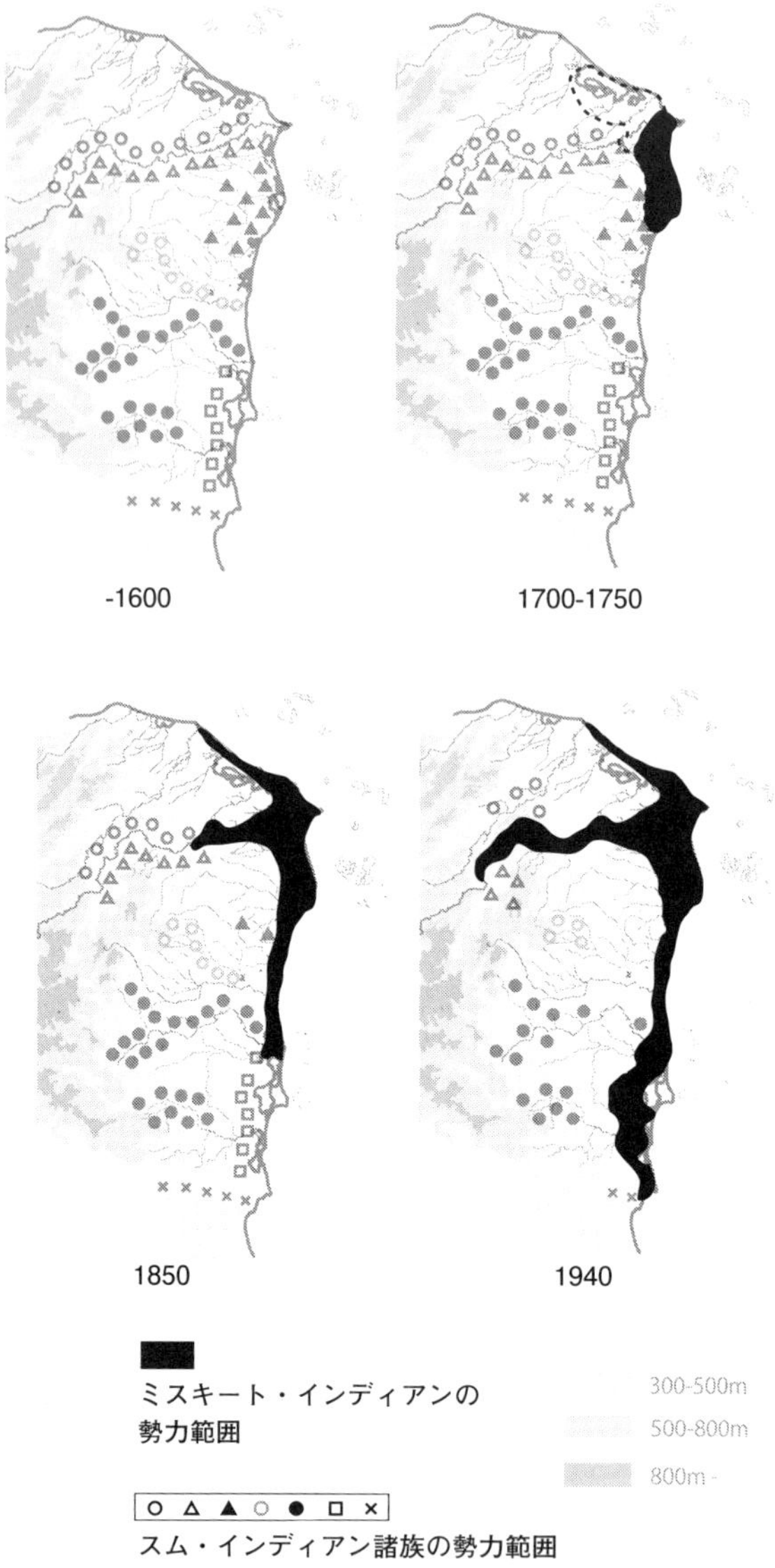

出典：Helms（1971）

ことを指すという（Conzemius 1932）。つまり、ミスキートやモスキートというのは、元々あったインディアンたちの名称ではないということである。

　このミスキート・インディアンが発生した直接的な起源については諸説ある。一説には、図の黒塗りが始まった北東部の岬の近海で、ポルトガル船籍の奴隷船が沈没し、そこから逃亡した黒人やマルーンが、現地インディオたちと混血したのが始まりという説である。かつて、スペイン人たちがミスキートのことをザンボ（Zambos）と呼んだのはこういった理由からで、それは、サンボ（黒人との混血）のような混血という意味を持っているのである（Conzemius 1932）。

また一説に、ミスキート・インディアンは、マナグア湖の西の湖畔にいた在来のインディアン（Tawira）たちがこの地へと移住し、その後、各トライバル部族やクレオールやラディーノ、カリブ、黒人、スムやラマ、パヤといった先住民系集団や北アメリカ人、ヨーロッパ人、シリア人、中国系アジア人といった人種と交わることで、歴史的に形成されていった新興の民族集団ではないかと考えられている（図3）。異なる血を持つ父親とインディアンの母親が結婚し、その子供が母親の言葉を話すことで、そのモスキート族としてのアイデンティティが徐々に形成されていった。そして、そのモスキート族が海岸部で勢力を伸ばし、諸外国との交易によって、その勢力を拡大しながら現在、一つの新興の民族集団（ミスキート又はミスキート・インディアン）として認知されるまでに至ったと考えられている（図3）。

一方、スム・インディアンというのは、在来の複数インディアン・トライブの集合表象である。そして、新興のミスキート・インディアンに対する反勢力としての集合表象的な意味合いで使われることもある。現在では内陸にパナマカ系統やタワフカ系統、ウルワ系統の集落が内陸や海岸部に点在している（Houwald. 2003）。[*3]

こうした新興のモスキート族と呼ばれる混血集団が、遠く西洋の海からやってくる人々との交易を進めた。彼らは交易によって、銃器や金属製品を手にすると、海岸沿いに勢力範囲を広め、スム族を内陸へと追いやっていく。一方、複数のスム・トライバル系統の社会の中には、河川沿いにスペイン人らの居住地近くへと進出し、彼らと交易することで、ミスキートとは異なる内陸での生存を図っていくことになる。現在のモスキート・コースト海岸沿いにミスキートの人口が多いのに対し、スム集落が内陸に目立つのはそういった理由からである。こうして、モスキート・コーストでは、イギリスとスペインという二つの植民地の宗主国の影響を受け、二つの民族集団が形成されていくこととなった。

モスキート族らは、一七世紀後期からイギリス王室の保護を受け、その力を借りて、この地に傀儡の王国を築き上げていった。その王国の存在については、いまだ活発な議論がおこなわれている（Conzemius 1932; Dennis and Olien 1984; Helms 1986; Olien 1998）。これまでの研究によれば、英領ジャマイカの総督が、モスキート族から王を選び、その王にイギリス流の教育を施していったことがわかってきた。こうしてニカラグアからホンジュラスにかけて、親英圏としてのモスキート族が勢力を広げていくことになる。

四．英領ケイマンとモスキート・コーストへの南進

イギリスとの交易において、モスキート族らはアオウミガメの肉やタイマイの甲羅、木材（マホガニー材）、皮革に加え、砂糖や藍を栽培するための土地などを提供した。また、モスキート族らは、近隣のインディアンたちを奴隷労働力として、他の植民地へと斡旋する役割も担っていた。

輸出されたアオウミガメは、イギリス本国で偽物が出回るほど人気を博していた。このころのケイマンでは、造船や編縄作りが盛んで、ウミガメも大きな産業として発展をみせていた。しかし、このケイマン諸島（Las Tortugas）の近海では、あまりの開発スピードによって資源の枯渇が危惧されるようにもなっていた。そして、英領ケイマン諸島の漁師らは、南方へと船を進め、本格的に英保護下にあるモスキート・コーストでの開発を進める。

当時、英領ケイマン諸島民の南進がもたらした影響は大きかった。一九世紀中葉に東ニカラグアのモスキティア領に赴いたイギリス人外交官は以下のように述べている。

「一八四五年一月一日より、本モスキート・コーストで操業するすべてのウミガメ漁業船は、許可証を携帯しなければならないこととする。本許可証は、年間一六ドルである。この許可証は、モスキティア領の統括者が発行したものでなければならない。そして、すべてのモスキート・コーストで操業するウミガメ漁業船は、その発行所で

あるブルーフィールド港へと寄港しなければならない。もし、許可証を携帯していなければ、その船には即時に五ドルの罰金が科せられ、甲板にあるすべてのウミガメ及びべっ甲は破棄されることとなるだろう。

これまでの無配慮な産卵地での採取やその破壊によって、モスキート・コーストや島嶼部は相当なダメージを負った。したがって公共のため、あらゆる権威を行使することによって、こうした行為を禁止することとする。（中略）先住民、外国人問わず、ウミガメの卵の採取行為、他違反行為には、モスキティア領の統括者が海岸におけるウミガメ漁の保護管理法に従って罰則を科すこととする」（Oertzen, Rossbach and Wünderrich eds. 1990）。

ケイマン諸島民の漁は伝説的でもあった。彼らの乗ったスクーナー船は、縦帆を数枚備えた二本マストの船で、風に向かって帆走できるように新大陸で発達した、それまでの帆船よりも小型俊敏な帆船であった（茂在・Cucari 1981）。[*4] スクーナーは小回りが利くため、比較的沿岸の浅い海域をも航行可能で、アオウミガメの漁獲にも適していた。これにべっ甲の獲れるタイマイに対して、直接網をかけて捕獲するための小型ボート（キャットボート、全長六メートル）も開発され、それが何艘もスクーナーに積載され、ニカラグア大陸棚まで南進していったのである（Lewis 1940, Bilmyler 1946; Smith 1986）。

この頃、ジャマイカ統括のケイマン諸島は、小さな島ながらもキューバやプエルトリコと比較しても見劣りしないほど漁獲量を誇っていた（Ingle and Smith 1938; Rebel 1974）。それを下支えしたのが、キューバ近海やニカラグアのモスキート・コーストでの漁獲であった。

五．米開発資本とワシントン条約、自治州の設立

二〇世紀中期になると、モスキート・コーストで長く強い影響力を持っていたイギリスの存在感にも陰りが見えてくるようになる。イギリスはアメリカ独立戦争の後、一度、このモスキート・コーストを放棄したが、中米諸国

が独立気運を高めていた混乱に乗じるように、もう一度、モスキート・コーストへの進出を試みていた。

この頃、アメリカは太平洋と大西洋とを結ぶため、その地峡を海運ルートとして注目していた。そのため、この地でアメリカは強い影響力を持っていたイギリスの存在を煙たがったのである。

この運河をめぐって英米は対立した。当時、アメリカが構想していたニカラグア航路は、ニカラグア南部にあるサンファン・デル・ノルテと呼ばれる場所より流れる河をさかのぼって、西のニカラグア湖へと至るものであった。しかし、イギリスはそれに反対し、アメリカが運河の大西洋側の出発点として選んだその港を占領するという事件が起こった。この時、ニカラグア政府は、新大陸で強国となっていたアメリカへと支援を求め、そのみかえりとして、アメリカの運河の通行の独占権を認めた。アメリカとイギリスはその後一年に渡って、そこでにらみ合いを続けたが、その後、この運河の通行権に対しては両者ともに中立ということで決着がついたが、アメリカはその後も運河開通のため積極的にこの地へと働きかけ、その後、隣国のパナマを強制的に独立させることによって、この地にパナマ運河を築いていく（河合 1980）。

モスキート・コーストでのイギリスの存在感はその後、少しずつ弱くなっていった。第二次世界大戦後に英領ジャマイカが独立すると、ケイマン諸島民の南進にも影響が出始める。英領として残った英領ケイマンも、一九六七年、ニカラグアの親米のソモサ政権が漁業権の急激な値上げを決定すると、その溝は決定的なものとなり、この海域から撤退した。その後、モスキート・コーストの港町にはアメリカ開発資本による二つの缶詰工場が設立され、取引相手を失ったモスキート族（ミスキート・インディアン）は、これら港町の缶詰工場にアオウミガメを運ぶようになっていった（Nietschmann 1973; 1979）。その後、ニカラグアは一九七七年にワシントン条約を批准し、この海域でのアオウミガメの国家間での取引は一切、禁止となり、現在へと至っているのである。

コンゼミウスが調査した四〇年後、文化地理学者のバーナード・ニーチマンが、この地の海辺のミスキート村落を調査した。

ニーチマンによれば、海辺にあったミスキート・インディアンの村落では、昔ながらの半自給自足的な生活が営まれていた。村人らはアオウミガメを獲り、それを港町やケイマン諸島へと売って金を稼いでいた。当時、ニーチマンは海岸を広く踏査し、長期に入ったある村落では、その村人らが摂取する動物性たんぱく源のおよそ七割がその草食性のアオウミガメ由来の肉によるということを報告した（Nietschmann 1969; 1973）。

ニーチマンによればミスキート・インディアン（モスキート族）たちは、アオウミガメ（Lih）を捕まえるために海上で五〇種類もの異なる漁場空間を認識し、また、それを追跡するために二五に及ぶ数の風を読みながら、銛で漁獲していたという。そうして卓越した技量の漁師らが漁獲したアオウミガメの肉は、ミスキートの女性たちにしか物々交換できない財であったが（Nietschmann 1972; 1973）、七〇年代の後半になると、市場経済の影響を受けて大きく変革をしていった（Nietschmann 1979）。*5

∴

現在、モスキート・コーストで生活する住人らの数は、およそ三〇万人以上にものぼる。これは一九二〇〜三〇年代にコンゼミウスの調査時代に比べてもおよそ二〇倍にも増えている（Conzemius 1932）。

このモスキート・コーストは現在、自治州という形をとっている。自治州独立のきっかけとなったのは、サンディニスタ民族解放戦線によるニカラグア革命で、そこから東海岸へと波及した内紛によるところが大きい。その際、ミスキートらは、米国の後ろ盾を受けてゲリラ戦を展開し、現在のような自治を獲得するに至っている（Nietschmann 1986; Dennis 2000）。

現在のモスキート・コーストでは、特に都市部での人口増加が著しい。ホンジュラスとの国境にあるココ川流域では、交易の中心地となる町のワスパン（Waspan）が大きく発展し、海岸のプエルト・カベサス（Puerto Cabezas）

図４．モスキート・コースト

出典：ニカラグア原図はINTER作成（Instituto NIcaraguense De Estudios Territorios）のMapa Repubulica de Nicaraguaを使用。ホンジュラス原図はDefence mapping Agency Aerospace, USA. TPC-K25B1：500,000を使用。

やブルーフィールド（Blue Fields）でも、人口がそれぞれ五万人を超える商業都市となっている。こうした港町には、北米（アメリカやカナダ）向けロブスター会社が入っていて海産資源の開発に沸いている。また、メキシコの水産会社やパナマ、イスラエル船籍の大型船も往来するようになっていて、ちょっとした国際港のおもむきを呈する。

現在、これら商業都市には病院や空港が整備され、中央市場では地元産の農林水産物が流通し、家畜肉の流通網も整備され始めている。近郊にあるミスキート村落へも未舗装の道路や、日本のヤマハ製の船外機が付いたモーターボートでの海上交通路が通るようになり、以前の記録と比べても随分と便利になっているようであった（Conzemius 1932; Nietschmann 1973）。

調査に入ったモスキート・コーストの北東部にあたるミスキート諸島（図4）では、外国向けの海産物の獲得競争が激しさを増していて、現地ではアメリカ東海岸向けのロブスターやチャイナタウン、アジア市場へ向けてのフカヒレやナマコ、クラゲにも熱い視線が注がれている。中部にあるプリンサ・ポルカという村の近海でも、ロブスターや巻貝が現地住民の稼ぎで重要性を増しているという報告もあるほどで、モスキート・コースト全体で海産物の輸出に沸いている（Dodds 1998; Jamieson 2002）。近年のニーチマンの研究では、ミスキート諸島の地元ミスキート・インディアンたちが、こうした価値の高いロブスターを採捕するため、海底のサンゴ礁群にいくつもの名称をつけて識別し、新たな海産物の開発へと対処していることもわかってきた（Nietschmann 1997）。

ミスキート諸島の幾つかの島々では、すでに木造小屋が洋上に一〇〇軒以上も作られており、現地の海は、巨大な開発舞台さながらといった様相である。アオウミガメに関しては、ワシントン条約の批准に従って（一部密猟を除き）、国際的な交易はおこなわれていないが、二一世紀に入っても年間およそ六〇〇〇〜八〇〇〇頭ほどのアオウミガメが、ミスキート・インディアンを中心とした現地の住人らによって漁獲され、この地で流通・消費されている（Lagueux et al. 2014）。

＊1　この頃、エリザベス朝時代に活躍した海賊のフランシス・ドレークも、一六世紀中葉にケイマン諸島を訪れており、そこを航海士たちの食料となる鰐（カイマン）やウミガメが豊富にいる島として紹介している。
＊2　ジャマイカ島の歴史については、ロングの歴史書を参照。一七七四年に出版されたロングの歴史書は、当時の微細なデータ記録が残る。ジャマイカの歴史について最も詳しいものであるとの評判が高い。ブラック著による概説書も参照（Black 1983）。
＊3　ニカラグアの大使館に勤めていたフーヴァルトが、こうした各スム・マヤンガ族の歴史概説をまとめていて、簡便である（Houwald 2003）。
＊4　スクーナー船については、茂在・Cucari 共著の図説を参照（茂在・Cucari 1981）。ケイマン諸島での資源の枯渇や開発状況についてはキングを参照（King 1982）。近年の資源状況についてはアイケンの論文を参照（Aiken et al. 2001）。
＊5　一九六〇年代後半の現地調査をもとにして、ニーチマンは著作『Between Land and Water: Subsistence Ecology of the Miskito Indians, Eastern Nicaragua』（1973）を発表した。著作には、タスバパウニ村でのミスキートの狩漁撈採集や焼畑農耕の様子だけでなく、その対象動物種、採集植物種の一覧や自家消費用の農作物の生産や消費量についてもつぶさに記録されており、いまでもこの地域の研究者の古典の一つとなっているが、これにより多くの読者にミスキート・インディアンのウミガメを介した生態が広く紹介されることとなった。

二〇世紀前半になると、外国資本の企業はニカラグア東部にある金、ゴム、マホガニー、松といった天然資源を開発した。この開発ラッシュにおいてミスキートの男性は企業と契約をして長期に村を離れた。彼らは通年を村の外で過ごしクリスマスの時期になると村に帰ってきた。この当時、仕事は豊富にあり、企業は労働者を競って雇った。一方で、期間的な男性の不在は村での自給的な生業に変化を起こし、村での農作業・木の伐採・その他重労働は女性がおこない、狩猟や漁撈活動は老人によっておこなわれるようになった。

ニーチマンによれば、自然資源の集中的な搾取は二〇世紀中期になると資源の枯渇を招くようになり、一九四〇年代になると開発をおこなっていた外国企業が撤退を始めた。これにより、出稼ぎをおこなっていた人々には仕事はなくなりモスキート・コースト域は貧窮した。

これに対し、外国資本の獲得が難しくなったミスキートは長い間利用してきたウミガメを活用した。しかし、彼らの自給的なウミガメの利用はもはやミスキート社会に適応されず、ウミガメは市場での売買を中心におこなわれた。一九六〇年代にはモスキート・コーストにある二つの街（プエルト・カベサスとブルーフィールド）にはウミガメ肉の加工工場が建設され、沿岸のコミュニティーにすむミスキートはウミガメを売却した。一九五〇～七〇年代にはモスキート・コーストから外国に向けてのウミガメの輸出がピークに達した。当時ウミガメを輸入していたアメリカ合衆国の統計によるとニカラグアからの輸出量はアメリカ合衆国の輸入量の約半分の割合を占めるものであった。一九五七年にはアメリカに輸出された約四七万キログラムのうちの約五分の四がニカラグア・メキシコ海域からであったとも報告されている。

この好調であったモスキート・コーストでのウミガメ漁も二〇世紀後半になるとウミガメの捕獲活動には制限がかかってしまう。これはニカラグアで強大な権力を持っていたソモサ一族が失脚に追い込まれ、彼と手を結んでいた水産企業も無力化したためである。海岸沿いのミスキートはこれら企業にウミガメを売却していたが水産企業の撤退をうけ大打撃をうけることになる。ミスキートはソモサを失脚においやったサンディニスタ政権とは敵対し、東部海岸域には紛争がたびたび起こった。結果的にモスキート・コーストでは先住民族による自治はみとめられたが、このころにはウミガメの個体数に警鐘がならされ、ウミガメは保護対象となった。

ニカラグアは一九七七年に稀少な野生動物種の商業的な国際取引を明記したワシントン条約を批准するが、これによって、モスキート・コーストからのカメ肉の国外への輸出は全面的に禁止になった。ニーチマンは当時の状況について、大顧客であるケイマン諸島民やアメリカの缶詰工場の撤退後、カメ肉の取引相手がいなくなり村人たちの生活は、かなり困窮したと述べている。ニーチマンは半自給自足の生活をするミスキート村落が、こうした外部社会からの大きな経済の波に翻弄される状況や、村外の市場経済が村人の生活にもたらす影響をかなり悲観的にとらえていた。ニーチマンは、一九七九年に発表された『Geographical Review』誌の中で、東ニカラグアの一九七〇年代後半の市場経済の波によって、彼らの半自給的で互助的なミスキート・インディアン村落の伝統的な生活や文化は、崩れさってしまうだろうと危惧した（Nietschmann 1979）。

第三章　インディアンたちの生産科学

これまでの狩猟採集や漁撈、農耕や牧畜に対する研究が証明を試みてきたように、もし、そこに複雑に変化する自然を、人間社会の財とするために払われる何らかの工夫や理性のようなものが存在するのであれば、ミスキート・インディアンたちのそれとは一体どのようなものであるのか？　ここでは、その点を明らかにしていく。

一・資源管理下の先住民漁業

かつてモスキート族と呼ばれた人々は現在、ミスキート・インディアン（又はミスキート、先住民ミスキート）として広く認知されるに至った。現在でもミスキート・インディアンの多くは、ニカラグアの東にある自治州を中心に生活しているが、ニカラグアの都市部やアメリカ南部へと移住して暮らす者も少なからずいる。

調査に入った東ニカラグアの北東地方にあるミスキート諸島近海の村落に暮らすミスキートらは、この地の資源管理政策の下にアオウミガメの漁獲をおこなっているが、その内実はよくわかっていない。

これまでの研究によると、彼らによる漁獲は依然、高い数値で推移している（Lagueux et al. 2014）。これまで、その正確な漁獲量の推定が何度か試みられてきたが、特に詳しいレグーの研究によれば、一九六〇年代〜七〇年代ごろには、四〇〇〇〜一万頭で推移し、その後、国の内紛や国際交易による輸出の禁止などを経て、一九九〇年代が六万〜一万二〇〇〇頭の間、また、二一世紀に入ってからも四八〇〇〜八五〇〇頭で推移しているという(Cato et al. 1978; Lagueux 1998; Lagueux et al. 2014; Montenegra 1992; Nietschmann 1973)。

こうした状況に対し、ニカラグアでは二一世紀に入ると新たな漁業法を制定し、先住民の自給的な捕食に限って許可するという内容の法律を定めた。また、こうしたカリブ海側の先住民のカメ肉の捕食については、国の漁業資源部門(MARENA, Ministerio del Ambiente y los Recursos Naturales)と、東の先住民自治州の資源管理部門(SERENA, Secretario del Ambiente y los Recursos Naturales)、地元の役所らが、隣国コスタリカの海洋公園の産卵地での生態学者らに協力を得るなどして、漁期やその期間に捕獲できる最大の頭数などの年間の漁獲政策を策定し、適切な資源管理へ向けて努力してきた(Lagueux et al. 2014)。*1

現地で難しいとされているのは、こうしたウミガメ資源の利用にも、国家と先住民自治政府との間に横たわる溝が色濃く反映されていて、漁業法制定の翌年、国家政府や国の漁業資源部門は、通年でのインディアンなどの先住民による捕獲の禁止を提案したが、先住民自治州の資源管理部門や地元の役人らはその批准を拒否するなど、その溝を埋めることは難しい。

現地で調査に入っているレグーらによれば、モスキート・コーストでの統計調査には一貫性がなく、また、不定期であり、長期的な視野に立った管理法規制がないという。また、レグーらはミスキート・インディアンによる法の不履行が、他の回遊地域のカメ資源の利用に及ぼす影響も強く危惧しており、先住民らのアオウミガメを介した生活の理解や、その持続的な利用へ向けての指導にも努めてきた(Cambell and Lagueux 2005; Lagueux 1998; Lagueux et al. 2014)。

二　換金できる海産物をめぐる領海の分割

コンゼミウスはミスキート社会における自然財の分配をめぐって、以下のように述べている。「奥地には、他の種族のインディアンも住んでおり、モスキート族と絶えず戦争をしている。（モスキート族の）男が土地を切り開いてなにかを植えると、そのあとは殆どかまわず、世話を妻にまかせ、自分は魚を突き刺しに出かける。魚だけを獲りに出かけることもあれば、カメとかマナティーを獲りに出ることもある。収穫がなんであれ、家へ持ち帰り、それをすっかり食べ尽くすまでは、獲物をとりに出かけるようなことは絶対にしない。食べるものがなくなり、おなかが空いてくると、カノアを出して、沖合で獲物を求めるか、森へ入ってペッカリーとかウォーリー（いずれもイノシシの一種）、あるいはシカを狙うのである。彼らは、手ぶらで戻ってくることは、滅多にないが、前述したように、その獲物を食べ尽くさないかぎり、それ以上求めるようなことはしない」。

現在、調査に入ったミスキート諸島はそのような状態にはない。ロブスターの好景気に沸き、その金のなる海産物をめぐって、海には村ごとの領海の概念のようなものも存在する。現代のミスキート・インディアンのアオウミガメ漁獲作業（Lih Alkaia）を理解するためには、まず、このミスキート諸島域の豊かな海産物をめぐる村々の動向について少し理解しておく必要がある（図5）。*2

図5は、調査に入ったミスキート諸島における村落ごとの潜水漁（ロブスターの採捕）の領海区分を示したものである。海岸沿いには大きく七つの村落コミュニティーがあり、その七つの海辺の村落から東に向かって引かれた線が、それぞれの村の大まかな潜水漁の漁場になる。このミスキート諸島には、キーと呼ばれる浅い海域（図中のウィプリンやマーラス島などがそう）があって、そこがロブスター漁の拠点となる。

図で示した領海は理念上のものである。この地のミスキート・インディアンらは普段からこうした地図でもって、海という空間を認識しているわけでなく、例えば調査に入ったアワスターラと呼ばれる村では、北の浜辺にあ

図5．ミスキート諸島の海面保有

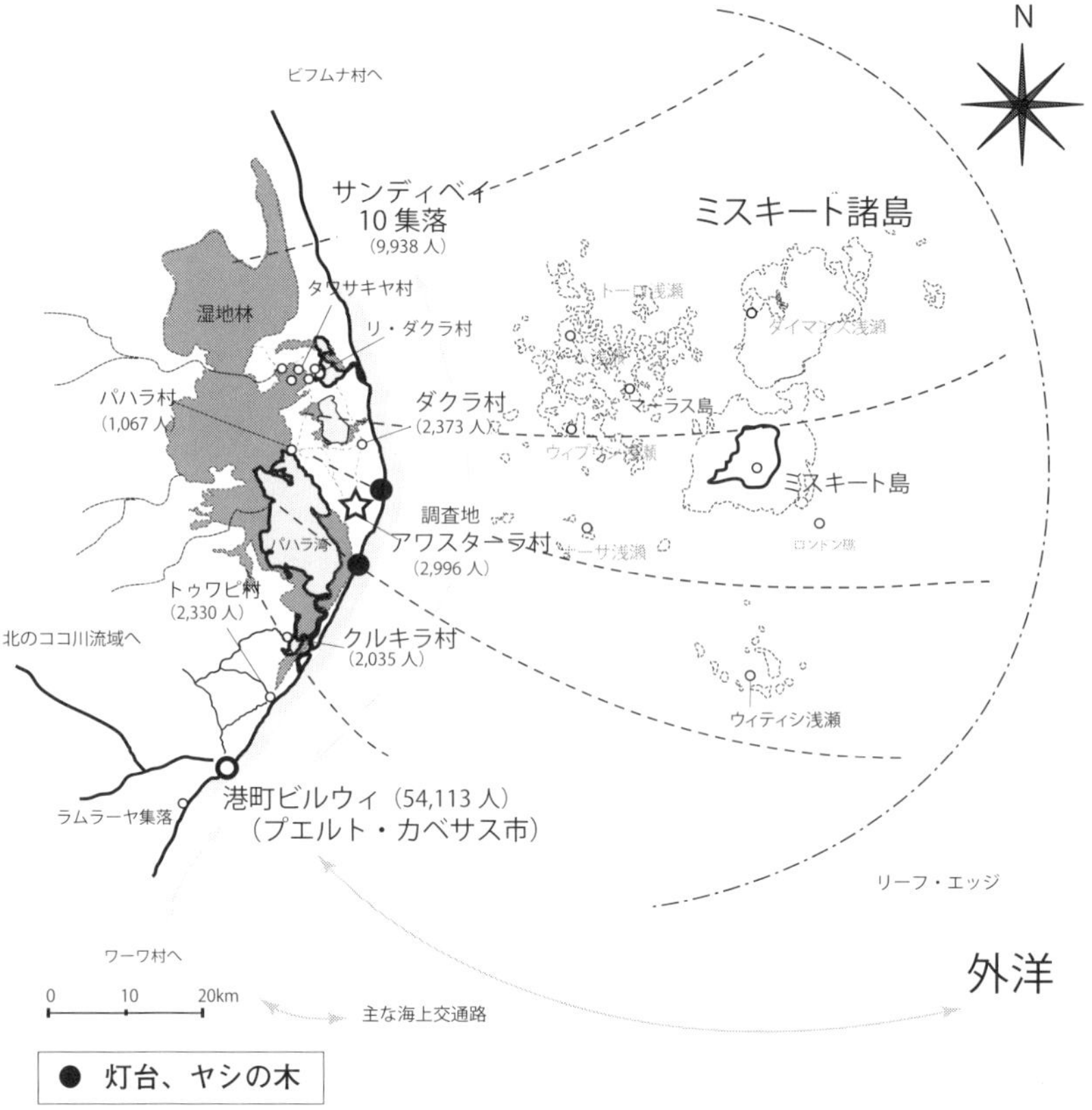

出典：原図、プエルトカベサス地方250,000分の1地図（Joint Operation Program Air作）を改編して使用。

る「灯台」という高いヤシ（Kuku）の木が生えている場所から、村の南限のイスクリという小型動物が生息するといわれている場所の先にある長い「ヤシの木」から東へと線を引くように考えて、そのスペースが村のロブスター採捕の領海として考えられる。港町にあるターウィラという組織が、こうしたロブスター採捕の管理にあたり、調査に入った村の場合、その延長線上にあるウィティシ（WItis）という海を使う。ここが、このミスキート諸島でおこなわれている現代のアオウミガメ漁獲作業の前線基地となる。このウィティシが支点になってアワスターラ村でのアオウミガメを漁獲する作業がその近海で展開する。

このミスキート諸島の中心にあるミスキート島及びその北にあるサンゴ礁の大群落地は、サンディ・ベイと呼ばれる一〇集落が、ロブスター採捕業の領海としている（図5）。ニーチマンは、このサンディ・ベイを中心に海辺の村落のインディアンらがどのように海底のサンゴ群落を見分けているか調査し、その結果を報告したことは述べたが、それによって初めて、このミスキート諸島では、この大集落を中心にした実に広大な海の地形が認識されていることがわかってきた（Nietschmann 1997）。調査に入ったアワスターラ村でのアオウミガメの漁獲作業は、そのミスキート諸島の南の海でおこなわれていて、こうした海辺の村落共同体によるミスキート諸島でのロブスターの開発と並存するように存在している。

ミスキート諸島近海の住人らの原則として、この地に暮らす人々であれば、この海の、どこでも自由に往来し、漁撈などで使用することができる。その例外が上記で示したような村落ごとの領海の区分けで、これに即して換金性の高いロブスターや巻貝などは漁獲されなければならないというのが村々の決まりである。

調査地の南にあるクルキラ（Kluという植物がたくさん茂る森に作られた村）と呼ばれる村には、諸島部の割りあてがないが、およそ二〇三五人が暮らしており、この村の人々は内陸のパハラ湖の水と海の水が混ざり合う河口に位置し、その豊かな魚類を独占するようにして生活資金を稼ぐ。村では冷蔵設備が整えられ、河口で獲れた新鮮な魚を港町へと運び、そこから稼ぎを得る（図5）。港町に最も近いトワピ（Tubaという魚をよく喰べる＝Piaia村という意味）という名の村では、外資のクラゲ加工業がいち早く参入した。住人らは季節になるとクラゲを捕まえて、この地では珍しい陸路を使って町へと運んで現金を稼ぐ。海辺の村々にはそれぞれ少しずつ、生業に異なる特徴がある。

このミスキート諸島において、アオウミガメ漁獲作業（Lih Alkaia、特に名称があるわけではないので、現地で呼ばれているように呼ぶこととする）は、海岸の中央部にあるアワスターラと呼ばれる村が専有的におこなっている。このアワスターラ村は、アメリカの人類学者デニス・フィリップが長年調査の対象としてきた村で、すでに村の生活については、詳細な民族誌記録が示されている（Dennis 2004）。そのため、重複する村人たちの日常生活については、最低限のことのみに言及させていただくこととしている。

このアワスターラというのはミスキート語で「大きな松」の木という意味がある（Awas＝松、Tara＝大きい）。なぜこの名前なのかというと、この村の裏（大湿地林の右）には、このモスキート・コーストに広がっている松のサバンナ地帯が広がっており、西端にあたる場所で、松の木の原っぱが広がっている。ここには、良い牧草地もあるが、他には村々をつなぐ砂利道がある程度である。このサバンナ地帯も雨季になると水浸しになる。牛を放牧する以外は、用途があまりないようであった。*3

∴

デニスによれば、七〇年代ごろからアワスターラ村では少しずつアオウミガメの漁獲作業が成長していき、それが徐々に現行のような大掛かりな形へと変化したのだという（Dennis 2004）。デニスによると、九〇年代後半の調査ではアオウミガメ漁船は三〇艘弱であったが、現在では四五艘ほどにまで増加している。

現在、ミスキート諸島で拠点とするウィティシという場所は、かつてジャマイカ統治下時代にケイマン諸島の漁師らが南進してきて探しあてた浅瀬である。

図5を見ていただくとわかりやすいのだが、このウィティシ近海は、北のミスキート諸島群からは少し距離が離れる。英領ケイマン諸島民が南進していた二〇世紀中期まで、この村の人々たちには、そうした遠くの海にまでたどり着ける技術や安全な航行手段を持っていなかった。この頃は、北の大集落の住人らも、マーラス近海までが漁撈の対象空間であった。

海辺のミスキート・インディアンらは、英領ケイマン諸島民が南進してきた際、その船へと雇われて、こうした彼らにとっても遠くの場所について見識を深めていった。図5の地図だと少しわかりにくいが、小型の船で行けるマーラス近海までの距離と、さらに奥のウィティシ以東までの距離は、現地のミスキート・インディアンにとって全く別物である。

一九六〇年代に英領ケイマン諸島の南進へと参加した経験のある村の老漁師によれば、ケイマン諸島民らのおこなっていた漁は驚くべきものであったという。この頃、海辺の村では、数人の村人が銛で漁獲していただけだったのに対し、ケイマン諸島の漁師らは、大きな帆のついた船（スクーナー船）を操舵して、幾つもの網を海に線を引くようにして漁をしたのだという。その老漁師は、その光景を今でも鮮明に覚えていると述べていた。

老漁師によれば、このミスキート諸島において、ケイマンが発見したウィティシという漁場が、最良の漁場である。そして、海辺のミスキート・インディアン村落のある浜辺から換金できるロブスターなどのための領海線を引いた時、それがこのアワスターラ村の領海の線内に位置する。この領海観念により、調査に入った村の漁師らがここを中心にして現代的なアオウミガメの漁獲を展開することができるというわけなのである。現代のモスキート諸島で、その漁獲量には村ごとに大きな差がある。しかし、それは彼らの領海意識の線引き上、一定の道理が通っているというわけなのである（図5）。

三　集団編成の論理

現在、調査に入った村ではおよそ二五〇〇～三〇〇〇人弱が生活している。この村の人々は、アオウミガメ漁に使う漁船を四五艘以上も所有していて、このミスキート諸島の一大生産地として名をはせている。

この村でアオウミガメ漁船を所有し、漁家として稼ぐには多大な資金力や財力の後ろ盾が必要となる。かつて記録されたような自給自足のための漁撈とは大きく異なる（Conzemius 1932; Nietschmann 1973, pp.129-180）。

コンゼミウスによると、二〇世紀初頭には主に二種類の船があった。一つはドゥーリ（Duri）と呼ばれるもので海やラグーンを行くために船底が曲がった線形の船であった。もう一つはピットパン（Pitpan）と呼ばれるもので、主に河川を行くための細長の平底船であった（Conzemius 1932）。コンゼミウスによれば、細かな河川やラグーンなどの水域が発達しているモスキート・コーストにおいては、こうした船が基本的に人々の足となる。*4

現在、この生産地の村ではアオウミガメの漁獲作業に使われるものは「大きな船（Duri Tara）」と呼ばれている。ニーチマンは、かつて使われていた海のドゥーリ（Sea Duri）の大きさを全長六メートル（18-20 foot length, 3 foot beam: Nietschmann 1973, pp.129-180）と記録しているが、この生産地の村の大きな船は、その全長が半世紀前より二倍ほどある。

図6は、現代のアオウミガメ漁に使用される漁船（下）と、この地で伝統的に使用されてきた河川の漁撈用のピットパン型の船（中）と、かつてこの地でケイマン諸島民がべっ甲の取れるタイマイを獲るために使っていたキャットボートと呼ばれる小型の船（上）とを比較して示したものであるが、村の「大きな船」は、漁撈用カヌーとも大きく異なるし、キャットボートともその大きさで異なりを見せる（図6）。

全木造仕立ての、この大きな船は、非常に高額である。一介の漁師ではとてもではないが手は出ない。

この船は、全長一二メートルほどで、造船には大量の木材が必要になる。船縁の幅は二メートルほどもあり、深

図6．大きな船

イ）

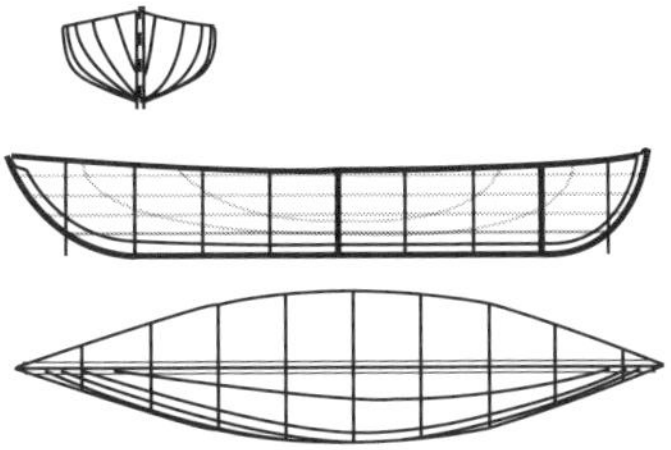

キャットボート
ケイマン諸島　(Smith 1985)

Catboat Ajax, Cayman Island
in Roger, S(1985)
Drawnn by Roger , C. Smith
Built by Lee Jervis.

ロ）

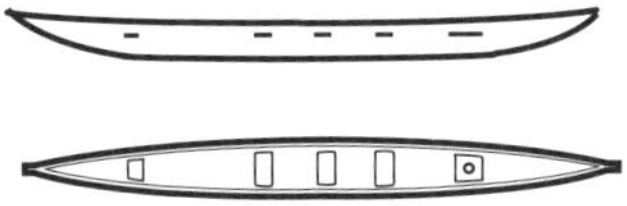

ドゥーリ・シルピ（小さな舟）
ミスキート諸島

Dori Sirpi, Nicaragua GRAAN, Pahara.
Drawnn by Author November 2015.
Built by, unknown

ハ）

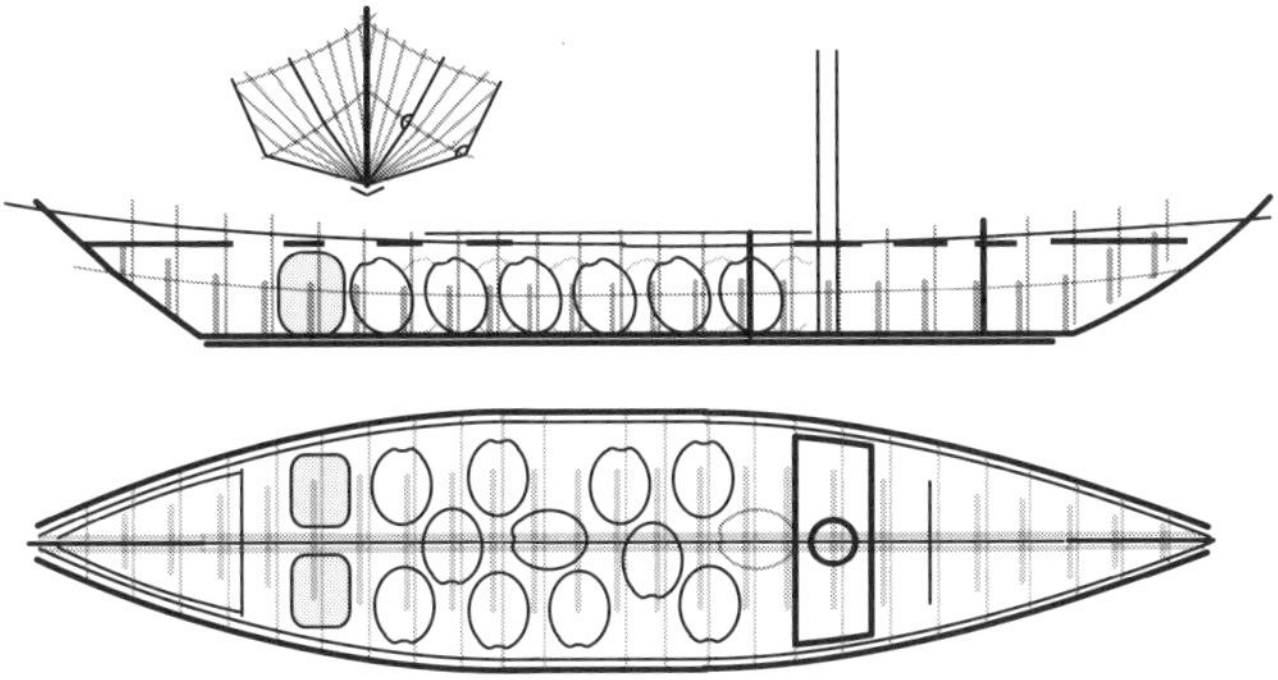

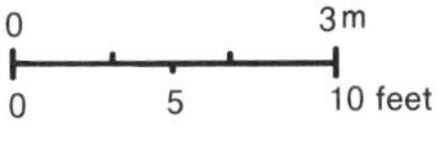

ドゥーリ・ターラ（大きな舟）
ミスキート諸島

Dori Tara, Nicaragua GRAAN, Awastara.
Drawnn by Author November 2015.
Built by, Injot Downs, Tito Hiralio, Awastara

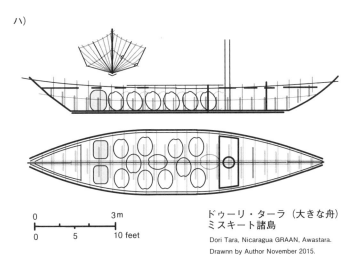

さは成人男性の腰のあたりまでになる。建材も竜骨や船首、船尾材が別々にあり、肋骨（フレーム）に使われる木々は全二四列、四八本ほどが必要になる。それら木材の一本一本がこのモスキート・コーストでは、高い値段で取引される。また、それぞれの肋骨（フレーム）には添え木がつけられ、頑強なつくりを実現させている。外板の幅は四〇センチほどで、家屋の外壁の外張り材が当てられる。これを片側六〜八列並べ、合計五〇本ほどの別の建材も必要になる。帆柱は一〇メートルほどの半固定式で、船の前方四分の一のあたりにその固定台を備え付ける。航行時には帆柱には主帆がつき、ジブが舳先につく。海では船乗りの一人が中央辺りで前帆をあやつる紐を握り、もう一人が後方の舵で主帆の紐を操作する。重い主帆と前帆を同時に動かし、舵をきるには最低三人は必要になる。数度の航海を終えると、このドゥーリ・ターラは村の船着き場の岸にあげられて補修や修繕が施される（詳しい造船方法は付録3を参照）。

⁚⁚

一介の村人の稼ぎでこの大きな船を所有することは大変、難しい。複数の兄弟親族が共同で作るとか、港町で商売や稼ぎ口のある村人や米国からの送金のある村人でないとそれを所有することはできない。

近年における漁船の急増であるが、このミスキート諸島近海に広がっている麻薬密輸とも無関係ではない。この地のコカインの密輸にも詳しいデニスは、一九九〇年代の麻薬密輸の状況を以下のように説明してくれる。

「一九九〇年代から、アルコールに代わって新しい薬物のコカインが海岸部へと流れ着くようになる。コロンビアから北向きルートが確立し、コカインは海路を経て、北米市場へと流れていく。サンディニスタ政府の影響力が弱まっていることも大きい。キューバのフィデル・カストロのようにサンディニスタもこうした麻薬は資本家たちの退廃の証であるとして、その使用を強く禁じてきたが、今日ではニカラグアの海岸部を行くパトロールも随分と減り、密輸者たちが、海上からそれを海に投げ捨てると、それがモスキート・コーストの浜辺へと辿り着くのである。」(Dennis 2003 pp 164)。

調査に入った村での場合であるが、もし、コカインの箱を浜辺で発見したら、その拾った人のものになるのが決まりである。村では年に二、三度それが浜辺に辿り着くのを村人らが見つけることがある。村ではその箱のことをボックスとかバックスとか呼ぶ。ダンボールに入ったものが流れつくからである。これを拾うと、それを聞きつけた近隣の元締めが手下を連れて、二輪車で買いつけにやってくる。元締めは、拾った村人へと大量の札束を渡して去っていくだけである。あとはそれが北米やメキシコへ向かって流通していくのであるが、そんなことは村人にとってはどうでもいいことであって、残った大量の札束がいろいろと問題を起こす。時には、村人同士の殺し合いにも発展するほど血なまぐさいものである。浜辺でバックスを拾ったある村人は、夜中にそれをこっそりと運んでいる途中、襲われたこともあるという。それくらい村人の人生を変える、大変な価値がある。バックスが見つかると近隣の村々からも人々がそのおこぼれに与かろうとやってきて、村全体が奇妙な空気になる。この辺りの規則としてこうした麻薬を拾ったら、村の一世帯につき二〇ドル紙幣を一枚ずつ配ることがルールである。

このコカイン・マネーで村人が買う物品は、港町の中古車(タクシー)と、村のセメント基礎を持った大きな家と、アオウミガメ漁用の大きな船というのが相場である。この村で現在、操業している幾船かは、こうした経緯で作られた。

∴

大きな船は非常に重く、数人で運べるような代物ではないので、岸へとあげる際には船乗りたちの協業が不可欠となる。これを村人はドゥーリ・ラスカヤ(Duri Dawanka)と呼ぶ。造船が完了した際におこなわれる祝い事の行

図7．船主の家（上）と若夫婦の家（下）の比較

事でもある（Dennis 2004）。村では海から帰ってきた大きな船は、時おり修理のため、船の岸揚げをおこなわなければならず、そうした日常的なドゥーリ・ラスカヤも日々、確認できる。ドゥーリ・ラスカヤのため、船着き場では荷運び仕事を探している一〇数人の村人が駆り出される。このドゥーリ・ラスカヤであるが、村の実力者らの船を岸揚げするのであれば、その手伝いに返礼が配られることが期待されている。無償行為としては考えられていない。

この大きな船でおこなわれる現在のアオウミガメの漁獲作業であるが、かつての銛突きの時代に描かれたような勇ましいものではない。ニーチマンの記録によれば、「かつての銛漁では、二人の熟練したインディアンらが小さな船に乗って海へと漕ぎ出し、海面にカメが浮遊しているのを見かけると、一人が船の操舵を持ち、風を読みながらカメの背後へと回り、もう一人が銛を構えて、一八メートルも離れた所からカメの甲羅めがけて銛を投げこんで捕まえたのだ」という。漁師らは二〜三頭を捕まえると村へと持ち帰り、それを村人らがわけあって食べた（Nietschmann 1973, pp.158-161）。

一方、現在の村のアオウミガメの漁獲作業は、この大きく高額な大きな船を所有できる比較的裕福な漁家が中心となっておこなっているもので、より商売っ気が強い。

図7は村の漁家のある船主の家とそうでないある若夫婦の村人の家

とを比べたもので、一概に村全体がそうというわけではないが、漁家にはそれなりに資金力のある村人でなければならない。

∴

ある村の船主によれば、この生産地の村で漁家として経営をしていくために、村で近しい関係にある親族の者らをその作業へと同行させることが重要であるという。これはメキシコの農村地帯で確認されるようなパトロン－クライアントという労働関係というよりも、ミスキート社会の親族関係性をもとにした拡大家族経営のような感じに近い。基本的に四名が漁師として働くのだが、ある調査した船主の船では、六度の航海のうち四回は、その長男がその一人として海へと出かけていた。また他の二回も次女の婿が、親族関係者の一人として海へと出た（図8）。*5

調査したある船主も若い頃は、電気工として港町や首都で暮らし、その後、教員免許をとって村の小学校の教師となった。その長男も父親から海の仕事の訓練を受けてきたわけではないため、船長を務めることはない。

船長は、こうした大型化した船を率いて、乗組員たちを統率し、かつ漁獲量を上げる。そのため、その集団の編成にもそれを海で実行する船長が一定の影響力を持つ。

図8は、この船主の船で、雇われた者同士の関係性を示したものである。どの回も近しい親族が乗る。また、この六回の航海では、シペリーノという人物がよく船長（Kyaptein）として雇われていた。彼は普段、シッピと呼ばれ、背は低いが、やせ形の筋肉質で屈強な体つきをしていた。村では大の愛煙家として知られて、海ではよく煙草や少量の大麻を好んで吸っていた。このシッピ船長も、血縁的にはこの船主の妻の父方の血縁（Kiyamka）にあたる（図9）。

ミスキート村落における血縁（Kiyamka）の重要性は、一九六〇年代以後、何度か指摘されてきた（Helms 1971:

図8. 集団編成

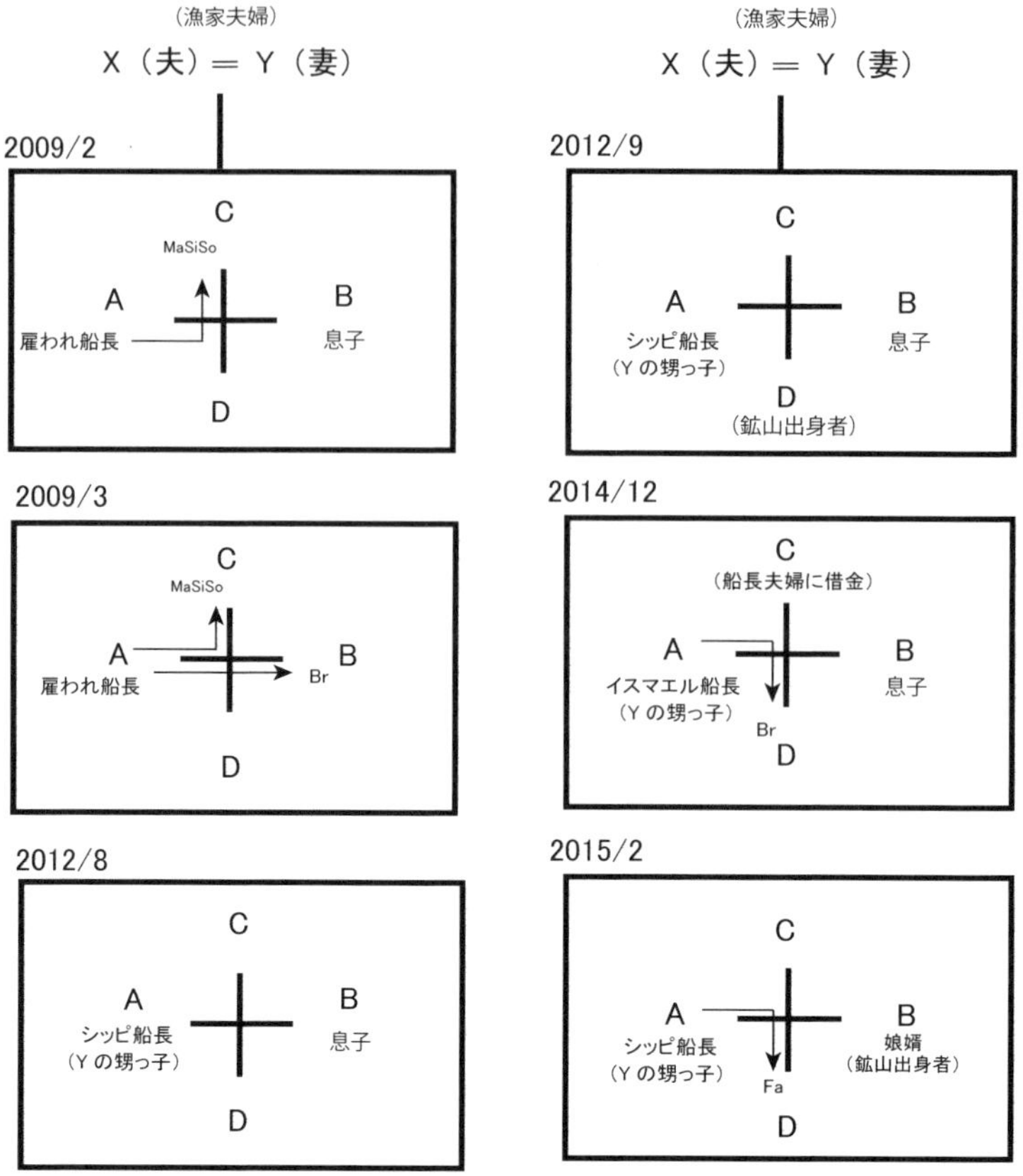

出典：現地調査をもとに筆者作成

図9．拡大家族経営

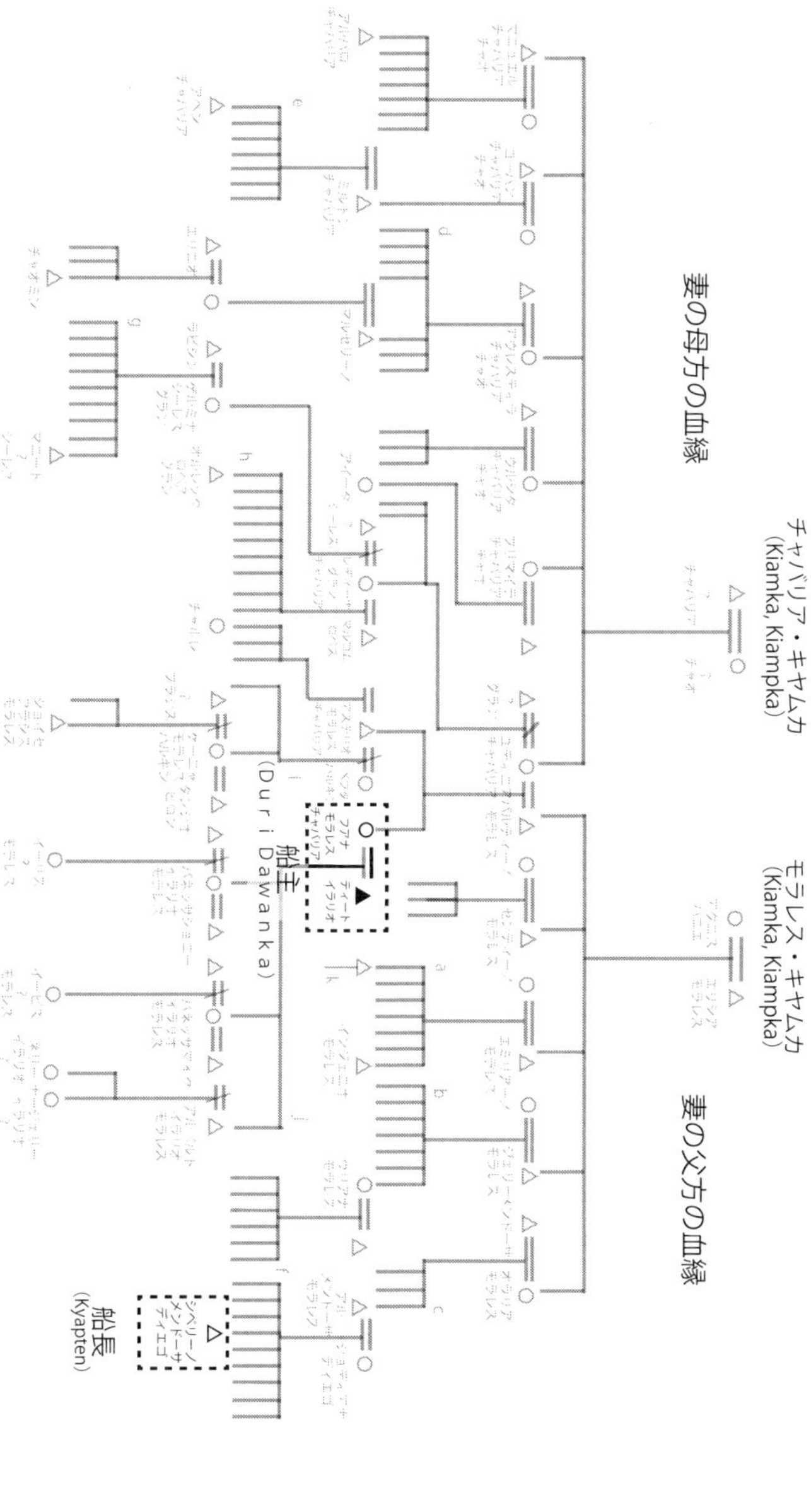
妻の母方の血縁
チャバリア・キャムカ
(Kiamka, Kiampka)
モラレス・キャムカ
(Kiamka, Kiampka)
妻の父方の血縁
船主
(Duri Dawanka)
船長
(Kyapten)

図 10. 居住地区

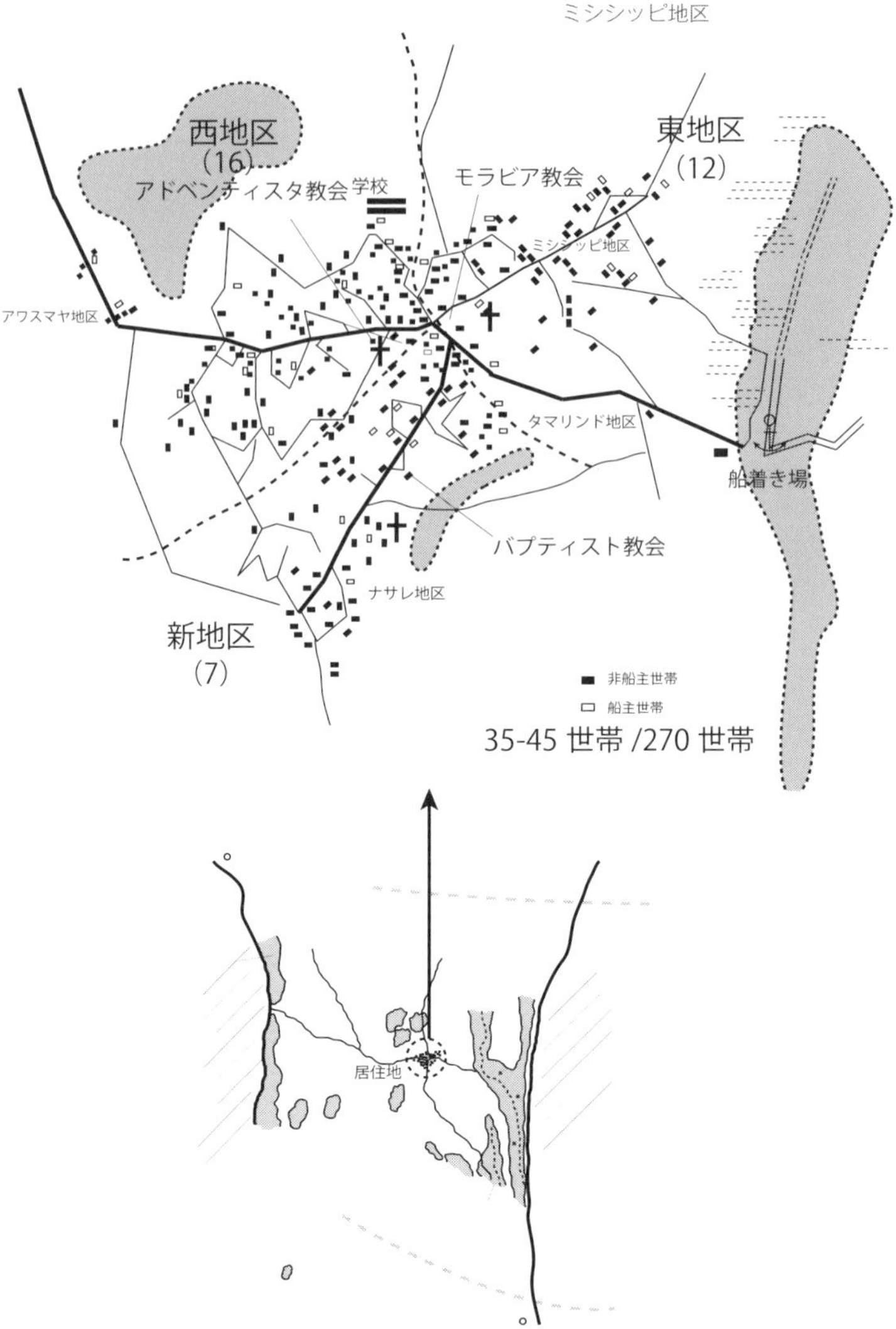

Data collected on December, 2014. the location of forest around the village
※居住地から湖までは徒歩 1 時間ほどの距離
出典：原図、プエルトカベサス地方 250,000 分の 1 地図（Joint Operation Program Air 作）を改編して使用。

Herlihy 2008; Dennis 2004)。[*6] この生産地の村のインディアンらもこの血縁集団のつながりは色濃く、近年では少し薄れてきているようだが、結婚後の居住地などはそれによって左右されるものの、村のアオウミガメ漁もその例にもれない。

シッピ船長の父親は漁師である。また彼の兄弟もそうである。彼が血縁上、近しい村人を選んで乗組員として海に連れていくので、おのずとこの船主の船は、妻の近親者で占められる（図8、9）。

調査したある船主の妻によれば、この船は、夫と妻が共同で所有するものである。夫はそのように認めていないが、妻も金を出したのでその所有権を主張できるということであった。

この夫婦は、村の中でも同じ西地区と呼ばれる場所の出身である。調査時に彼らが暮らしていたのは、その西地区の中でも、妻の母親が所有していた土地で、その土地は妻にとって、「母の土地」（Yapti Tasba）である。[*7]

妻の母の土地（Yapti Tasba）の一帯には、この妻の近親者が多く生活している。この二人は結婚当初、西地区の中でも町の中心からほど遠いところにある夫の生家の近くで暮らしていたが、結婚後、夫が妻と離れて港町の教職学校に通うようになって村からいなくなると、妻は夫の生家の隣りでの生活に一ヵ月も耐えられず、すぐにふさぎ込みがちになり、直線にすると数百メートルほどしか離れていない西地区の妻の母親の土地へと戻った（図10）。

ヘルムズによれば、北部のミスキート村落アサンではかつて、妻型居住婚の傾向があった（Helms 1971）。アサンの村では、母の土地や女系、妻方居住婚が非常に重視されていた。村では、この「母の土地」に入ってきたよそ者の婿と実子が、その土地での振る舞いをめぐって争いごとにもよくなる。

現在、この夫婦の二人の近所には妻を含め、妻の兄とその娘夫婦、妻の異父兄弟の娘、叔母と従妹の夫婦が生活していて、実生活上の助け合いが日常的に見られる。五〇代で村の船主の一人で、当時、村の副長（Sindigo）を務めていた夫は、兄弟姉妹とは離れて暮らし、今は妻の親族の中に暮らしている。こうした状況の中で船主は、妻と喧嘩して、ひどい時になると決まって、「お前と別れて自分の生まれた土地に戻る‼」といって激昂する。

この村では、四五艘ある大きな船の船主たちを中心におこなわれる村のアオウミガメの漁獲作業であるが、こうしたミスキート・インディアンたちの複雑な社会関係下に置かれている。その様相は村落の拡大家族経営といった趣であり、その血族姻族関係も容易に把握することが難しい。この船主の妻に父と母の血縁（Kiyamka）について教えてもらった所、彼女の口から羅列された名はゆうに一〇〇人を超えた（図9では一部省略）。他にもこの妻の兄の元嫁に、彼女の兄弟姉妹とその子供たちの名称を尋ねたところ、数分話をしただけで彼女の口から一六人の兄弟姉妹と百十数人を超える血縁関係者の名前が羅列されるほどである。

四．現代のアオウミガメ漁獲作業

調査に入った村は、このミスキート諸島におけるアオウミガメの一大生産地となっており、村の経済も、それを中心に回っているといっても過言ではない。この村は他の村々に比べてさほどロブスターの採捕業が盛んではなく、村の男たちの中でも限られた者が、稼ぎの良い沖合の潜水漁に参加できる。拠点にある三軒の潜水漁の小屋ではコンプレッサーやバッテリー、氷の入った冷蔵設備が完備されていて、その中に幾つものハンモックが吊るされている。潜水漁師たちは、そこで寝泊まりしてロブスターを捕まえる。大体、一軒に一〇人程度が働いている。このミスキート諸島での潜水漁業というのは、器具が貧相で大変に危険なものであることが知られており、潜水病の患者の多さは医学の世界でも注目されている。村でも潜水漁業は、足腰を悪くさせる大変危険なものとも考えられていて敬遠する者もいるほどである。村の潜水漁師らによれば、海底には伝説に残る人魚（Liwa Mairin）や、海の犬（Kabo Yula）と呼ばれる噛みつく魚もいて、とても怖い場所なのだという。

一方、この村でのアオウミガメ漁獲作業は、さほど稼ぎが良くはない。海上で一週間近くを船上で過ごすため、体への負担もあり、村では若者による参加が目立つ。かつての熟練者による銛漁との違いも幾つか散見される

(Nietschmann 1973, pp.158-161)。

近年では、このアオウミガメの漁獲作業への参加者も、この村出身の人々だけに限られないことも度々である。例えば図8の二〇一二年九月の時は、村で「ココ」と呼ばれる者が参加した（彼は太っちょでココナッツパンが好きなので、そのままココというあだ名）。彼は西の鉱山の町から流れてきた男で、この村では外部の者（Turinsal）と呼ばれる。ココはこの村で妻を見つけてそのまま村に居ついた者である。二〇一五年二月に参加したジョニーと呼ばれる男も、元々はこの鉱山地区の出身者で、近くの港町でタクシー運転手や潜水漁師として働いていた。その後、この船主の次女と付き合い始め、村へと流れてきた外部の者であった（図8）。この他にも内陸のスム・インディアンや、北のワスパンから流れてきた者なども参加することがある。

∴

このアオウミガメ漁獲作業をおこなう前には、諸々の雑務作業をおこなわなければならない。それは船の修繕や掃除であったり、漁具や帆柱の運搬であったりする。他にも三角帆の掃除や、持ち帰ったアオウミガメの屠殺解体など、船主に命じられれば大体なんでもこなさなければならず、なかなかに忙しい。かつて、歴史家のトンプソンが近代の特徴として時間に追われるような労働状況を上げたが、この辺鄙なミスキートの村でも、産業革命以後に発生した西欧近代的な時間感覚が、その生活を多少、律するようになっているかのようであった（Thompson 1967）。ダンピアが見たインディアンたちの「収穫がなんであれ、モスキート族は家へ持ち帰り、それをすっかり食べ尽くすまでは、獲物をとりに出かけるようなことは絶対にしない」（ダンピア 1992）という生活は、もうすっかり過去の遺物であるようであった。

村では、こうした実際に漁に携わる漁師仕事だけでなく、多くの関連する作業がある。ある年配の村人は木造船の大工を生業とし、その息子は父の手伝いをして、その技を職能とする。また、ある村人は船の木材を伐採する仕事をおこない、材木が足りなくなれば彼が午後三時までに持ってきてくれる。漁師を引退した村の老人たちの中には刺し網を作製して金を稼ぐ者もいたし、村の女性たちの中には三角帆をミシン裁縫して稼ぐ者もいた。この生産地の村では、持ち帰られたアオウミガメ（Lih）の肉を専門的に扱うようなブッチャーも数名いる。また海での仕事がない時などは村の若者らも船着き場で待機して、漁具や、大きな船が港から持ち帰った資材食材などの物資などを運んで日銭を稼ぐ。村の商店主なども零細な若者たちへ前貸しするなどしていて、日々、なんらかの形でアオウミガメと関わりを持って、生活をしている。

現在、この生産地の村でのアオウミガメ漁獲作業に使われる主要な漁具は、タンと呼ばれるウミガメ専用の刺し網（Tan）である。この村で銛は一切使われない。この刺し網は、町で買ってきた糸を村人らが編んで作ったものである。村では主に海での作業を引退した老人たちの仕事であった。アオウミガメ漁獲作業に使われる大きな船もこの生産地の村で造船されていた。

村人らによれば、英領ケイマン諸島民がこの海域から撤退した後、その造船技術者の一人が、このモスキート・コーストへと移住してきて、その技術が伝播したという。その後、現在に至るまで、海辺の村落で改造され、今のような基礎構造を持つ大きな船にまで成長したのだという。つまり、もともとあったドゥーリと呼ばれる海やラグーンを行くために船底が曲がった線形のものに（Conzemius 1932）、ケイマン諸島民がウミガメを漁獲する際に使っていたキャットボート（Smith 1985）やスクーナーの技術が融合してできたのが、現代のミスキートたちがアオウミガメ漁獲作業に使っている「大きな船」ということになる。

生産地の村の船大工によれば、この伝播した大きな船の構造上の特徴は、そのまっすぐで強固な竜骨にあるという。モスキート・コーストでは、マクスウィーニーが、内陸のスム・インディアンが河川運輸に使っている長い一三メートルにも及ぶ木造のロング・カヌー（Pitpan）についての詳しい調査結果を報告しているが（McSweeny

2004）、それとも一線を画していて、興味深いものである。

村人たちは、出航の日が決まるまでは各々に過ごす。彼らは、その前の航海から戻ると、強いラム酒やサトウキビの発酵酒（チーチャ）を飲み、賭け事に興じたりする。他にも村の草野球を見て、時には井戸を掘り、川で釣りをし、ベランダに吊るされてあるハンモックで一日中寝て過ごしたりもする。これが一度、船主から雇われた船長にお呼びがかかると航海の準備が始まる。

出漁前日の航海の準備は幾つかあり、数日に渡りおこなわれる。作業はおおきく五つほどある。

Ⅰ）、網（Tan）は前の航海の最終日に使って、絡まったままになっているため、海へと持っていく二十数張ある網の全てのほつれを直す。漁師たちでも呼吸が合わないと、丸一日かかっても終わらない作業なので黙々とおこなう。

Ⅱ）、錘（おもり、Kyaret）を回収する。錘は海の幾箇所かで拾える脳みそ珊瑚の骨格などを使っていた（下図）。その重さは十数キロ以上もあり、これを網一張に合わせて一つずつ持っていく。大体、二十数個の珊瑚の骨格が船着き場近くの川に沈めてある。なぜ川に沈めておくのかというと、こうしておけば、盗まれる心配がないからである。船着き場から村へと運ぶ労力もかからない。出航前日になると、それらを沈めた所へと船を漕いでいって、うち若い一人が川に潜って、錘の岩を一つ一つ川底からすくっては甲板へと載せていく。どの船にもそれぞれの隠し場所が決めてある。この時、麻袋に入れて沈めておいた六〇、七〇個近くある小さなサンゴ礁の骨格片も同時に回収する。これは一張一張の網

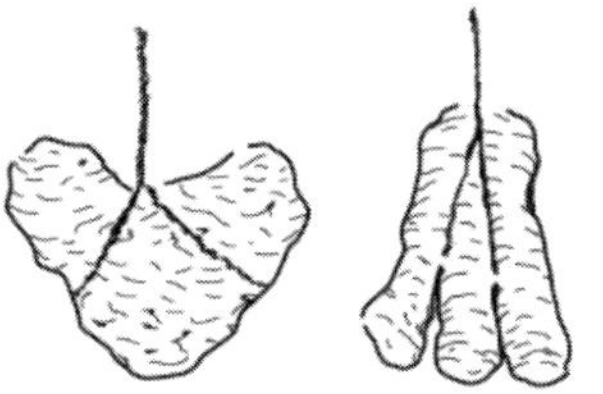

の下辺につける錘で、大きさは指先から手首ほどである。

Ⅲ）、帆（Seiru, Jipu）と艤装を整える。「大きな船」は全長一二メートルほどの木造のヨット型で二枚の帆をつける。帆柱は常備すると木枠の穴をすり減らしてしまうため、たまに降ろしてある。長さ一〇メートルほどの帆柱は三人がかりでとりつける。それを終えると、艤装を整える。帆柱の一番上の穴に縄を通し、二枚の三角帆を張るための準備をする。大抵、帆柱の上には身軽な若者がのぼらされる。終わればそれらの操作が可能かどうか一応、確認する。他にもオールを二本、網用の浮きを数十個、旗一本、大きな水のタンクも運ぶ。どれもかなりの労働になる。

Ⅳ）、調理に必要な薪（Pauta）を集める。航海中の調理や食事はすべて船上でおこなうため、調理には廃ブリキ板を成形したクブスと呼ばれる調理台（Kubus）をもちいる。この調理台にはあらかじめ砂を敷いてあり、そのうえで薪を燃やして調理する。薪は村はずれの森から斧で切ってくる。ついでに松の幹片（着火材）も用意する。

Ⅴ）、海での食料（Kabo Pata nani）の準備をする。参与した船では航海用の食料は、船主の妻が経営する商店で購入することが決まりであった。航海に必ず持っていくのは海で主食となる米と小麦（それぞれ一二キログラム程度）、砂糖と調理用のサラダ油、脱脂粉乳、マッチ、飴、ビスケット、懐中電灯と電池である。航海中の嗜好品など（たばこやビスケット）は必ず持っていく。肉魚などの蛋白源は海上で調達すればよかった。その他にも縄や浮き、山刀、ナイフ、斧、ラジオなどの装備が必要となる。こうした長期航海のための準備が、かつての記録には載っていないが（Conzemius 1932; Nietschmann 1973）、現代のアオウミガメ漁獲作業では必須となる。

現地滞在中には、五度ほど彼らのアオウミガメ漁獲作業に帯同した。海での日数に換算すると四〇日ほどである。以下に、その一事例の詳細を描写した。

航海初日（二〇一二年八月下旬）、雨季の八月には珍しく好天が続き、船主である村の副長から、シッピ船長にこの月二度目の漁の話が持ち上がった（自治州の法制上は漁獲にあたる）。二人はすぐに話をつけ、副長の息子と、海で調理を担当する中年男性と、近所の長男の友人にそのことが告げられた。出漁は周囲の家族にも告げられたが、八月は村人らが言う悪い雨季の時間（Taimu Saura、カリブ海からの雨風が強い時期）の二度目だったためか、家族たちは俄かにざわついた。

息子や他の航海士たちは、漁具や食料を夕方ごろに副長の家の前にすべて集めた。すぐにそれらを背にかつぎいで船着き場まで運んだ。皆で村の船着き場まで荷物を担ぎこむと、息子は船の監視をするために川辺に居残った。他の者は、妻や家族と一緒に航海前の最後の食事をとり、翌朝に食べるトルティージャとカメ肉をプラスチックのタッパーに入れ、家族に別れを告げて各々、家を離れた。

二〇時ごろになると漁師たちが再び家の前に集まり、月明かりの下、懐中電灯の光も頼りに船着き場へと向かった。夜の船着き場では、他にも二艘の大きな船が出航の準備をしていた。乗船するとそこから川を一時間ほど下った。共に出航する二艘の船もそれぞれ別々に川を下っていった。真夜中に川を下ると夜に吹く大陸風をつかまえることができる。これがある時は河口までの道のりはさほど問題なくすすみ、時折、オールも漕いだ（図）。

河口まで来ると船が座礁した形になった。巨大化した今の村の船は深さがあって、浅い河口を何事もなくやり過ごす事ができない。これはいつものことで、数十人の村人たちが服を脱いで川へと入り、全身で船を押す。夜中の重労働が待っている。村人は皆、これがわかっているから単独で海に出ることなどはない。「大きな船」が、こ

うした河口で一度座礁したら、その乗組員の四人だけでは到底歯が立たない。こうした状況で、村人の一人が川の深さを調べ、また、一人が船にくくりつけた縄を引き、そのほか十数人が船を押し運んだ。皆、真剣で、時折「ウィーナンバ」という掛け声が飛ぶ。正確な意味はわからないが、類語に「ウィンタカヤ（Wintakaia、勝つ）」や「ウィーナ（Wina、肉）」があった。力を使って何かをやり遂げる励ましの時に使われる声であった。

村人が海に出るときには、いつもこの作業がつきまとった。村人らは月の満ち欠けにも詳しく、満潮の時間を狙って川を下っていたが、そうそう上手くいかなかった。多くの船長らは月がひき起こすこうした不思議な現象に頭を悩ませていた。ある村人などは航海で甲板の板敷が壊れた時、「月が悪さをした」とも表現していた。月は彼らの神話にも度々出てくるようだが、アオウミガメ漁獲作業との因果関係はわからなかった。

二二時ごろになると河口に着いて、そこへと船を停めて疲れた身体を休めた。船に板敷を敷いて簡単な甲板のようなものを作り、その上で列になって眠った。ブランケットなどは各自持参である。

村人らにとってもこの河口での寝心地は最悪とされている。河口にはマングローブ林が回りにあって、そこはサンドフライ（村ではクラックサ、Kluksa）のたまり場である。これに一度刺されると一週間はかゆくなる。闇夜の中、これが顔面の近くで羽音を鳴らしながら大量に飛ぶ。これと格闘しながら眠らなければならない。

∴

航海二日目、村人たちの朝は早い。日の出とともに起き、朝食は簡単に済ませた。河口で釣り糸を垂らせば、魚はすぐに釣れた。餌には昨日、家から持ってきたタッパーに入っていた魚のフライを使った。海での調理は中年の漁師がおこなった。調理台に薪をくべて火をおこし、持ってきた小麦粉をこねてそれを揚げ、焼いて煮込んだ魚と一緒に食べた。

しばらくすると航海士の一人が川へとはいって、腰と足で川の深さを測りながら座礁しないようにして、さらに波打ち際に船をすすめていった。いざ海へと出る時には彼らも緊張するようで、皆、真剣な眼差しになった。波打ち際まで来ると一気に帆を上げて、白波を避けながら沖へと繰り出していった。

海上にでると船長らはまず南東へと向かい（図11）、それから北上し、ミスキート諸島への玄関口であるワハムとナーサと呼ばれる浅瀬を目指した。

ワハム（Wahm）やナーサ（Nasa）が持つミスキート語の意味はわからなかった。各場所の名称の語尾につくキー（Ki）というのは、ミスキート島の西にある岩礁で他よりも水深が少し浅くなっている浅瀬のことを指す。ワハム・キーやナーサ・キーは海辺の村々から最も近い浅瀬であり、遠くへ行くときの中継地点の一つになっていた。このうちナーサにはボロ旗が建てられていて、村からジグザグに三時間ほど航海すると水平線上にそれがうっすらと見え始める（図11）。

海上では三角帆を二枚張って風を捕まえた。航海士たちは事前に帆柱に括りつけておいた二枚の三角帆のつい

図 11. 航路 1

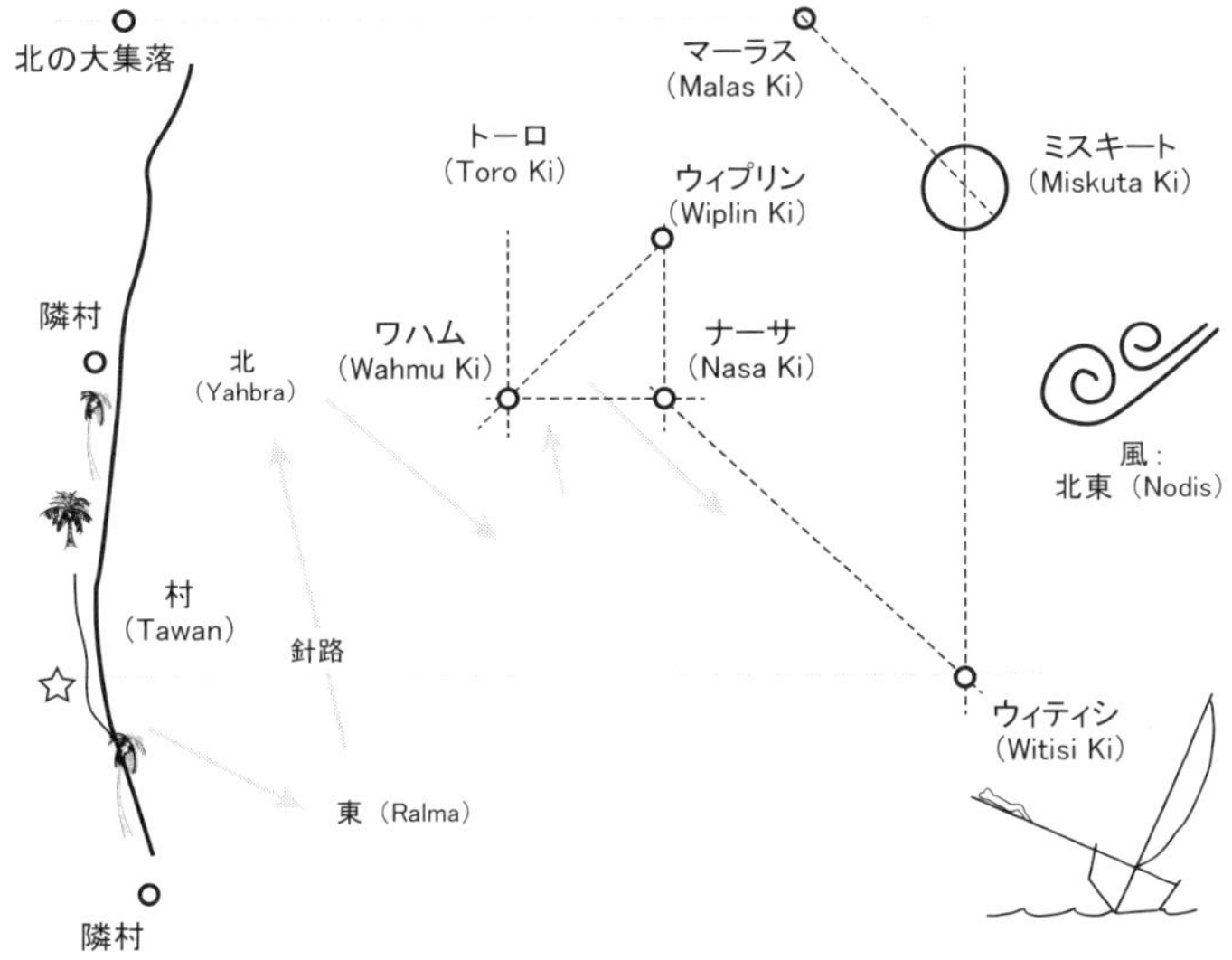

た棒を押し引きするなどして角度を微調整し、時にはそれを上げ下げして風を捕まえた。このうち主帆は縦九メートル×横八メートルほどで、船後方にある操舵部でその緩急をつける。風向きが変われば、船長の合図とともに航海士の二人が帆の添え木を船の片縁からもう反対側へと一斉に引っ張り、右左に角度を変える。船長が後方からラカヤ（Lakaia ＝変えるという意）と叫べば航海士たちはもう一枚の前帆を下ろして方向転換をする（図11）。

この帆には各船それぞれの色があって、水平線に見える帆の色で村のどの船かどうかくらいは判別ができる。

航海中は、船底にたまる水を定期的にすくい出すなどの作業も付きまとった。これは船長はじめ誰もがやらなければならない作業であった。見習いなどが乗っていればそれが主にその役目にあたった。一リットルの取手つきの牛乳用の廃プラスチック容器で水をくみ上げては外に捨てた。この容器は万能で、航海中に便意や尿意をもよおせば、船縁に尻を出して糞をする時の尻洗いにもなった。

このミスキート諸島地方では日常的に東（Ralma）と北東からの卓越風（Nodis）が吹く。カリブ海ではアフリカから小アンティール諸島の間を通るようにして貿易風が吹いている。ある小アンティール諸島の国では、このサヘルから流れてくる貿易風に含まれる砂塵によって空気中のダストの量が増えているなどの報告もあるほどで、カリブ海の生活に強く影響する風のようである（Prospero and Lamb 2003）。船はその貿易風を受け流すように北東から南東とジグザグにすすみ、その後はさほど問題なくナーサ・キーへと辿り着くことができた（図11）。

ナーサでは一端、停泊した。ここで錘《おもり》に過不足がある時は収集したりもした。八月の航海では特に問題なかったので無視した。このキーという場所は浅い海域で、ほかより波が穏やかになっていて休息をとるにはもってこいの場所であった。それを終えると次はナーサ・キーを横目に、南東にある村の拠点（Witis）へと向かった（図11）。

航海中、日差しの照りつけは強く、村人の浅黒い皮膚も焼けた。船長らは古びた長袖を頭からかぶって日除けにしたりもしていた。濡れた衣服やパンツがあれば、艤装の紐に縛って乾かしたりもした。天気がよく、風が適度に吹いていれば、忙しくなることはほとんどなかった。船長らも一度、風をつかまえて進路が決まるとしばらくそのままに航海した。船の中では同日に出航した船の帆を水平線に見つけると、それらがどこに向かうのかなどの話をした。

船長は時折、船の速度を上げるよう努めていた。船長から命令が下ると、航海士らは、長さ四メートルほどの厚い簡易甲板の板敷を一枚はずして、それを竜骨と直角になるように船縁にかまし、そのもう一方を船から海に出すように準備する。手の空いている航海士がこの板の海に突き出た部分に寝そべったり、座ったりして錘になる。こうしてヨットを斜めにして走らせるように、船を大きく傾けると船は早くすすんだ（図）。風がない時は、一向に速くすすまないので、こうした時はピーピロピロピロピロと口笛を吹いて風を呼ぶ。実際、風が来るわけではないが、そういう習慣があった。

この八月は進行方向の東の空に黒い雨雲が幾つも見える時期でもあった。船がこの黒雲の中に入ると、すぐに暴風雨が始まった。急いで黒プラスチックの大きなカバーを船にかけ、雨風を凌いだ。このカバーは甲板いっぱいに広げがるもので、食料や漁具を守る方法はこれだけであった。暴風雨がはじまれば急いで帆をおろし、そこから身動きは一切とれない。各々カバーの端をつかみ、飛ばされないようにする。ぼろのカバーには小穴もおおく、そこから水がぽたぽたと落ちてもきた。

暴風雨は長い時で一時間にもおよぶ。周りは暗くなり、船は高波におおきく揺られた。この時ばかりは船長ら乗組員一同が押し黙る。他の航海で一緒だった見習いの漁師などは生きた心地がしないと言っていた。しばらくすれば止むが、遠くに第二、第三の雨雲が動いているのも見えた。その動きを見ながらこちらも動いた。

向かっていたウィティシ・キー（Witis Ki）と呼ばれる浅い海域は村の漁の拠点であった（図11）。一説では、ウィティシを含む、このミスキート諸島近海には、こうしたキー（Ki）と呼ばれる小島や浅瀬、隆起した岩礁のような停泊可能な海域が五〇以上

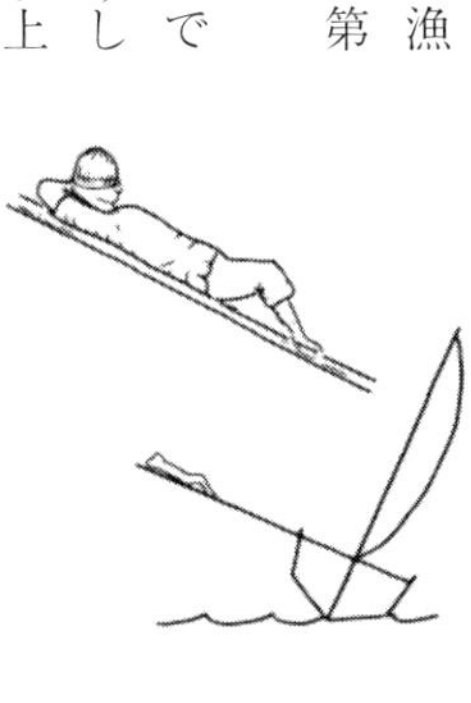

もあると言われていた（Nietschmann 1997）。村のインディアンらは、こうしたキーの近くにあってウミガメが寝床とするサンゴ礁の群落をリヒ・バンク（Lih Bankka）とかリヒ・ワルパヤ（Lih Walpaia）と呼んでいた。リヒ（Lih）というのがミスキート語でアオウミガメを意味する言葉であった。リ（Li）というのが水を意味していて、例えばクラゲはリカカ（Likaka）、鮫はイリイリ（Ilili）などと呼ばれる。バンクは英語でかたまりとか土手とかを指す英語から借用した言葉だと考えられる。ワルパヤというのは現地語で岩や石を指すワルパ（Walpa）という言葉の複数集合体を意味した。村人によってはリヒ・ワトリカ（Lih Watlika＝アオウミガメの家）と表現する場合もある。そこが主な漁場となった。

∴

しばらく航海すると村の拠点が見えてきた。ウィティシまでの航海時間は風次第であるが、だいたい片道五〜六時間ほどであった。ウィティシにたどりつくと、潜水漁小屋とその近くに村のアオウミガメ漁船が幾艘かいるのが見えた。

ウィティシの近海はこのミスキート諸島でも最良のアオウミガメ漁場の一つであるとされてきた。近くには数多くのサンゴ礁が広がっており、村の船長たちはそのおおよその位置も理解していた（図12）。こうした海底の岩場の位置の特定には熟練者でも時間がかかるため、それを船長が知らなければ探索の時間だけが無駄にのびて収穫はほとんど期待できなかった。図に描かれているのがその一部である。村人らによれば、ウィティシは元々、ケイマン諸島民によって発見された場所で、その後、長い間にわたって村人らによって開発されてきた。しかし、村の多くの者はもうすでにここにはかつてほど、その動物は寄りつかなくなっていると考えていた。この八月の航海でもその中心で最も浅いウィティシ・ターラ（図12）で昼の休憩だけをしてすぐに離れた。

船はウィティシを離れると、さらに南東に三〇キロメートルの「シュロの木の南（Paputa Sauska）」と呼ばれる海域を目指した（図13）。

このシュロの木という名は昔、この村の漁師たちがウィティシから南の海への航海の際の目印として、南東で見つけた浅い海域に散針状で幅広葉のシュロの木（Paputa）を植えた場所という逸話からその名がついていて、この時はそのさらに南の海域を目指した。この「シュロの木の南」にはまだ名も付いていないサンゴ礁が海底に無数に散らばっているが、目立った水平線上の構造物や浅瀬がなく、海底の探索は難易度がぐっとあがる。そのため航海はかなり急ぎとなった。船長らはこのシュロの木の南に着くと、罠を仕掛けるための寝床岩（Walpa）を探し始めた。

この寝床岩の探索には、諸々の自然条件による制約がある。漁師たちは基本的に海底から深さ一〇メートルほどの岩場を探さなければならないが、熱帯の海といえども海底のサンゴ礁を動く船上から探すことは予想以上に難しい。明確な目印があるわけでなく、すべて船長ら乗組員の経験によらなければならない。

船上から見た海面はその深度や濁りの度合い、太陽の角度によって目まぐるしく色を変化させる。船

図 12. 村の拠点（Witis）近海の海底

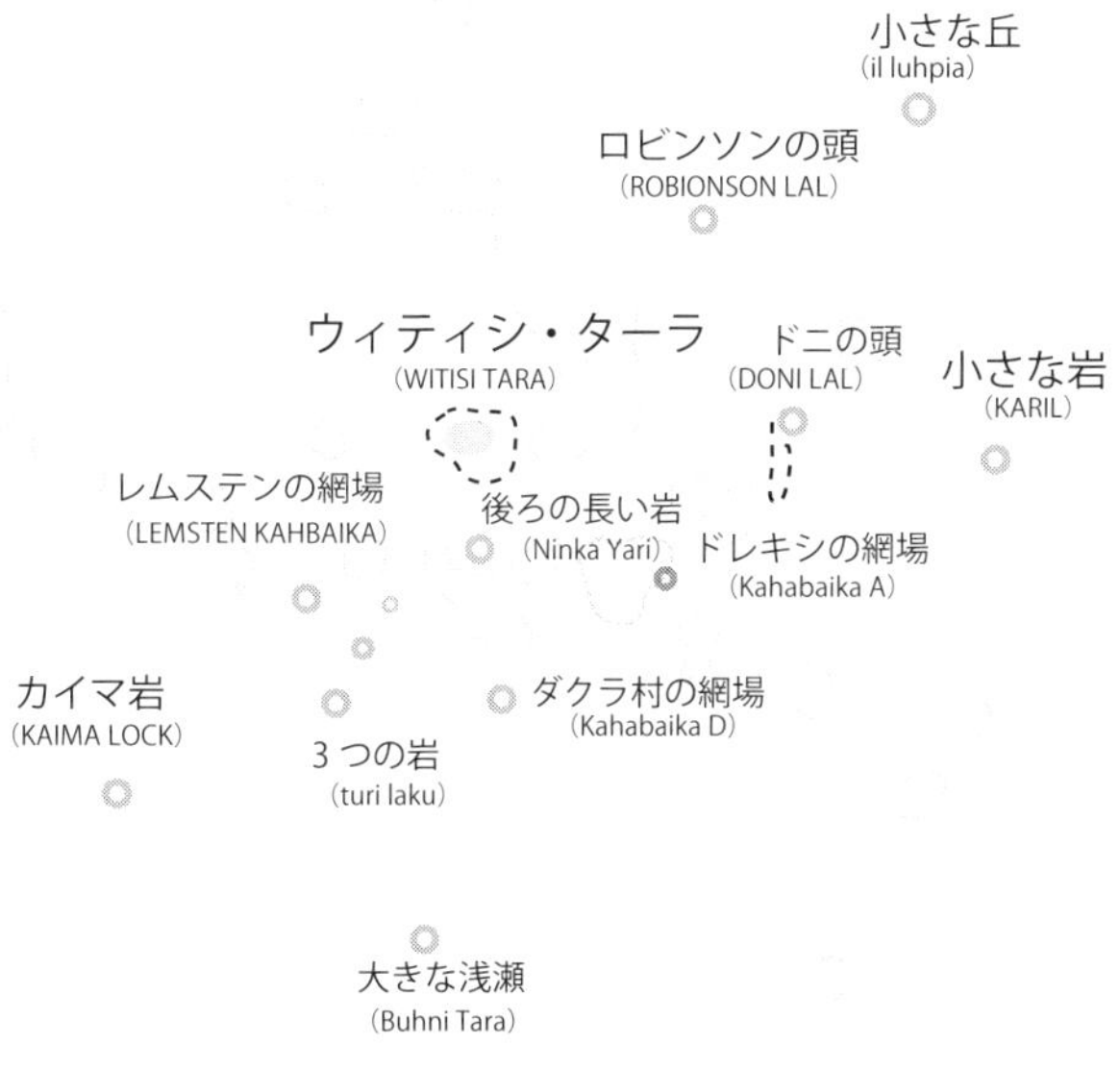

長によれば、最も好ましい探索時間は太陽が船の真上に来る昼前後の時間帯で、明け方や夕方は太陽が傾いていて、海面は皆おなじようなコバルト色に見えていて不向きだという。この海の海底地形に詳しいロバートとマレーによれば、「このミスキート諸島のあるニカラグア大陸棚の深度は一〇メートルから四〇メートルで推移し、そこにサンゴ礁がパッチ状に点在している。サンゴ礁は海底二四〜二八メートル辺りの所から、垂直に伸び、水深一六〜一〇メートルの所にまで至るような縦に伸びる形をしている」という（Roberts and Murray 1983）。そして、それを海上から素人目で探すことは不可能である。

　船長によると水深一〇メートルほどで、サンゴ礁の岩が見つかりそうな比較的浅い海域は、太陽に照らされると緑色（Sangni）に見える。この緑色の場所にアオウミガメの寝床が見つかる確率が高く、村の拠点のウィティシの近海などは、特にこうした緑の海が広がっている。そこから深くなると海面は淡い青色に変化しはじめ、ウィティシの近くでは、そうした深い場所（Chufu）は探索の対象外になる。

図 13.　航路 2

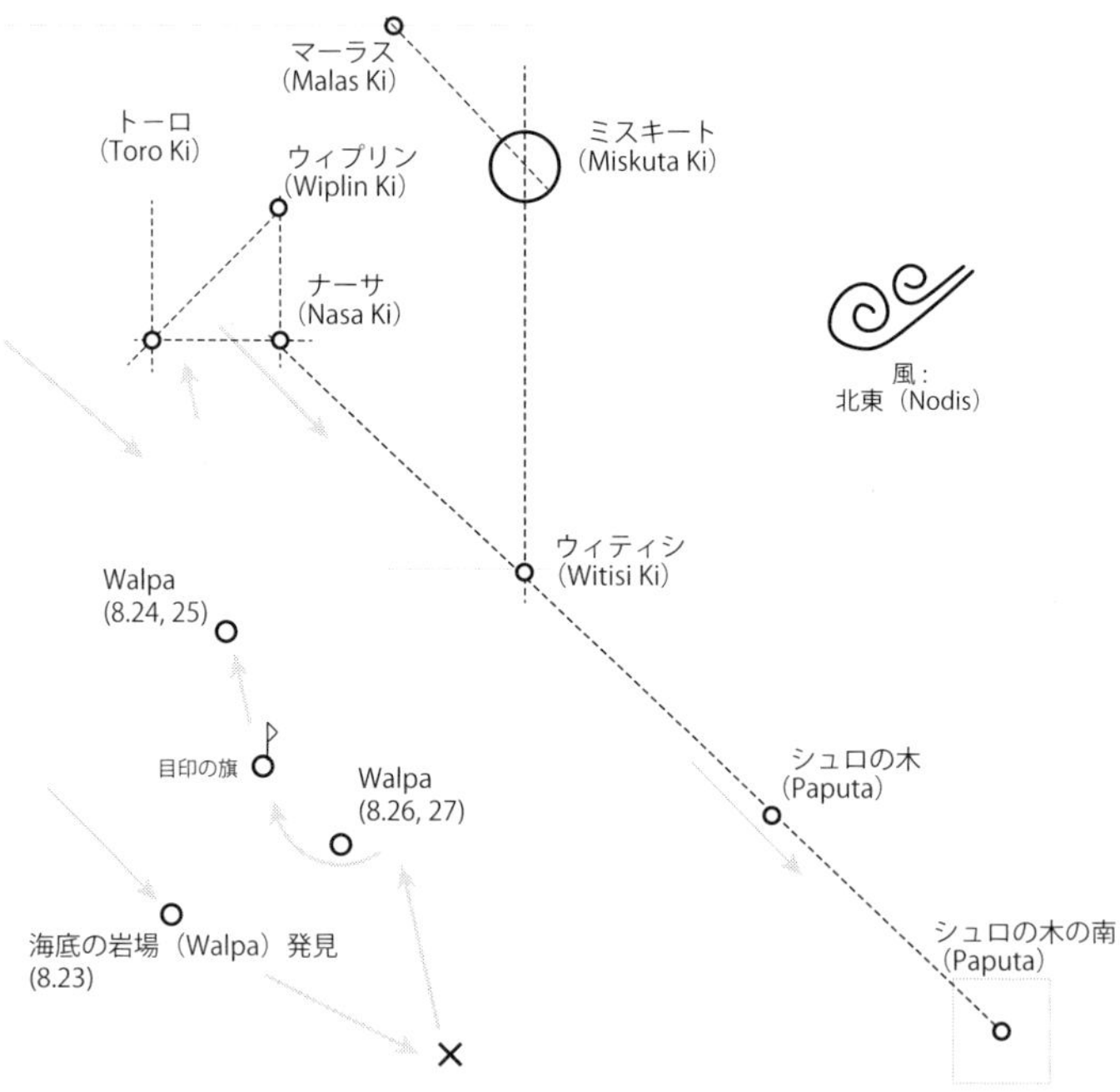

到着した「シュロの木の南」ではこうした深い場所が探索の対象となった。この時、風が強すぎると海の水が混ざりあって水が濁る。船長らは、そうした濁った水の状態（Bukmi）を嫌った。水が濁ると透視度が低くなり、その位置の確認がしづらくなる。反対に風が弱すぎると船がすすまない。基本、船で航走しながら探すのが村人たちのやり方で、いちいち船を止め、海中メガネで海底を確認するなどはしない。この日は日の入りまで時間がなかったので、急いでアオウミガメの寝床岩を探して、その真上に刺し網を仕掛けるように動いた。夜はその近くで停泊し、シュロの木の南の大きく揺れる船の中で夜を明かした（図13左下）。

∷

航海三日目。翌朝は日の出とともに起きて、歯を磨くだけにして、飯も食わずに急いで罠を仕掛けた場所へと船をすすめた。

近くに行くと海面に漂う網が見えてくる。網が昨日張ったままだとピンと張っていて、何か掛かれば、絡まった状態で水に浮いているため、アオウミガメを捕まえられたかどうかは一目でわかる。この日は一つ一つ確認してまわったが、収穫は〇頭であった。前日は村からの航海に時間を割いたため、難易度の高いこうした未開の海での探索に割いた時間は十分ではなかった。一頭もかかっていないので船長や航海士たちは一様に気落ちして、だらだらとかかっていない網を引き揚げていった。村人らも網は仕掛けっぱなしにしておくなどはなく、毎日回収して、次の罠の場所へと移動を繰り返す。

船長らはすべての作業を終えると、同じシュロの木の南の近海で、次のアオウミガメの寝床岩を探し始めた。この時はさらに南東にすすんだ。しかし、五キロほど奥にすすんでもそれらしいものが見つからず、五キロメートルほど来たところで北西に針路をとりなおした（図13左下）。

船長らによれば、アオウミガメの寝床岩の探索には幾つかコツがあって、まず空が曇ったりすれば、海面の色に変化がなくなるので待たなければならない。そして、日が照り始め、海面に赤茶色（Paumi）の場所がうっすら見える。そこが目的の場所である。言うのは簡単だが、熟練した者以外はほとんどできない芸当であった。ロバートとマレーもその目視の難しさを論文に記録しているが、本当に素人目には難しい作業であった（Roberts and Murray 1983）。船の舳先に立った船長がこの赤茶色（Paumi）の場所を見つけると、操舵手へ針路をそちらへ向けるよう命じ、そこからは海面を直接目視するようにしてすすむ。船長によれば海底が砂地でなく、サンゴ礁であるならば、それまでは白く見えていた海底に黒い揺らぎのようなものが見えるのだという。その揺らぎの範囲が広範囲で、大きければ大きいほど有力な岩場である可能性が高い。

これが見つかるまで探索は続けられる。大抵、見つけても網を仕掛けるのには小さすぎる岩であったり、海面の赤茶色が全く見あたらなかったりする。これが見つかるまで何度も繰り返す。さらに難易度の上がる深い海域（Chufu）であれば失敗のほうが目立つようになる。

船長らによれば、この海域のアオウミガメの寝床岩は、村の大樹のマンゴーの木（Mangu Dusika）のような形をしているという。村のマンゴーの木はゆうに一〇メートルを超える巨大樹で、これが海にすっぽりと埋まっていて、その海底の根元にアオウミガメは眠りにくるのだという。

その後、北西に針路をとったあと、しばらくすすんだ。そして、しばらくするとアオウミガメの寝床岩の散乱地を見つけた。どの程度かわからなかったので、海底を見ながら、その大きさを見極めるように弧を描くようにしてすすんだ。船長らはその後、それをかなりの大きさの物だと判断したらしく、頃合いをみて、旗印を海に投げいれた（図13左下）。その後、その旗印から北西の位置に罠を仕掛けた。周りには船もなく、その夜は単独で夜を明かした。

航海四日目。翌朝になるとようやく収穫があった。アオウミガメが三頭ほど網にかかっていた。船長はアオウミガメが網にかかっているのを見つけると、すぐに怒号を飛ばす。急がないと網を噛み切って逃げることがあると考えられているからであった。航海士らがアオウミガメを甲板へと揚げる準備にかかった。

アオウミガメは重く、それを甲板に持ち上げるのは一苦労であった。まず、船長が銛手を投げ縄のようにして、遠くにある絡まった網へと投げ、それが網に噛めば、ゆっくりと引いていき航海士たちは腰にサポーターをして、アオウミガメを甲板に揚げる準備に入る。大きな雌のウミガメなどは特に重く、大きなものは三人でも上がらない。アオウミガメのヒレには小さな爪もあり、怒って手足をバタバタさせて暴れるのでそれに注意しなければならなかった。航海士たちは網に絡まったアオウミガメを捕まえると一斉に力を入れて、それを甲板へと引き上げる。大きく肉づきの良いものであれば、船内では自然と歓声も起こった。船長はこの岩場を大変気に入ったらしく、すべての網を回収し終えると、午後にはそのすぐ隣に少しだけ位置を変えて、そこで罠をしかけ、その夜もその近くで夜を明かすことにした（図13左下、8・24）。

釣果のあった日の夜は比較的楽しいものであった。持ってきた煙草やお菓子をいつもより多く食べたりもした。この大きいのは幾らの値がつくとかで話も盛り上がった。薪をくべて飯を炊き、魚を釣って、それに持ってきたトマトピューレで煮込んだご馳走も食える。「シュロの木の南」のような海域は、他の浅い海底のように休む場所がなく、船は停泊中も大きく揺れて、調理中にも鍋がひっくり返りそうになることがよくあったが、そうした休憩が海での数少ない楽しみになった。

::

航海五日目。翌朝の収穫はまた〇頭だった。すでにこの場所からアオウミガメの群れは、離れてしまったと船長は語っていた。船内のムードは重苦しかった。

∷

その日の午後は、この船が二日前に通ったこの「シュロの木の南」の南端へと移動を始めた（図13）。船長はそこもなかなかの場所だと踏んでいたようであった。船長は毎日の重労働で疲れている航海士たちを鼓舞するように号令をかけ、この日も罠を仕掛けていった。持ってきた食料や水が少なくなってきていたので、船内ではもってあと二～三日という空気も流れていた。

漁師らの狙いはあくまでも沢山のアオウミガメ（Lih nani ailal）の漁獲であった。一頭（Kumi）、二頭（Wal）を狙っているわけではない。ニーチマンやカールの研究にあるように、アオウミガメはかなりの数で群れる動物だと考えられている（Carr et al. 1978; Nietschmann 1973, pp.158-161）。この村の漁師らもそのように考える。

こうした海中のアオウミガメの群れの動きを村で放牧している牛の群れに重ねて説明してくれることがある。村で放牧されている牛の数は百数十頭程度であった。村で、この牛たちは数グループの集団を形成して動く。村には牛囲いなどはないので、普段、牛たちは縦横無人に村を闊歩している。村の多くの牛の群れは日中、村から五キロメートルほど離れた湖に水を飲みにいく。その途中の松の草原で草を食《は》みながら近くの湖を目指す。この村の牛たちは水辺で水分補給を済ませると、またのんびりと餌を食べながら、夕方ごろになると村へと戻ってくる。夜中は、幾つかの群れが村の誰かしらの家の庭先で固まって寝ていて、明け方になると再び歩きはじめ、その家の庭には糞だけが残るといった具合であった。

村人らによると、この牛の群れの中心には母子（Yaptika nani）がいて、その周りにそれを監視するように、大きな雄牛や雌牛が鎮座している。それらが逐一、村人を監視して、時には威嚇してくるのだという。村では誕生祭などには数人の若者が束になって縄を投げて牛を狙うが、村人によればこうした監視の牛は凶暴でそうそういうことを聞いてはくれないという。

村人らによれば、牛のように草食性を示すアオウミガメ（Lih nani）も同じように群れで動き、その群れには数頭の監視役がいて、中心に母子がいる。カメも村の牛と同じように寝る場所を毎日のように変え、夜になるとそのサンゴ礁の寝床岩となる家（Lih Watlika）に戻るという。

村人らによれば、牛の場合は村の外の森にジャガー（Limi）がいて喰われてしまうから、村の中で寝なければならない。アオウミガメも夜に危険な海へと出かければ鮫（Ililli）などに喰われてしまう。だから夜はそれらが寝床とするサンゴ礁から一歩も出ない。月明かりがなければ何も見えないから罠も見えない。呼吸しに浮かんでくると罠に絡まるのである。老漁師によれば、アオウミガメはその寝床を毎日のように少しずつ変える。ただし、必ずミスキート諸島のどこかで群れて寝ているという。だから村人らは日々、罠の場所をかえてその群れを追跡してその居所を詰めていくのである。ある老船長によれば、賢いアオウミガメは一度、網が張られたような危険な場所に翌日戻るような馬鹿なことはしない。

航海五日目の午後に網を回収し終えると、起点の旗印（Bandera）の南東を攻めた（図13左下、8・25）。すでに出航してから五日が経っていたが、まだ三頭しか獲れていなかったため、船内は重苦しい空気に支配されていた。船内では船底に並べたアオウミガメが増えるのに比例して疲労も増える。船長らは残った気力や体力と相談しながら作業をすすめなければならない。

こうした村から遠くの海でも、航海中は時折、村の大きな船が水平線に見える。機会があれば近づいて挨拶をかわすこともあった。すれ違う際、何日も収穫のない船は活気がなく、亡霊船のようで、それを聞かなくても状態は推し測ることができた。

航海中の疲れを助長させるのは、日々の雑務にもあった。仕掛けた罠の網（Tan）はその都度、揺れる船内でその絡みを解かなければならなかった。たとえアオウミガメが絡まっていなかった網でも、何らかの理由で絡まってしまったりもした。日中の照りつけも強い中、船長や航海士たちは揺られながら船上で網をなおした。こうした日々の雑務が航海での疲れを助長した。彼らが船上で作る料理はお世辞にも美味いものではなかった。彼らに缶詰めのタイカレーを譲ると王様の料理だと絶賛した。

シュロの木の南のような拠点から遠い海でのサンゴ礁の探索は困難をきわめた。この辺りは村の拠点のウィティシと異なり、村人による岩場の開発がさほどすすんでいなかった。ここにはウィティシのような岩の名称は確認できなかった。夜に停泊する浅瀬もなく、村の漁師らも船酔いすることもあった。

このシュロの木の南には、延々と青くて深い海が広がり、海面の変化が乏しい。罠の仕掛け場所を間違えれば高価な網も流された。船に目の良い若い漁師などがいれば、それを舳先に立たせ、何とか精度を上げてサンゴ礁の位置を特定するなどの工夫を凝らした。それほど寝床の位置を特定することは難しいものであった。素人の目では黒くゆらぐ海底の変化すら見わけることは一度もできなかった。

船長らも少しでも可能性があるような場所が発見できれば、旗を投げてその周りを旋回するように、その大きさや形を確認しながらすすむ。旗を使えば、その次に浮きも入れた。使えるものは何でも使った。時折、アオウミガメが海面で呼吸する姿を見ることもできる。海面で呼吸した際にその頭と尾の方角が見えれば進行方向を知る鍵にもなるということであった。

このミスキート諸島近海にはアオウミガメがついばんだ海草の切れ端がたくさん浮いているが、その数は多すぎて手掛かりにはならない。船長らによれば海の上を渡り鳥（スンピピ、Sunpipi）が飛んでいれば、アオウミガメがその近くを泳いでいるとも言っていたが、その肝心の渡り鳥は滅多に見かけることができず、時折、疲れ果てた小さな渡り鳥が船に迷いこむ程度であった。

かつてダンピアは、「モスキート族らは、獲物を突き刺しに出かけるときには自分らの小型カノア（丸木船）に乗り込む。そして白人がそのカノアに乗り込むことを認めず、自分らだけで気の向くままに獲物を突きに出かけるのである」と記録している（ダンピア 1992）。これは勿論、船が小さいから乗るのが難しいからなのであろうが、それにもまして、この広大な海を移動するウミガメの動きや呼吸、寝床を見極めるのは、相当な集中力や熟練を要する作業でありえた。それについて理解できていなかったために、当時のモスキート族がそのような態度であったといったほうが正しいのかもしれない。

∷

航海六日目に大きな収穫があがった。大きな雌二頭を含む、計七頭のウミガメを捕まえた。この時、他の種類も（アカウミガメ、Ragre）一頭捕まえた。アカウミガメは村の漁師たちにとっては忌むべき存在であった。その肉は不味く、食用にならない。このときもすぐに離したが、大きな頭が網に絡まって、それが外れないことがほとんどである。漁師らによれば、アカウミガメは顎が強く、噛まれれば大怪我をするということであった。アカウミガメは頭をトンカチで叩き弱らせないと、危なくて仕事にならないようで、筆者に対して申し訳なさそうにそれを叩いて、気絶させるようにして海へと返した。

大きなアオウミガメは、腹甲という腹の部分が幾分長い。本当であれば、甲羅の大きさを測るべきであろうが、漁師らは獲れたカメを仰向けに保管するので、甲羅の大きさは測れなかった。うつ伏せにすると暴れて、ヒレについた爪で乗組員たちに危害が及ぶ場合がある。この日は、特に高く売れる雌を六頭も捕まえた。すべて雌であった。午後には、朝の収穫があった場所からほど近い所にアオウミガメの寝床となる岩を見つけ、そこに再び罠をしかけた（図13左下、8・26）。

一日に六頭も捕まえると、その日の夜が忙しくなった。夜になると獲れたアオウミガメを船底の肋骨と肋骨の間に順序良く挟むようにして並べて整列させる。この時、手足のヒレを縄で結ぶ作業が必要になる。夜の調理中に薪に鉄棒（Bula）をかざして、それを熱し、赤くなったそれを一気にヒレ先へと差して穴をあける。暴れるので一刺しでやらなければならない。船内には肉が焼ける臭いが立ち込める。暴れれば、その腹を足で制し、抑えるなどもする。間違って調理台から火のついた薪が落ちて船底を焼きでもすればすぐに沈没しかねないので、夜の揺れる海でも細心の注意が払われた。船長らは高値で売るため、手足のヒレを結んだカメの頭に枕木を敷く。こうすると新鮮さを保つのに良いと考えられていた。また、時折、乾燥しないよう海水をかけてやり、網の束やボロの黒プラスチックを仰向けになったカメの腹のうえに置いて、直射日光を避けるなど幾つか注意を払った。アオウミガメは陸に揚げても一〇日以上生きるといわれているが、海から揚げたばかりのほうが活きは良く、鮮度を保つように船員らも心がけているようであった。

∷

航海七日目。この朝には三頭の雌のアオウミガメが網にかかっていた。一頭は腹が八〇センチオーバーの巨体の雌（Lih Mairin Tara）であった。船員らはそれら三頭と絡まった網を回収すると、船底には大きな雌を三頭含む一二頭のアオウミガメが並んでいた。すでに村を離れ、遠くのシュロの木の南にまで来て、かなりの時間がたっていた（図13）。この日の罠を見た時点で船長はもう十分と判断したようで、全ての網を回収した後に船長から帰港が告げられた。それを聞くと皆一様に明るくなった。船員皆で砂糖をたっぷり入れた甘い清涼飲料粉水を回し飲みした。もう菓子類や飴はすべて食べつくしてしまっていたが、飲み水は余っていたので、小麦粉を溶かし、砂糖を入れてそれを飯代わりにして休息した。その余った水で水浴びをして、塩気のついた体を洗った。海辺への帰り道は風を背後から受けていたが、船のすすみは遅かった。のんびりと一日かけて港町へと向かった。

以上がミスキート・インディアンによる現代のアオウミガメ漁の実際の描写である。これより短い時間でたくさん獲れることもあれば、長くかかって収穫がまったくないこともある。

五．海上での航路と空間的合理

図14には、参与した五度の事例での航路を示した。図に示した小さな○は網を仕掛けた場所を示している。a、b、cがその○が固まる漁場であり、参与で度々訪れたリヒ・ワトリカ（Lih Watlika ＝アオウミガメの家）である。それぞれの航路は、A線は二〇〇九年三月の航海の航路である。村人が港町の資源の管理担当者と話し、村に肉や金がなくて困っているため、幾頭かのアオウミガメの捕獲許可をもらいたいといって、申請しておこなったものであった。この航海は見習いも乗っていたため、船長らはさほど遠出することなく、ナーサ近海で、二日間に渡って罠を仕掛けて合計一三頭のアオウミガメを捕まえた。内訳は一日目に三頭、二日目に一〇頭であった。二日目の一〇頭のうち、九頭が雌ガメであった（図14、Aの2重点線）（高木 2012）。

B線は先ほどの例なので割愛する。

C線は二〇一二年九月の航海である。Bと同じくシッピ船長が率いた普段の雨季の漁である。二〇一二年の九月四日に出航した。船長によれば前月（B）で遠くのシュロの木の南まで行っていたので、今回は近海から狙ったという。初日にナーサ（Nasa）で罠を仕掛け、そこで二日間を過ごし、つぎにそこから南東の村の拠点近くでさらに二日間を過ごした。その後、薪が少なくなってきたので、北の海のマーラス・キー（Malas）と呼ばれる他の拠点を訪れ、そこにある小さな商店でアオウミガメを一頭ゆずり、それで得た金で食料を調達した。この島には土地があるので、薪は島の湿地帯で調達した。その後、マーラス（Malas）から南のリマルカ（Limarka Ki）と呼ばれる浅瀬で二日間を過ごした。その後、村の拠点へ戻り、そこで二日間漁をして、八日間かけて計一二頭を捕まえて帰港した（図14、Cの破線）。

D線は、二〇一四年一二月の航海例である。それまで船長を務めていた者の弟が船長として船を率いた。乾季（Mani）の漁であった。この時は、村の拠点のウィティシを中心にして、そこを三日間攻めたが、アカウミガメ（Ragre）ばかりが捕まり、思うように数が積み重ねられなかった（六頭中三頭）。結局、四日目にシュロの木の南まで南進して、そこで六頭のアオウミガメを捕まえた。途中で小さなものを一頭食べたので、計八頭を持ちかえった（図14、Dの薄い実線）。

E線は、二〇一五年二月の航海事例である。Dの事例の三ヵ月後の航海にあたる。その前の航海で、船長が捕まえたウミガメの数をごまかして報告したので、船主の逆鱗に触れ

図 14. 網罠（Tan）の位置

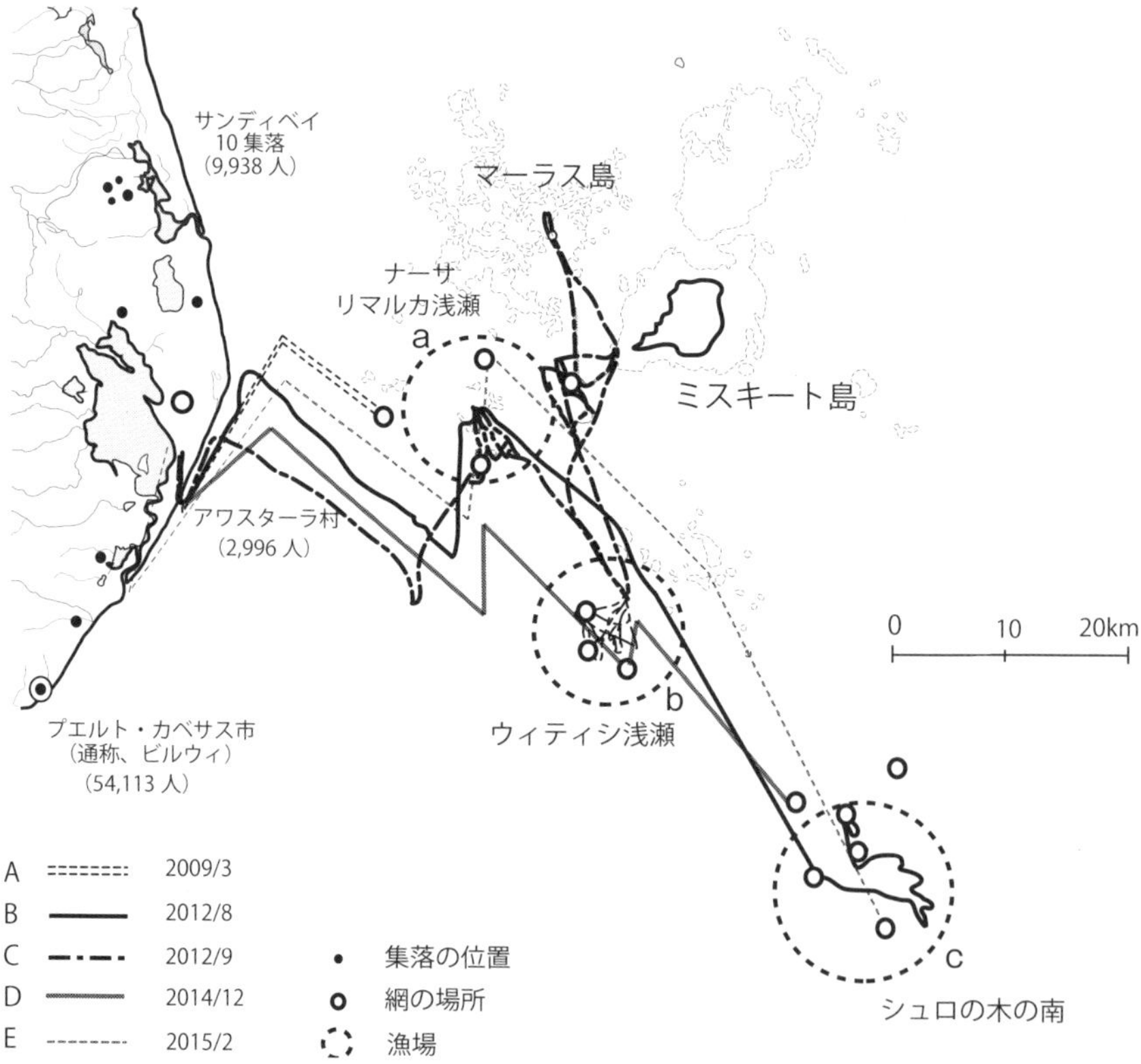

て解雇されたため、再び兄が船を率いた。船長ははじめナーサで罠を仕掛けて、三頭を捕まえたのち、翌日にはすぐに南下し、村の拠点を通過、一気に遠くのシュロの木の南にまで船をすすめた。そこでは日々、順当に四頭・二頭・二頭と捕獲していき、合計一一頭（うち雌八頭）を漁獲して、帰港した（図14、Eの薄い破線）。

以上、五つの事例の平均の航海日数は六・八日であり、そのうち網を仕掛けた日数は四日であった。五度の航海での平均捕獲頭数は一一・八頭であった。航路はGPSで記録し、その詳細は付録4に一部、記録してある。また、これまでBとCの航路の詳細については、数百メートルのスケールまで落としてその動きを分析した（高木 2014; Takagi 2015）。参与した五度の事例では、副長の妻の親族にあたるシッピ船長が三度船を率いた。また、事例B、D、E線のように遠くの海を中心に攻めることもあれば、また事例のA線のように若い船長がたまたま近場で仕掛けて大当たりすることもあった。浅い海域（Ki）を転々とするC線の事例もあり、船や船長ごとにミスキート・インディアンたちのアオウミガメ漁獲作業には様々な戦略が存在する。

∷

村一番の古参漁師によれば、「アオウミガメは賢く、こちらの動きを見ながら海底を動く。こちらもそのように日々、彼らの動向を観察しなければならない」。

老漁師によれば、村人が拠点とするミスキート諸島のウィティシと呼ばれる浅瀬の近海は長らく有力なリヒ・ワトリカ（Lih Watlika＝アオウミガメの家）であった。参与した五度の航海でもこの拠点には度々、訪れた（図15）。村人らによれば、こうした一つのリヒ・ワトリカには、それが寝床とするサンゴ礁の群落が数多く散在している。特にウィティシの近海の五マイルほどの中に多いと考えられていて、そこには村人が名前をつけたサンゴ礁の岩場が数多くある。

道具を用いないでこうした岩場の場所を特定するためにはいろいろとコツがある。まず現在、この拠点の中央のウィティシ・ターラと呼ばれる場所に村の潜水漁の小屋が三軒ある。これがかなり遠くに行っても水平線上に確認できるため、それがまず自船の位置がわかるための大きな目印となる。村人らは、この小屋のある浅瀬を中心にして海の岩場のことを考える。この浅瀬から東に数キロ行った所に小さな岩（Karil）やドニの頭（Doni Lal）といった呼び名の岩場がある（図15）。ドニの頭は、その名の村人の天然パーマに形状が似ていることからその名がついている。

また、中心から南には三つの岩（Turi Raku）、大きな浅瀬（Buhni Tara）、ダクラ・カハバイカ（Dakra Kahbaika）などといった海底の岩場が存在する（図15）。カハバイカというのは罠を仕掛ける場所とか物を置く場所という意味である。

また、南西にはカイマ岩（Kaima Raku）やレムステン・カハバイカ（Lemsten Kahbaika）といった名の海底のサンゴ礁の岩場がある。この他にも特定の村人の名前がついているドレキシ・カハバイカとかとかマサント・カハバイカなどといった岩場があり、それは初めて網を入れた人の名前に由来している。もちろんその人だけが使えるという意味ではない（図15）。

参与した船長らによれば、こうした海底の岩場の位置を特定するため、出作り小屋のある中心から、どの方角にいるのかが重要になる。船長らはこれを速やかに実行するため、小屋のある拠点を中心とし、海を円のように囲み、各場所へと行きたいときは中央から延びる仮想の八方位線上を拠点にして考えるという（図15）。例えばカイマ岩で幾張かの網をしかけて、三つの岩に残りを仕掛けたいときなどは、まず拠点からカイマ岩のある南西方向にすすむ。その後、カイマ岩で網を仕掛けて、そこからまた八方位線をすすむ。三つの岩の場合、カイマ岩から東へとすすめばその一番南の岩に近づくことができるというわけである（図15）。

ミスキート・インディアンの漁師たちが、リヒ・バンクカとかリヒ・ワトリカ呼ぶアオウミガメの漁場を表現する場合、こういうサンゴ礁の岩場が密集した数マイルの地域の範囲を示す（図15）。これが一漁場である。例えばウィティシを通り過ぎて、また遠くの海へと行けば同じように漁場がある。ウミガメを追跡するため、漁でも一地点のリヒ・バンクカを使うわけでなく（図14の事例Cのようにナーサ岩礁↓ウィティシ岩礁↓シュロの木の南の海域）と複数の場所を行き来しながらおこなうことも一般的である。ナーサもウィティシもシュロの木の南もそうした漁場の一つである（図14）。

村一番の古参漁師によると、ミスキート諸島には南北にこうした漁場がたくさんあるという。図15は、老漁師が付録1で話していたリヒ・バンクカの位置関係を示したものである。

図15. 拠点（Witis）

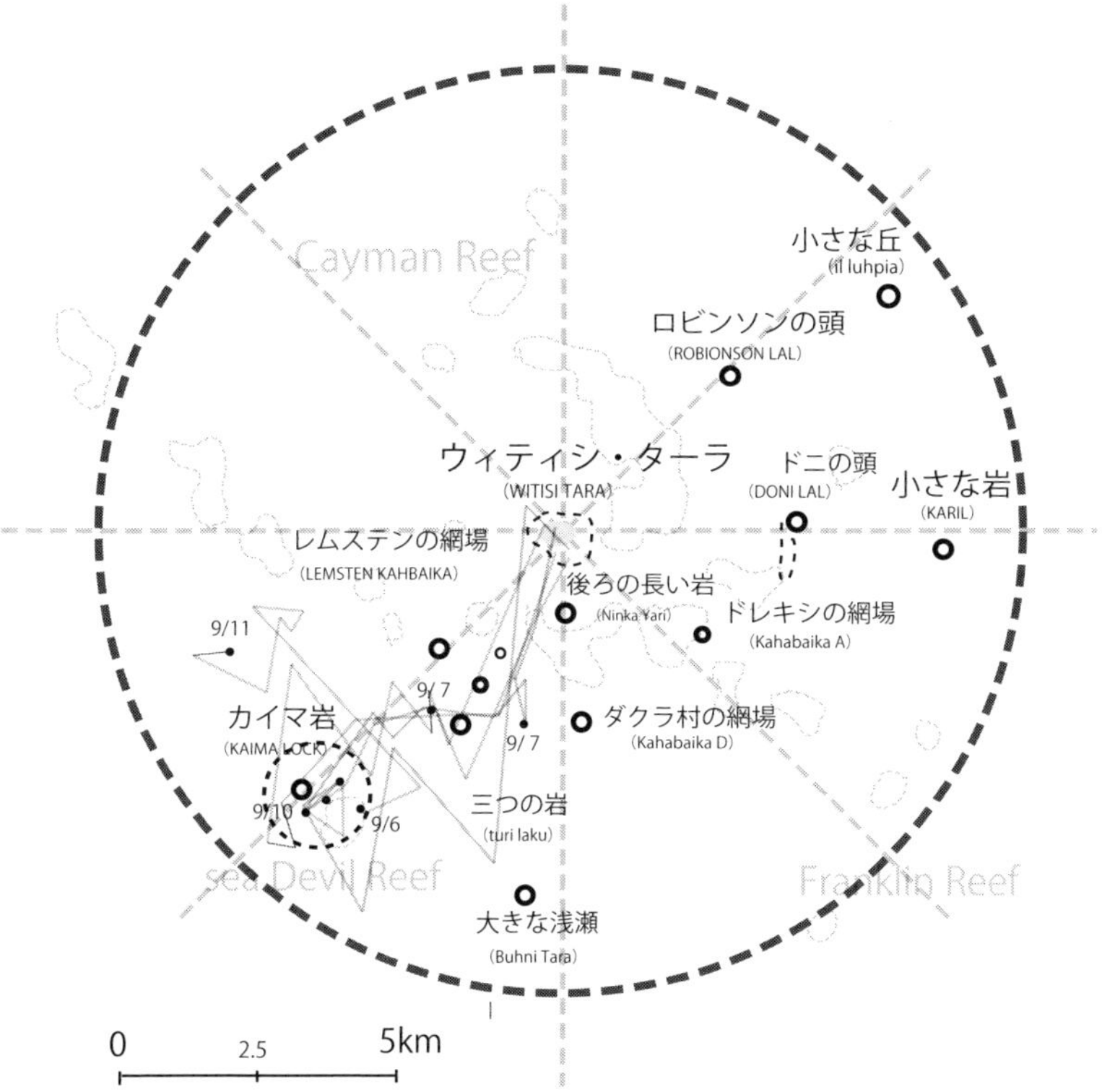

半世紀もの間、この海で漁をしてきたこの漁師によれば、主な漁場は、ナーサやウィティシの他にも、南東にあるシュロの樹（Paputa）、ウィティシ岩礁から南の一つ一つの岩（Walpa Kum Kum）、シュロの木の南から北に行った所に氷の皮（Aisu Taya）、リマルカ岩礁近海、ウィティシ岩礁から東に行った所に罪ほろぼしの場所（Dinkan）。そこから三マイル半ほど行った所にロンドン礁（London Leef、ミスキート諸島からロンドン礁は五～七マイルほどのところ）、ウィティシ岩礁から西に

図 16. 漁場（アオウミガメ）

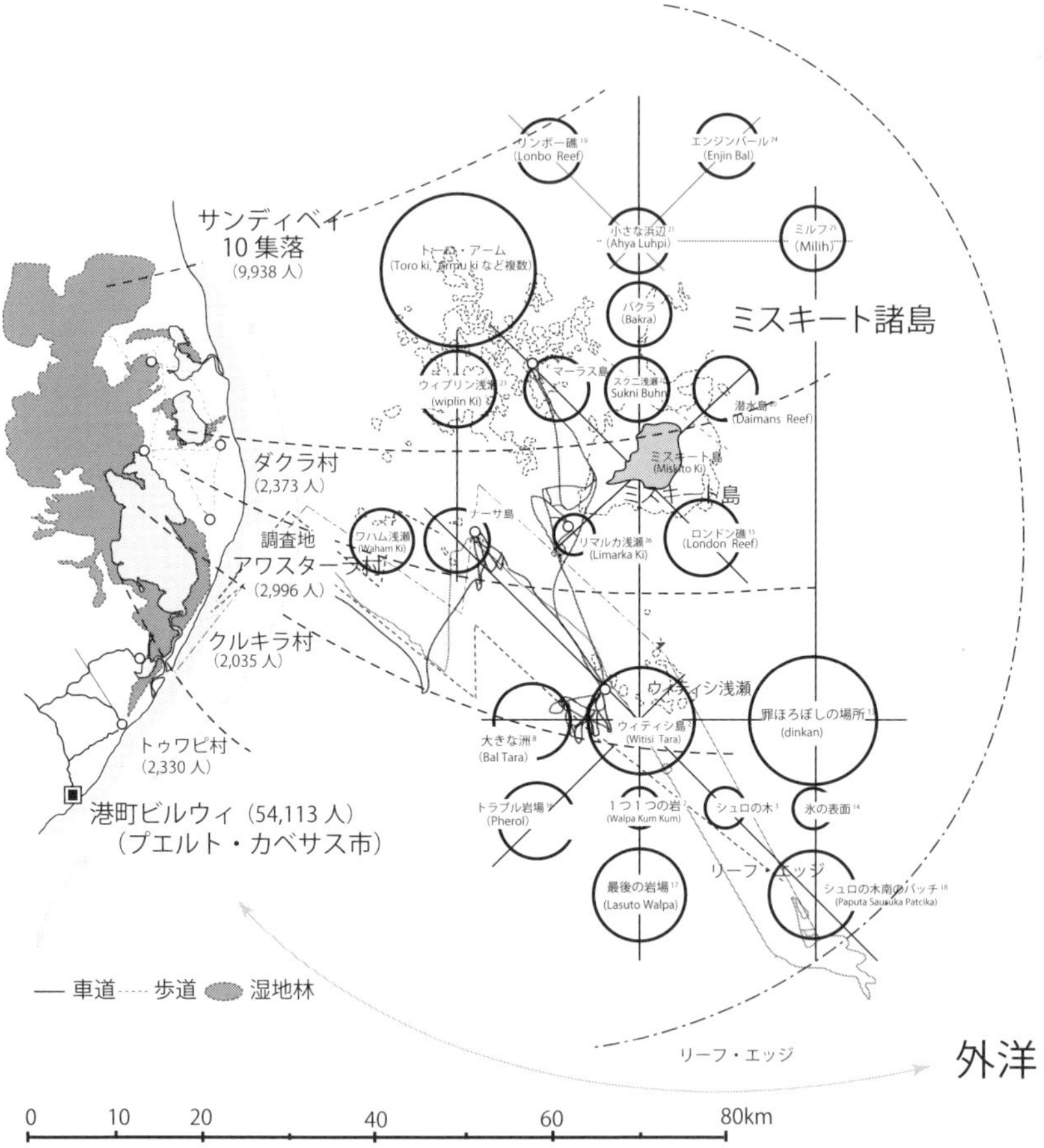

大きな砂洲（Balu Tara）とトラブル岩場（Traburu Walpika）、一つ一つの岩からもう一つ南に行った所に、アルフレッドの網場（Alfred Kabbaika）または鍋のふち（Dikwa Nata）とか最後の岩場（Lastu Walpa）と呼ばれる場所がある（図16）。他にも北の海には幾つものこうしたアオウミガメのための漁場が数多くあって、それらによって現代のミスキート諸島のアオウミガメ漁のための空間が出来上がる（図16）。

老船長らによればこうした漁場を行き来する際、岩場を探すのと同様、東西南北の八方位の直線にすすむとよいという（図15）。

例えばナーサ岩礁からウィティシ岩礁にすすみたいときは、ひたすら南東にすすむ。東は太陽が昇り、卓越風や東風が吹いてくる方角にあたる。これを左に見ながらすすむと、水平線上に村の拠点の小屋がうっすらと見えてくる。

他の場所に行く時も同様で、ウィティシから北のマーラスと呼ばれる島に行きたければ、そこからまっすぐ北にすすみ、ミスキート島（Miskito Ki）が水平線に見えれば、そこから北西方向に直進すると、水平線上にマーラス島の影が見えてくるというわけである。

参与した五度の船長はいずれも三〇代から四〇代の船長であった。彼らは基本的にナーサから村の拠点へと航海し、その後、「シュロの木の南」を攻める方法を好んだ（図14）。効率重視の航路である。村でサバド教会の神父を務める老船長は、若いころなどは息子たちを従え、村からナーサとウィティシを通って、さらに東に向かい、遠い「罪ほろぼしの場所」へと行って、そこから二〇頭ものアオウミガメを持ち帰り、村人たちを驚かせたこともある。そうその息子らは誇らしげに話していた。

現代のミスキート・インディアンのアオウミガメの生産活動において、このように漁場と漁場とを効率的に行き来することは不可欠であり、その寝床とするサンゴ礁の岩の正確な位置を特定することが必須の技術になっている。老船長によれば、ウミガメが寝床とする場所は、平面から一段高くなったパッチ状のサンゴ礁にある。ロバートとマレーによれば、「海底のサンゴ礁の群落の大きさは多種多様で、独立した小さいパッチ状のものから数キロメートルに及ぶものまである（Roberts and Murray 1983）。」

漁師らによれば、漁場にある一つ一つの岩場には様々な形のものがあるらしく、村の漁師たちも、それを見つけるためにはいろいろな工夫をする。詳しくは漁の説明の中でも述べたが、岩場の探索は海面からの色の違いが判別しやすい日中の太陽が高い時間でなければならないとか（太陽が傾きすぎると海面がコバルト色に見える）、風が強すぎてはならないとか（風が強すぎると水が混ざって濁る）、南風が吹くと北からの海流の混ざりがおきて探しにくくなるなどがそうであった。中でも彼らの現代の漁においては、網をその岩の真上に外さないように仕掛けるため、岩場の形などが中心的な関心となり、その海面から見た形をなぞらえて、天然パーマ（図15に記載のドニの頭、ロビンソンの頭など、髪の毛の形状より）や大きな岩・小さな岩（Karil）、一つ一つの岩（Walpa Kum Kum）、三つの岩（Tri Raku）などといって、その岩場の形状を表現したりする傾向にある。

また、村人らは、このサンゴ礁の群落とかリヒ・ワトリカ（Lih Watlika＝アオウミガメの家）というものを円形（Raundo）もしくはそれに近いようなある形を持つと考える傾向にある。そう考えることで漁場の探索はさほど手が入っていない未開の海域においてもその捜索範囲を絞ることができる。図17の下の図であるが、これは前述した二〇一二年八月の事例でのシュロの木の南での航路の詳細である。二日目の二四日に漁場を見つけると、その南東に目印の旗を立て、そこから二日間は北西の漁場に網を仕掛け、その後の二日間は旗から南の漁場を攻めた（図17）。

これは目印の旗を拠点とみなせば、図15の上のウィティシ岩礁を円形とみなして攻める方法と理屈的には同じになる（図17）。現代の村のカメ漁において、漁場は拠点のケイマンが発見したウィティシだけではなく、「シュロの木の南」や「罪滅ぼしの場所」、「最後の岩場」などが有力な場所となる。ケイマンが撤退した後、村人が半世紀前から開発してきたようなウィティシであれば沢山の名称があるため、さほど難しくはないが、現在、有望な遠くの海では、サンゴ礁に名称もなく、その難易度は高い。こうしたあまり手の入っていない空間をどのように定めるかといった工夫も必須となる（図17）。

航海中は、こうして円形に近い形の漁場と漁場とを行き来し、それを残り日数や体力や食料や水の量と相談しながらおこなう。その中で、自治州が定める許可数近くまで捕獲量を積み上げることが漁師らには求められる。理論的には確率が低いが、村から近い漁場へ向かうか、遠くにある確率の高い漁場へ行くかを天秤にかけ、その時々に実践可能な捕獲戦略が練られる。

六．漁の季節と海流

現代のインディアンの村

図 17. 空間利用法の比較

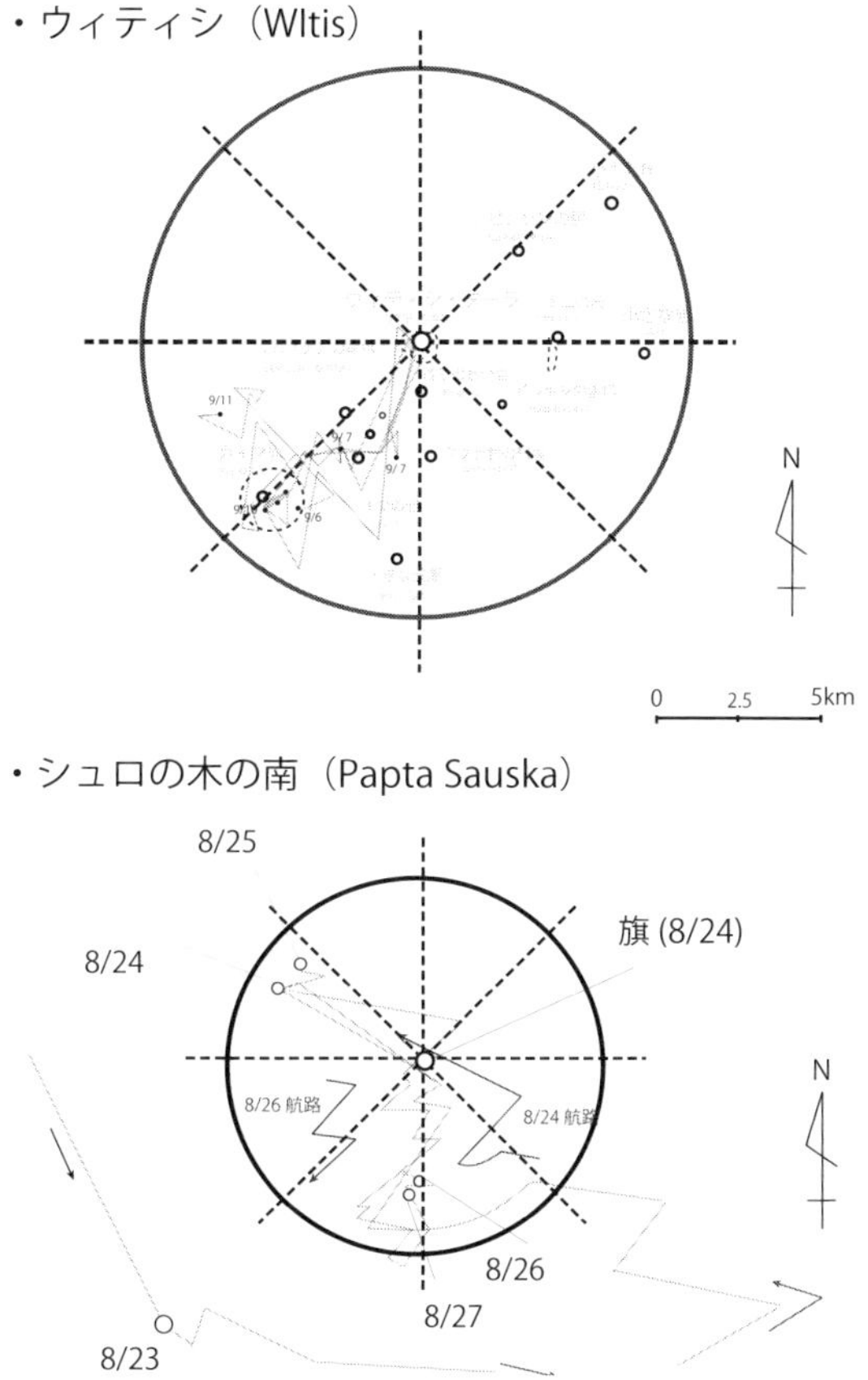

図 18. 生産空間の拡大

1).

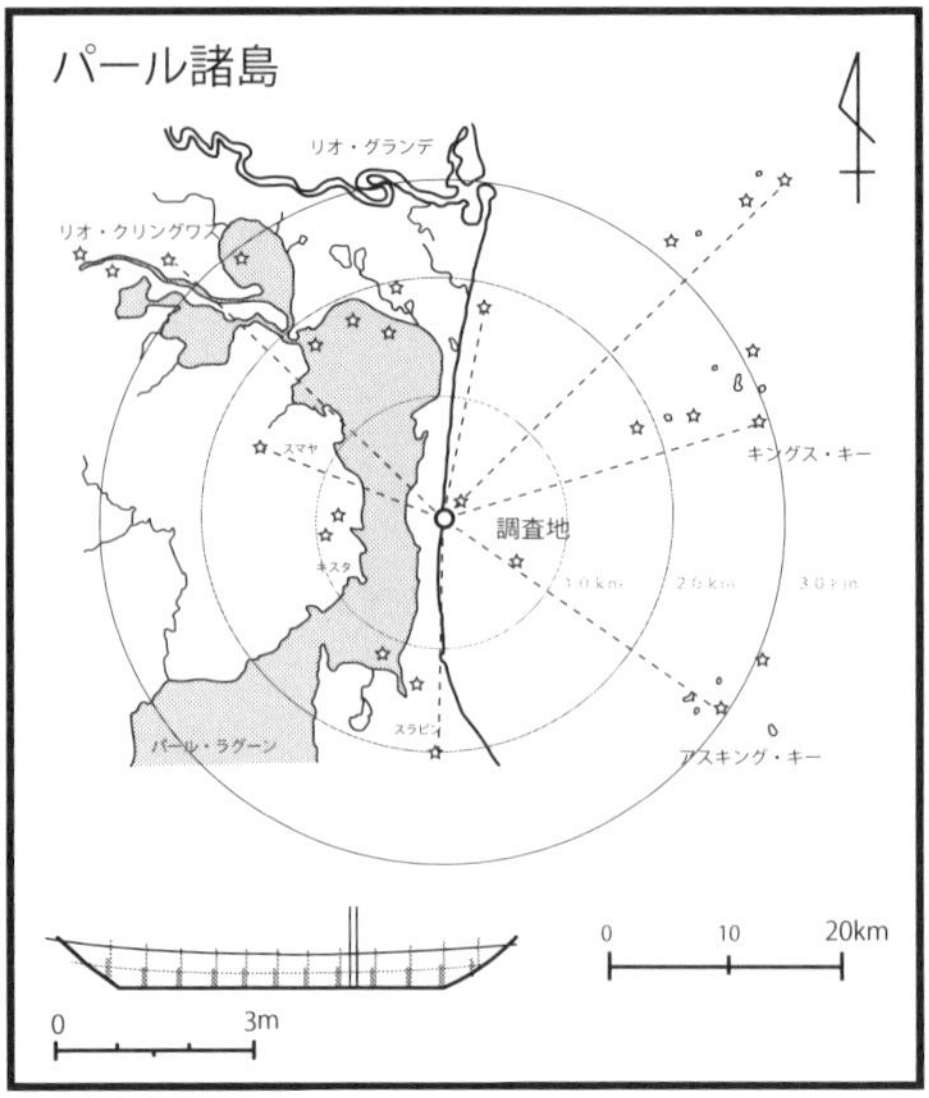

出典：Nietschmann 1973, data collected in 1968。船は出典に残るデータをもとに再現したもの。

2).

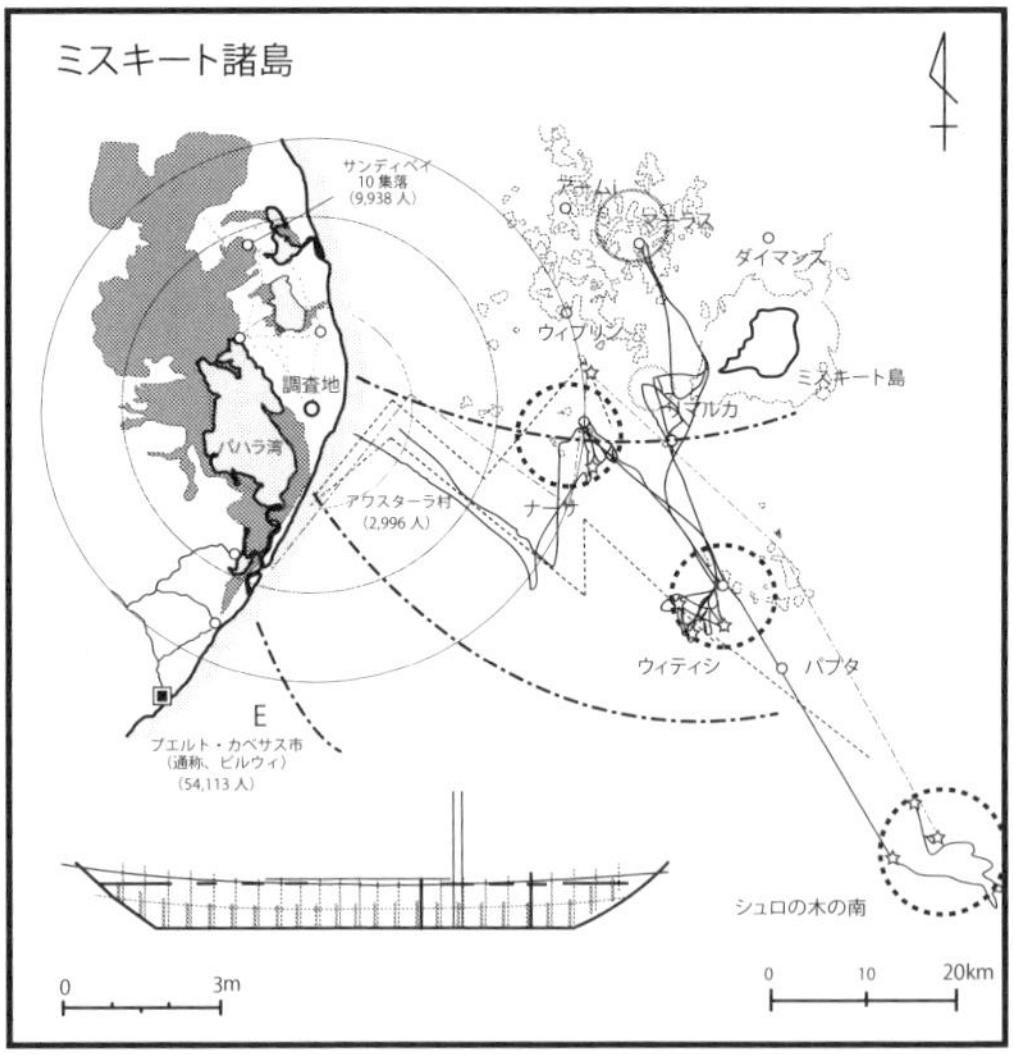

出典：Data collected in 2009- 2015,（高木 2016）

でのアオウミガメ漁は、その出漁する季節もかつてのものと大きく異なっていた。かつておこなわれていた銛突きの漁では漁期などはなく、雨季（Li Kati）や風の強い七月（Pas Tara）が最も出漁数が少なかったと記録が残る（Nietschmann 1973, pp.129-180）。これは雨季の増水によって、海岸への河川の流出量が増え、船はそれを横切ることができず、引き返すこともしばしばあったからだったためだという（図18上、図19）。

一方、現在のアオウミガメ漁にはまず漁期がある。漁期は七月から始まり、翌年の乾季の二月までの捕獲が許可されている。漁期は毎年、少しずつその資源の状況によって変わる。現在、村では漁が始まる雨季の七月が最も漁が盛んな月となる。南北で海流には大きな地域差があるようだが、北ではかつて障害となっていた海流は現在、さほど問題視されていない（図18下）。

禁漁にあたる三～六月の乾季（Mani）はかつて狩猟の季節であったが、現在、生産地の村では稼ぎのない耐え忍ばなければならない時期にあたる。この禁漁期（ラ・ベーダ La Veda）には村の名産でもあるマンゴーが実をつける時期でもあるが、禁漁期には同時にロブスターや巻貝を狙う潜水での採捕業も禁止となるため特に現金のなさに困る季節である。よく村人らは「ベーダ期（La Veda）には村人たちの口論が増え、喧嘩や、盗みが目にみえるように増える」と述べていた。禁漁期の村人の行動は、個々人によって大きく異なる。ある村人は、村はずれにある焼畑地でキャッサバ芋（Yahra）の収穫をしたり、新しい焼畑のために森を伐ったりした。また、ある村人は家屋修繕や船の修繕にいそしんだりもする。村人によっては、禁漁になっていない近海の魚貝類や鮫を獲りに行ったりもした。港町や北部地方の親族の所の農作業へと出稼ぎに行ったりする者もいる。隣国のパナマやコスタリカまで行って働いたりする者もいる。

現地先住民の歴史を研究しているミスキートのコックスによれば、海辺の村落でも、西欧社会との接触後、一二ヵ月の暦をとりいれて、彼らなりに動物や天候の変化を表す伝統的な月の表現がある（Cox 談）（図19）。この村でもスペイン語での月表現がだいぶ浸透してきているが、二〇世紀初頭にも見られたミスキート暦を今でも日常使いする村人は少なくない（Conzemius 1932）。

かつてと異なり、禁漁期の明ける七月が、現代のアオウミガメの漁獲作業の最盛期になる。引き続き天候は重要でそれは暦にも表現されている。解禁の七月は大きな風の月（Pas Tara Kati）と呼ばれている。この時期には、じとじとと一日中雨が続くときもあれば、暴風雨のようなカリブ海のスコールが短時間でやってくることもある。数年に一度、この地に大きな損害をもたらすハリケーンもこの時期に多い。

図 19. 暦

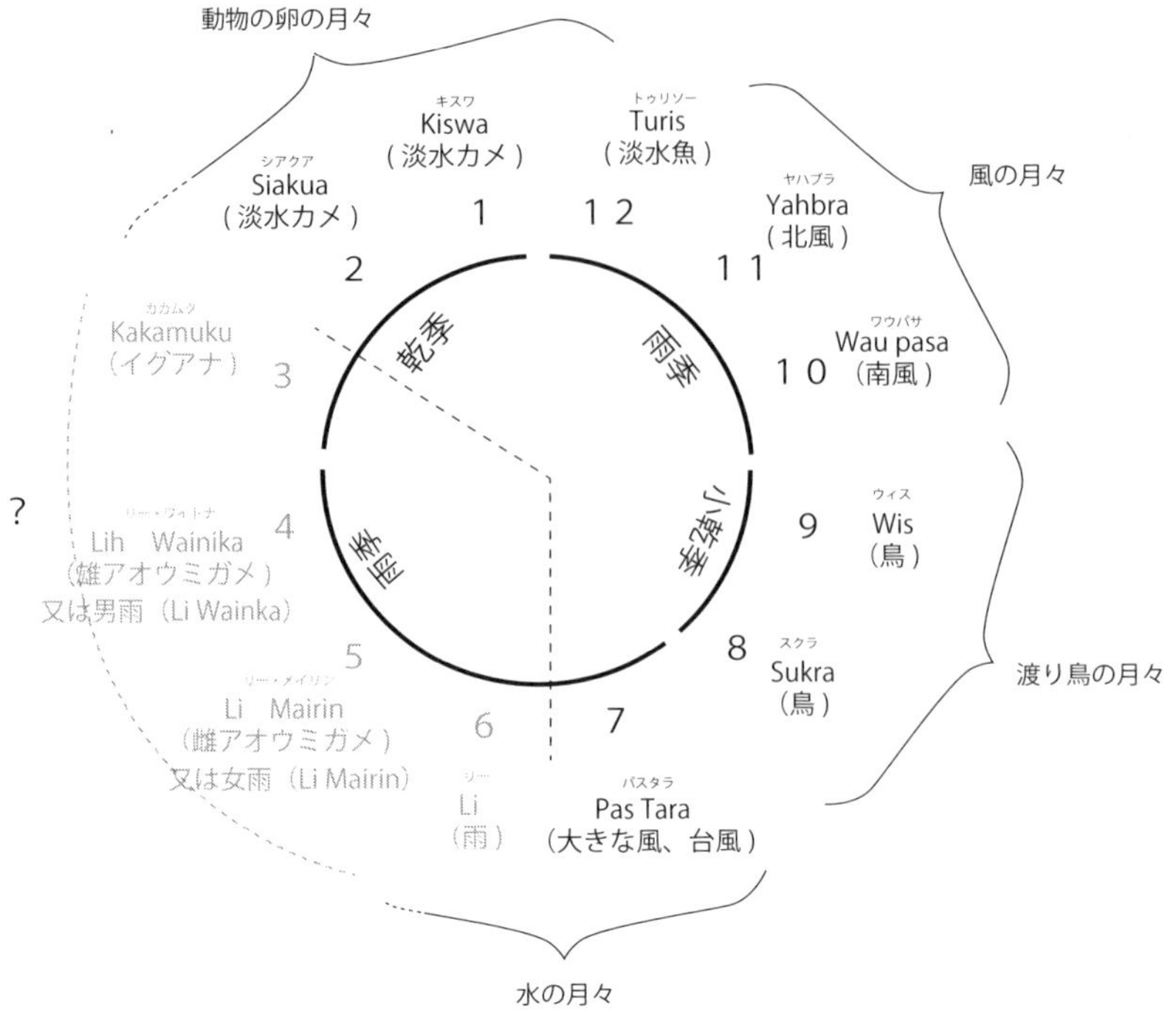

出典：Comzemius 1932 を改編して使用

雨季のあいまに天候が回復する短乾季の時期（マーニ・ルピア Mani Lupia）が来る。暦の上ではシクラ（Sikra）と呼ばれる渡り鳥の来る月であり、その次の月がウィス（Wis）と呼ばれる渡り鳥が来る月とされている（Nietschmann 1973）。

その後、一〇月には南風の季節（Wau Pasa Kati）と、一一月に北風（Yahbra Kati）の季節が来る。この地で南風が吹くと透明度の高い海水が濁り、ロブスターやウミガメも隠れてしまうと言われている。村の老漁師も、南の大河からの泥流がミスキート諸島までの海を濁らせ、漁がうまくいかなくなると考えていた。一一月ごろに吹く北風（Yahbra）は、それとは対照的な荒々しい暴風であった。北風が吹けばヤシの木が風をうけ曲がり、村人も家から一歩も出ない。北風は一週間ほど吹き続き、そのあいだ村人はひっそりと屋内で過ごす。一一月頃の北風は、一度止んでもまたすぐ吹き始める。海には出られない。北風は寒気を運び、このカリブ海の村でも長袖や厚手の服が必要になるほど冷える。この北風が原因で、船が転覆するなどよく聞く話であり、潜水漁用の外資の大型船も例外ではなかった。この村でも怒っている人の顔を指して「北風の顔をしている（Yahbra Mawan Ka Brisa）」と言ったりもする。北風が終わると天候は乾季にむかって徐々に回復していく。一二月の生誕祭や一月の新年の祝いの時期にもなり、漁も忙しくなる。また、二月末に来る禁漁期のため沢山、稼がなければならない時期になる。現代の漁では、このうち一一月の北風の月が天候的に難しい季節になるだけである。かつて影響を持っていた伝統的な天候の暦に見られる気象的な制限要素のいくつかは影を潜めて、アオウミガメ漁獲作業での探索範囲も拡大している（図18下、図19）。

七．生産性の向上

参与した五度（三四日）のアオウミガメ漁獲作業では毎日のように少しずつ積み上げて、資源管理で定められている漁獲量を目指す（図20）。捕獲したのは全五七頭であった。そのうち四四頭は雌であった。この全五七頭を全日数のうち、仕掛けのおこなった日数（二三日）で割ると、仕掛け日ごとの平均漁獲数は二・四八頭になる。全三四日における一日の捕獲数は、ほとんどが〇～三頭の範囲に入る。それぞれ〇頭が四回、一頭が三回、二頭が七回、三頭が五回である。それら〇～三頭が計二三回のうち一九回を占める。

そうした中、時折、大量の捕獲がある。これが彼らの狙いである。もし、海上で毎日一～二頭ほどを捕獲したら、例えば一五頭がその年の月ごとの漁獲許容量だとすると、少なくとも八～一五日近くを海上で過ごさなければならない。参与した五度の航海では、四回ほど四頭以上の漁獲があった（それぞれ四、五、六、一〇頭）。アオウミガメの大きな群れでの移動については、コスタリカのトルトゥゲーロ国立公園で調査を始めたカールも指摘しているし（Carr et al 1978）、ニーチマンも南部のミスキート村落の漁師らも、アオウミガメは大きな群れで移動する（マスムーブメント）と認識していると記録を残しているが（Nietschmann 1973）、調査した北部の村の漁師たちが、どれほどそのマスムーブメントを意識しているかはわからなかった。ニーチマンの調査した南部はコスタリカの産卵地に近く、その移動がより顕著であったと考えられるが、北部はキューバやメキシコから回遊する個体もあるため、若干状況が異なっているようであった。村の老漁師によれば、基本的に北部では通年の漁獲も可能だという（付録1、2）。問題はアオウミガメが、こちらの人間の動きにはとても敏感だということである。アオウミガメは人の近づかない場所を常に探していて、海中では群れで動き、その群れの中心には雌や子供がいるのだと言う。その真偽はわからないが、実際のところ参与した五度の航海でも漁獲した四、五、六、一〇頭の時には雌（Lih Mairin）がその大半を占めた（三、五、五、九頭）。海岸北部のモスキート諸島では、その大きな群れでの移動の影響は、おそらく他の所より少ないのであろう。

参与した漁では後半に漁獲が伸びる傾向にあった（図20）。これは徐々に船で攻め漁場や範囲を限って、詰めて

図20. アオウミガメ漁獲作業での積算

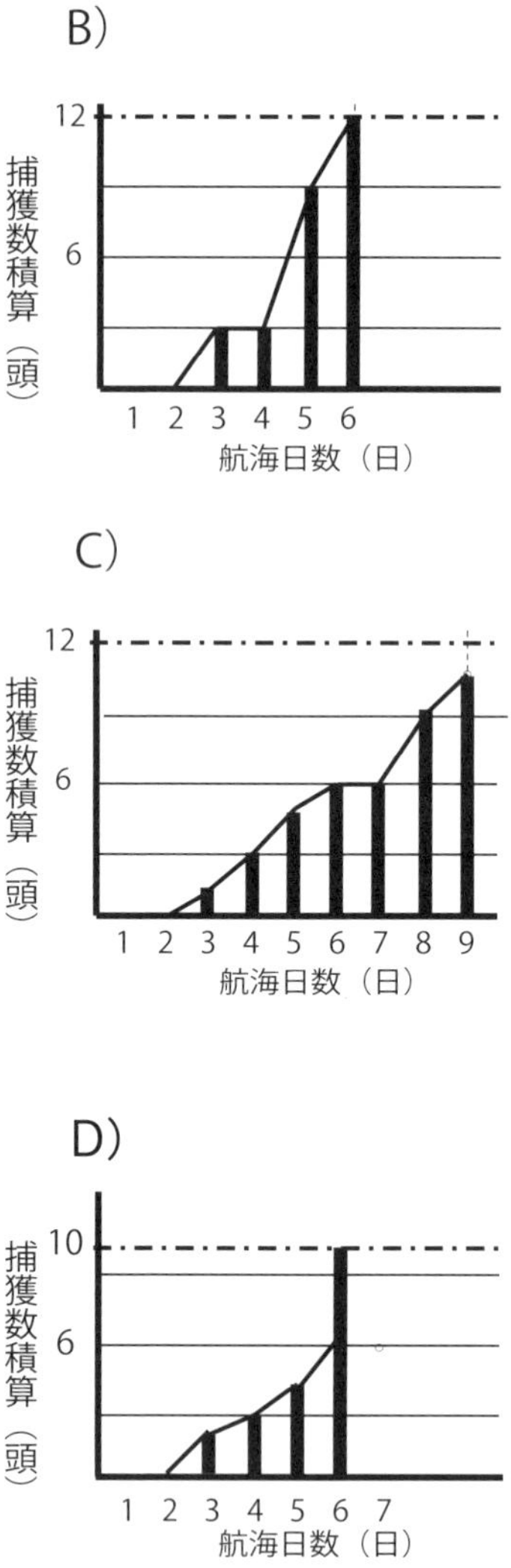

いく現代のアオウミガメ漁獲作業の特色のためだと考える。詰め将棋のように考えるとよいのかもしれない。

⁚

かつての生産地の村の姿を知る村人らによれば、一九五〇年代の村の人口は、一〇〇〇人にも満たないような小さなもので、今よりももっと狩猟や焼畑農耕に依存した暮らしであった（Nietschmann 1969 に残る人口データでは五〇〇人とある）。この村で現代のような流し網（Tan）や組立式の木造漁船でのアオウミガメ漁の基礎形成がなされたのは、ケイマン諸島民が南進していた時期にまでさかのぼる（Dennis 2004）。そのころの村の漁撈といえば、村近くの浜辺で卵を産みにくるアオウミガメを捕獲する作業とか、沖のウミガメを銛で狙う程度の小規模なものであったという。村近くの砂浜にアオウミガメが産卵しにきていればそれを狙ったともいう。この頃は、村の漁師らも村からさほど遠くない沖のナーサやマーラスの近海で銛を使って捕獲していた。銛突きの漁撈は村の中でもできる者が限られていた。

当時、アオウミガメを捕獲できる船は、村に四艘ほどしかなかったという。村の熟練漁師たちが、月に何度か持ちかえるアオウミガメの肉は、他の肉魚類（Wupan）と共に村の食生活の重要な一部であった。いろいろと教えてくれたこの老漁師もこの頃に南下していた英領ケイマン諸島民の船で働いていた。当時の村人の常食も半自給的に栽培していた陸稲や芋やバナナ類が主で、村の近辺では、こうした食材の栽培をおこなって暮らしていたという。

当時は、日が昇る前に起き、小船を借りて焼畑地（Insla）へと行った。焼畑地は今よりもっと村から遠くの地にあり、村人の誰か畑に出かけると、だいたい麻袋一杯になるくらいにまで芋を詰めて戻ったという。村の女性たちは知人の誰が芋を取りに行っているかなど大体は把握しているので、知り合いの女性が畑から帰ってくれば、そこに寄っていって芋を分けてもらった。貰い手が次に畑に行ったときはそのお返しに芋を返すなどした。ある村人

図 21. アオウミガメ漁の地域的な集約化と生産性の向上

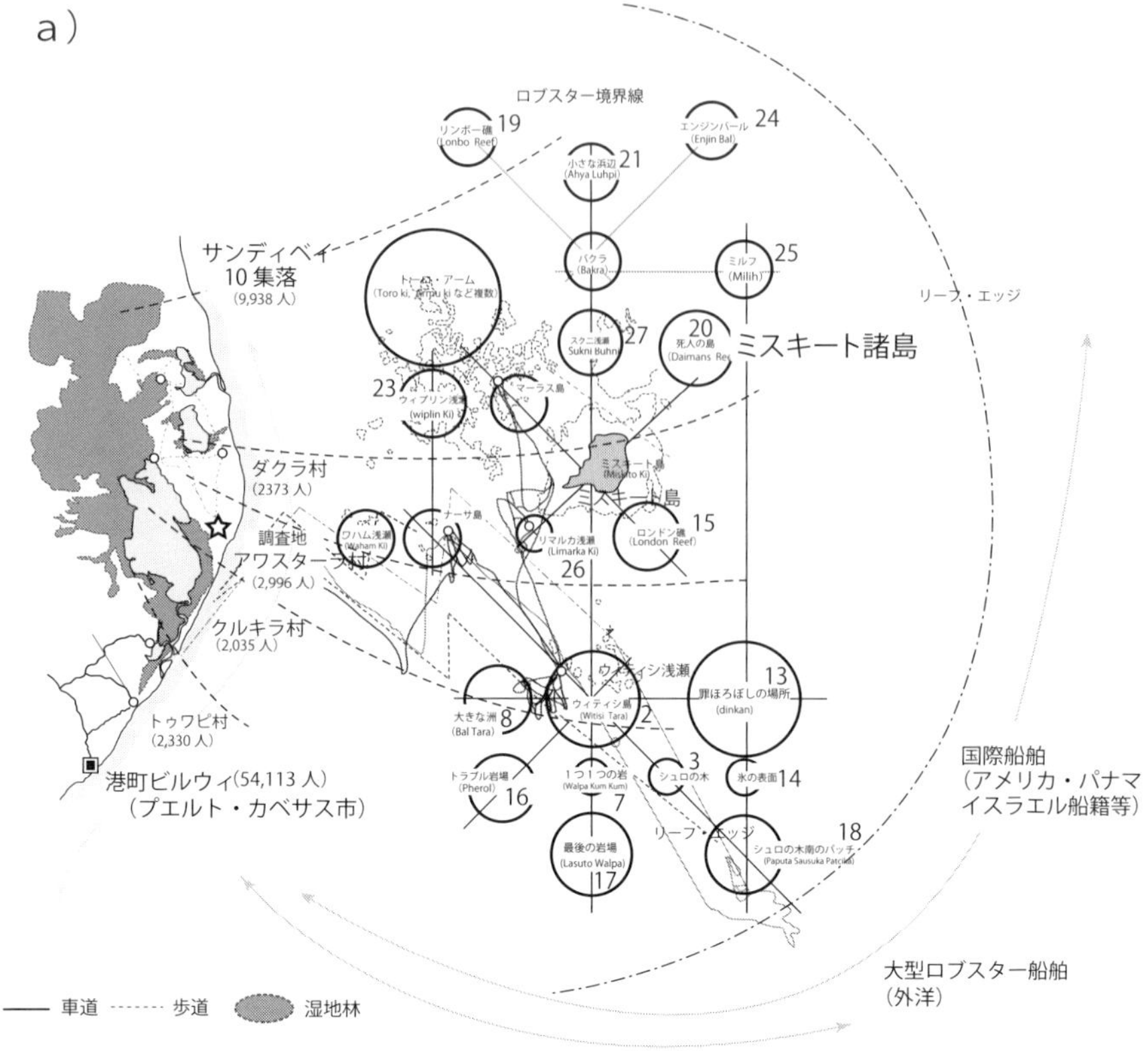

b）

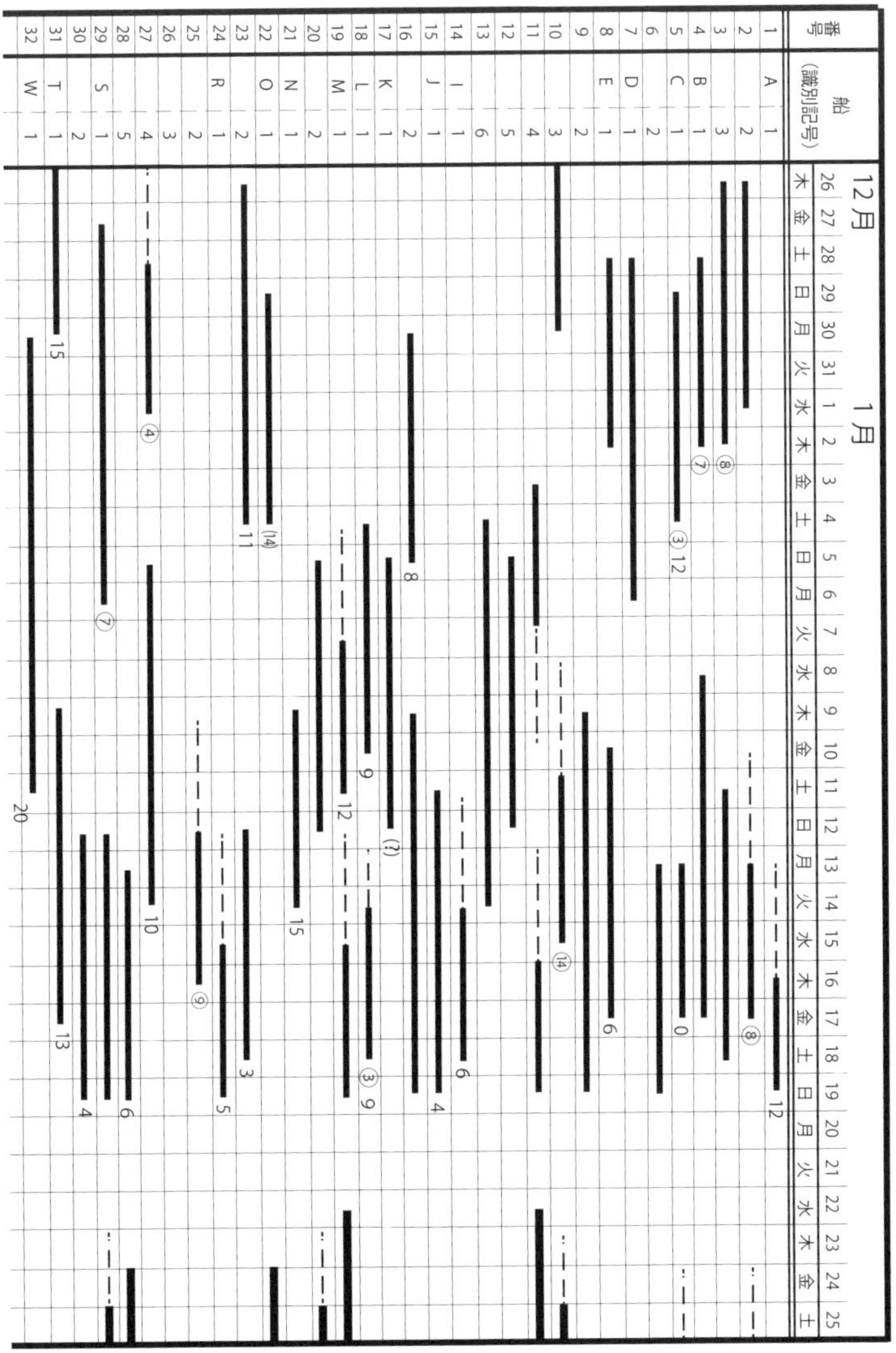

※（2013年12月～2014年1月）

も子供のころは学校を休んで、遠くの焼畑地に早朝から歩いていき農作業にいそしんだ。かつてはそういう生活であったという。

ケイマン諸島の撤退とそこからの漁法や漁船の伝播によって、この村落でも、ウィティシを中心に漁業をおこない、その漁法や漁船に少しずつ改良が加えられ、今のようなミスキート諸島の一大生産地へと変容を遂げた（図21）。その初期から漁をおこなっていた老漁師らは、ウィティシという新しい漁場を開拓しながら、少しずつアオウミガメの寝床となる岩場に名称をあたえていったという。それが今の若い村人の漁師らへ引き継がれている。

∴

村のアオウミガメを漁獲作業が、直接的に今のような生産性の高い外貨獲得目的の作業へと変化したのは、近隣の港町にできた米開発資本の加工工場が設立されたことも大きかったと考えられる。現在その工場はないが、村人らもかつては、そこへと運んだのだという。現代ではそれがモスキート諸島の中でかぎられ、ロブスター採捕の隆盛と並んで、一種独特な変化を見せている。図21の表は、二〇一三年一二月二六日から一月二五日の一ヵ月間の生産地の漁村の大きな船の航海のスケジュールを示したものである。一ヵ月でこれほどの開発努力がある。これが風の強い一〇月や一一月を除いて毎月のようにおこなわれている。世界的にも稀少な動物であるが、この地では国際的な保護法の整備によって、インディアンたちの地域内限定の捕食が保証されることにより、ミスキート諸島の生産地村落の村人たちは、併存するロブスターや巻貝などの海産資源開発や経済状況に合わせて、彼らのアオウミガメを漁獲する作業を彼らなりに集約商業化させていると考えて良いだろう。

ミスキート諸島の他の村落が、それぞれの領海で、潜水漁や投網、採捕などで様々な海産資源の開発を試みている中、ジャマイカ統括下のケイマン諸島民が発見したウィティシに距離的にも領海意識的にも近いミスキート村落が現代の生産をけん引し、こうした生産活動によって、カリブ海の資源管理計画の中でも異色を放つミスキート・インディアンによる年間六〇〇〇～八〇〇〇頭ものアオウミガメの漁獲が、毎年この地から計上されるのである（Lagueux et al. 2014）。

＊1　ウミガメ漁の詳細な規則を示しているのが二〇〇四年と二〇〇五年に制定された二つの法律である（Brautigam and Eckert 2006）。その中で二〇〇四年に適応されたLey de Pesca y Acuicultura N°489という規則で、アオウミガメの商業的な利用が禁止されている。二〇〇四年まではアカウミガメ・タイマイ・オサガメの三種類のみであったがこの法律によりアオウミガメの捕獲も、先住民の自給的な利用を除き禁止された。この規則は商業用の捕獲の禁止を外国市場・国内市場へのウミガメの販売・購入・加工しての輸出の禁止と定義している。同じく販売目的のためのウミガメ肉の輸送も禁じている。例外として研究目的や国の管理組織であるMARENAによる調査目的の捕獲は認められている。

＊2　南洋のオセアニアのパラオ共和国や石垣島では、海は不動産のように保有される（Johannes 1978）。サンゴ礁やラグーンが基準の計測単位となって、クランや首長、家族によって海が保持管理される。
ヨハネスは二〇〇二年にもウミガメの開発や文化的な利用に絡む興味深い論考を残している。この論考では、オセアニアの資源管理や規制についての伝統的な慣習が、新しい形の共同体管理方式へと変革しているということが論じられる。ヨハネスはその変化の大きさをルネサンスともじって表現する。主張はバヌアツ、サモア、クック諸島、フィジー、パラオなど各島々の調査や文献に残る記録から裏付けられる。中でもバヌアツの例は詳しい。そこでは一九九〇年代から二〇〇〇年初頭にかけて行政の漁業部門の助言をうけて、伝統的な海の慣習的な管理に国際的な共同体管理のやり方を一部とりいれた村落が倍増し、ウミガメ漁も調査した二一村落のうち一一の村で禁止になり、他の村落でも過去数年の間になんらかの捕獲制限がすすんだ。

＊3　パーソンズ（Parsons 1955）によると海岸地帯は、熱帯草原（サバンナ帯）で、このサバンナの中にパッチ状に森林が広がっているのが特徴とされている。アワスターラ村から東に延びる歩道をすすむとモスキート・コーストにつく。また、アワスターラ村から海岸にかけては小川が流れ、その周辺にはマングローブが自生している。アワスターラ村は、この海

岸沿いのマングローブ帯と内陸のサバンナ地帯の境に位置している。このサバンナ帯の森林だが、木々の密集地帯の土壌は、草原の土壌と比較すると窒素などの含有量が多く、農耕向きだという。

＊4　コンゼミウスによれば、ドゥーリは竜骨《りゅうこつ》の通る構造を持った船で（竜骨とは、船首から船尾にかけて縦に通した主要な建材で船の背骨にあたる）、もう一つはピットパン（又はPitban, 中央アメリカで広く見られるこのpitpanという船は、このミスキート語のPitbanから来ているとのことである）と呼ばれていた。これらはすべて手斧や釿《ちょうな》で製作され、その船幅は最大、五フィート（約一・五メートル）、全長も四〇フィート（一二メートル）になったという。

＊5　第一次調査で集団編成について調査したところ、乗組員たちで、船主及び雇われ船長と親族関係にある船員が多い傾向であった。これら船員は、船主及び雇われ船長から見て一つ上世代、同世代、一つ下世代の三世代内の者が多い。内訳は船員のうち船主より一つ上の世代にあたる船員は一人（五・六％）で、持ち船船長と同世代にあたる船員は七人（三八・九％）、持ち船船長から見て一つ下の世代にあたる船員は六人（三三・三％）であった。その結果、同世代と一つ下の世代を合わせた船員が全体の約七割にあたった。一方、雇われ船長と船員は同世代が圧倒的に多い。船員のうち雇われ船長より一つ上の世代は一人（五・三％）であった。雇われ船長と同世代にあたる船員は八人（四二・一％）で親族関係者のほとんどを占める。内訳はそれぞれ兄弟が二人、母親の姉妹の息子が二人、母親の兄弟の娘の夫が二人、妻の姉妹の夫が一人、妻の母親の兄弟の息子が一人であった。一方で雇われ船長から見て一つ下の世代はいなかった。これは一つ下の世代は年齢的に見てまだウミガメ漁をおこなう年齢に達していないため、出漁する船員には同世代が多くなったためである（高木 2009）。

＊6　ヘルムズによるとミスキート社会では年齢階梯制など明確な規律は見られない（Helms 1971）。しかしながら、すべての村人は社会ステータスを持ち、この社会ステータスは基本的に身体的な成長にともなう年齢と親の社会的地位に依存する。ヘルムズが調査したアサン（Asang）と同様にアワスターラ村でも性や年齢による区別は明確にされている。村では思春期にまで達していない子供のことはトゥクタ（Tukta）と呼ばれる。年配者から見るとトゥクタは一つの性別で区別はされない。村の中で青春期の女性と男性はそれぞれ、ティアラ（Tiara）とワフマ（Wahma）と呼ばれる。老人たちには、アルムック（Almuk）という言葉が使われる。アルムックには村の共同での活動への積極的な参加が期待されている。ま

た、ミスキート社会の親族名称はハワイ型として類別され、兄弟及び姉妹はすべての従兄弟・従姉妹にあてはまるという(Helms 1971)。個別の名前が母、母の姉妹、母の兄弟、父、父の姉妹、父の兄弟に存在している。ヘルムズによれば、女性の血縁者が寄り添って暮らす母方居住婚・妻方居住婚がミスキート社会を特徴づけるとすれば、これは男性が狩猟・漁撈に出てしまっている間、女たちによって村の生活を維持することが長らく続いたためと分析している。

＊7 同名の先住民政党(Yapti Tasba Masraka Nanih Aslatakanka(The Organisation of the Children of Mother Earth. YATAMA))については、Baraco 2016を参照。この村は、バリオ(bario)と呼ばれる区画で区切られている。このバリオはフェンスなどで明確に区切られてはいるわけではない。村のバリオは三つありそれぞれラルマ(Ralma)、ムナ(Muna)、フィンカ(Phinka)と呼ばれている。この三つのバリオの他に西側にアワスマヤ(Awasmaia)という小さな集落の集まった場所があるが、このアワスマヤに住む村人は少数である。このうちラルマとムナはそれぞれミスキート語で東と西という方角を意味する言葉である。フィンカという言葉はミスキート語には存在せず、スペイン語の土地の所有を示す言葉finca(フィンカ、日本語訳は小自作農地)から来ている言葉であると予測できる。バリオごとの正確な家屋の数は現時点ではわからないが、ラルマとムナにより家屋が多く存在している。フィンカは比較的新しく一九五〇年代に村人が移り始めたという。

第四章　富や財としての価値

ここからの二章は、ミスキート社会において、この希少な動物（アオウミガメ）が富や財としてのどのような価値を有するのかについて分析した結果を示す。

∷

一．ミスキート社会における希少動物の価値

ミスキートや、スム・インディアン社会に詳しいコンゼミウスによれば、二〇世紀初頭、これら二つの民族は、狩猟採集農耕のような簡素な生活を営んでいた。この二つの集団（ミスキート・インディアンとスム・インディアン）の間には、かつて、限られた物資の交易しか存在しなかったと考えられ、川やラグーン、海がその舞台となり（これは今日でも一般的であるが）、物々交換でおこなわれていた。コンゼミウスによれば、「海辺のミスキート・イ

ンディアンらは、貝やそれで作ったビーズを貨幣として用い、内陸部のスム・インディアンは、カカオ豆を同じ目的で使用している」（一七世紀にモスキート・コーストの調査をおこなった）（Conzemius 1932, p.40）。また、このモスキート・コーストの地で、調査結果を残したW．M．によれば、「この二つの集団は常に牽制しあっていて、戦闘状態にあるが、交易のためにはココ川の上流での休戦協定をおこなうほどである。これらのインディアンたちの社会の中では、ほとんど完全な平等のもとに生活がおこなわれる。貧富の差はなく、私たちがあきれるほど尽力する富の蓄積にも、さほど精をだしていないように見える」（W.M. 1752）という状況だった。

現在、アオウミガメと交換されるものは現金である。一頭の価格は平均一〇〇〇コルドバ（日本円に換算すると三四〇〇円）ほどで、その金銭的な価値は、生産地の村の小さな家族の半月分の生活費ほどになる。単純に、日本の月給や生活費に置き換えてみても、生産地の村人にとっては、一頭の価値は五万円（ある二人家族の月の平均の生活費を一〇万円として、その半値）くらいの価値を持つことになるが、おそらくそういった変換だけで理解できるものではない。

二 換金商品のロブスターが生み出す莫大な富

一七世紀以降、イギリスの保護領下に置かれたミスキート・インディアンは、遠くパナマのチリキ・ラグーンに至るまでの海域で、海賊まがいの行為をおこなうようになっていた。記録によれば、その後、ミスキート・インディアンは交易によって、海外の財を得るようになると、コスタリカのスペイン人居住地からカカオを盗み、時には他の先住民を捕まえて、砂糖の生産へと力を注いでいた英領ジャマイカ植民地へと売りさばくなどの行為にも及んでいたという（Conzemius 1932）。[*1] 特にミスキートの生活に不可欠となっていた塩、山刀、斧、ナイフ、手斧、くわ、鉄鍋、釣り針、やすり、ショットガン、綿製品などとの交換が一般的になっていたという。

現在、モスキート・コーストには車や発電機や、金属製品や農機具、インスタント食材など数多くの物資の製品が入ってきている。これらはすべて現金で決済されるものである。その交換の対価として、モスキート・コーストから海外へと出ていくものは、木材や大豆などの農作物やロブスターや巻貝などの海産物などである。

∴

大航海時代よりモスキート・コーストへと影響を及ぼしてきた宗主国のイギリスや、一八世紀にそこから独立し、現在のモスキート・コーストへと強い影響力を持っているアメリカ合衆国とでは、ロブスターをめぐる食文化に大きな差があり、現在のモスキート・コーストのロブスター業の隆盛は、主にアメリカへと出荷される。

イギリスでは、ロブスターはローマ時代よりエレガントで催淫的な食材であり続けてきたという。アルバラによれば、「ロブスターが貧しい者たちの食材だというのは、植民地ニュー・イングランドではそうであったとしても、ヨーロッパではそうではなかった。社交家のサミュエル・ペピーの日記によれば、一六六三年に彼が催したディナーのなかでは、鶏とウサギの細切り肉の煮込み（フリカッセ）、鯉、子羊、鳩、いろいろな種類のパイやロブスターなどが準備されていた。ロブスターはオーブンで焼いたり、茹でたり、その殻から身を取りのぞいて別々に調査される」*2（Albara, 2003 p.75）。

一方、北米のロブスターはその豊富すぎる量から、移民たちは当初、それらにさほど価値を見いださなかった。マリアーニによると、今日、アメリカのロブスターは市場で最も高い食材の一つである。その需要に対して、適切な量が供給できていない。北アメリカへとヨーロッパ人が到着した際、このロブスターはこの土地で最も豊富にある甲殻類であった。「プリマスやマサチューセッツの砂浜に打ち上げられたロブスターは、二フィート（六〇センチ）ほどの高さになった。はじめ移住者たちは、この創造物にたいしてさほど食欲をそそられなかったようである。

しかし、その豊富さゆえに貧しき者たちの食卓にはちょうどよいのであった。」（Mariani 1999, p.186）と記録している。

アメリカでは、ロブスターは一九世紀中葉まで家畜のえさとして扱われるという記録が残っているほどで、その価値は決して高いものではなかった。その後、一九世紀中期になると、ようやく米国のメイン州に商業的なロブスターの採捕業が開始され、それを皮切りにして、シカゴやニューヨークで爆発的な人気を得ていくこととなる。なぜ、この頃にロブスターの人気が爆発したのかはよくわからない。一説には大陸の西への開拓に出るための鉄道の中の貧相な食事として出されて、それが以外にも好評を得て人気に火が付いたという話もあるが、その真偽のほどはよくわかっていない。

二〇世紀後半にアメリカ合衆国、メイン州の伝統的なロブスター産業について調査したアケソンによると、メイン州は、大西洋で最もロブスターの生産性が高い地域にあたり、調査した頃（一九七三年）には減少傾向にあったものの、そのロブスター産業で使われる海面は、所有権やテリトリー制によって厳しく律されていて、他の漁業とは一風変わったものであったことを報告している（Acheson 1975）。

この頃にはアメリカ発祥の有名なレッド・ロブスターの第一号店も出店されることになった。現在、一皿、二六ドル（三〇〇〇円）もする「港のロブスター」といった北米の港町の看板メニューなどもこうして誕生し、その爆発的な人気によって、食卓にもカリブ海産（バハマやホンジュラス、ニカラグア）のロブスターが運ばれてくるようになっている。

ロブスターの人気の凄まじさは統計にもあらわれている。FAOの報告（世界的に流通する魚類や甲殻類、貝類に対する研究報告第一二三、ロブスター）によれば、一九八〇年代のアメリカのロブスターの生産高は二万トン前後である（単純比較はできないが、同じバブルの頃の日本の伊勢海老の生産高が一八〇〇トンほどであったというから、その人気は相当なものなのであったのだろう）。そして、一九八〇年代以降も、アメリカ合衆国でのロブスター人気の熱は冷めることなく、二〇一三年には七万トンにまでその生産を伸ばしている。海外からの輸入量も六万トンに迫り、ニカラグア海産はカナダに次ぐ、二位の輸出高を誇っている(Pereira and Josupeit 2017)。

∷

調査に入ったモスキート・コーストの北部の諸島部(ミスキート諸島)ではそのロブスターの採捕の人気が爆発している。貿易港のプエルト・カベサスには、幾艘ものロブスター船が並び、外洋にある漁場(バンク・コラル、リネア13などといった漁場)へと向かう様子が確認できる。ロブスター船の中央には、船のコントロール・ルームがあり、そこから船長が指示を出す形になっている。そのコントロール・ルームの後ろには、潜水漁師(Daiba)や、海面で潜水漁師たちの案内役となる探し手(Buso)たちの休憩所があって、小さな三段ベッドが幾層にも連なる。その休息所の下に空気を圧縮するための機械や潜水漁師たちのタンクの置き場所がある。その隣には台所があって食事がとれるようにもなっている。こうしたロブスターの漁獲には大体、海で一二日程度を費やされる。この船の舳先には作業場と、その上にファイバーグラスのボートの積載場があって、各乗組員たちがそれにのって海底へと潜る。港町で潜水漁をおこなっている漁師らによれば、一度の稼ぎはまちまちで、六〇〇〇コルドバ(二万円ほど)になることもあれば、一〇〇〇コルドバ程度(四〇〇〇円ほど)の時もあって、その時々の釣果次第だという。

港町でもロブスターは、商品として市場で扱われているが、一ポンド八～一〇ドルほどの高値で取引されている(アオウミガメは一ポンド一ドル程度)。この地で漁獲されたロブスターは冷凍されて、北米へと輸出され、それが一ポンド一〇〇ドルほどの値段になる。

現在のモスキート・コーストでは三〇〇〇～四〇〇〇人の潜水漁師らがいると言われている。モスキート・コーストでのロブスター漁は非常に危険な仕事であるとされていて、特に潜水病によって膝関節が衰えて、車椅子を使わなければならなくなっている者を港町ではよく見かけることができる。モスキート・コーストでの潜水漁についての研究もすすんでおり、グローバル・エコノミーの中に位置づけて、この現象を理解しようとする試みもおこなわれている（Farrell 2010）。また、最近では、その過酷さよりロブスター漁師らの生活を保障する必要性も訴えられている（Gonzáles 2018）。

海辺の村落が使うミスキート諸島も、こうしたロブスター採捕のための一大漁場である（38ページ、図5）。

::

現在のミスキート諸島では、こうした換金性の高い海産物（ロブスター、巻貝や鮫、海老）をめぐって、トラブルになることも少なくない。海岸南のクロキラと呼ばれる村だが（図5）、この地の大きなラグーンの河口に位置していて、そこの魚類（Inska）でもって生計を立てているが、このクロキラの住人が北のアオウミガメの生産地の村へと時折、北上してくることがある。これは季節性の海老をいち早く獲ろうと北上して来るのだが、その時などは調査地の領海侵犯として問題となる。これに対しては、一定量の海老（Wasi）を返礼として渡すことで解決を見るのが一応の習わしとしてある（実際には獲れる海老の数によっては、浜辺に偵察へといった村人だけでわけてしまい、他の村人には秘密にしてしまうことが往々にあるようであるが）。

調査に入ったアオウミガメの生産地の村ではロブスター漁は小規模におこなわれていた。北の大集落らが開発する領海では、すでに一〇〇軒以上のロブスター小屋が設置されていて、それと比べても規模は小さい（図5）。アオウミガメ漁獲作業の航海中にも、こうしたロブスター漁場へと訪れる。水上の小屋の数は北にいくほど増え、食材を売る商店や、食事処、給油を取り扱う小さな店があるので、いろいろと便利である。現在のミスキート諸島は、こうした換金性の高い海産物が基準となって、経済的活動がおこなわれ、調査に入ったアオウミガメの生産地の村でおこなわれている諸々の作業、漁家経営なども、こうしたロブスター（他の換金性の高い巻貝や鮫、海老）を基準とした理念上のミスキート諸島の海産資源に対する村落ごとの平等的な配分の影響下にあるといっても過言ではない。

調査に入った生産地の村には、英領ケイマン諸島が見つけた好漁場のウィティシ（Witis）に近いということで、その専有的な活動が認められているが、基本的には、ロブスターが作るミスキート諸島という空間の中で、アオウミガメ漁家は新たな船を作ったり、村の荷運びたちは漁具を運び、また、老人たちは漁網を編み、若いアオウミガメ漁師たちは航海し、また村人によってはウィティシ島での鮫などの新しい現金獲得の機会を探ったり、金のある村人（Lala kira）は、ウィティシ島でのロブスター・キャンプの小屋を作って村人を雇ったりなどの日々の生業や仕事がある。勿論、それぞれの海辺の村落ごとに海産資源獲得のための競争意識はあるのだが、現在はこうした北米向けのロブスター（他の換金性の高い巻貝や鮫、海老）が律するミスキート諸島近海の経済的な価値の中に位置づき、その金銭的価値が上下する。[*3]

三　港町での流通

現在、ミスキート諸島における漁獲作業によって生産されたアオウミガメは、自治州北東部の経済圏（図４）の中で閉鎖的に消費されなければならないというのが規則である。

このニカラグアの東部にあるインディアンらの自治州には、それぞれの地方都市を中心とした大きく三つの経済圏があり、ミスキート諸島はその一角を成す。北のココ川流域地方（Rio Coco）には、小さなインディンたちの村落が一一〇ほどもあって、地元ではワンキ（Wanki）と呼ばれている大河の周辺に小さな集落が点在している。この地では農業が基幹的な産業スパンという名の町が発達しており、そこがこの地方の流通の拠点になっている。ワとなっており、芋や大豆、バナナ、木材や薬草、木の実などの産地としても知られている。そこから、さらに内陸の小河川にスム・インディアンが暮らしている。

南部の海岸地方は、ブルーフィールド市を中心として経済活動が盛んである。南部は、現コロンビア領のサンアンドレス諸島に近く、そこから移住してきたクレオールや英語話者の人口が多いことでも知られている。近海のコーン諸島は観光地として開発されており、ミスキート・インディアンの割合の多いミスキート諸島とは異なる顔を持っている。

ミスキート諸島の中心となるプエルト・カベサス市は、その対外的な名称に加え、ビルウィ（Bilwi）という現地語名があって、二つの顔を持っているような港町である。一つはモスキート・コーストにおける西欧の国々との交易の中心となってきた国際交易としての顔で（様々な人種が混在する都市であり）、もう一つがミスキート諸島近海にある海辺の村落の人々が海産物を売りに行く地元の顔である。現在のミスキート諸島では、このビルウィ（Bilwi）がアオウミガメ流通の中心地となる。

∴

このビルウィという港町（プエルト・カベサス市）が、そこへと訪れた者へ与える印象は、ラテンアメリカのコロニアル建築を基調とした建築物を前にした時の感覚とはまったく異なる。強い貿易風が浜辺のヤシの木を曲げ、荒っぽい白波の連続は止むことがないようなカリブ海の港町である。

海辺に建設されたその町を歩く人々の肌は浅黒く、のんびりとした独特のリズムに支配される空間である。町のあちこちに教会があって、日曜日になるとそこから聞きごこちの悪いミスキート語のリズム音階の讃美歌が聞こえてくる。浅黒い肌に真っ白なシャツを着た人々が、聖書を片手に歩いている様子などはハイチの風景写真のようでもあるが、そこはクレオールたちが創ってきたカリブの都市空間とは、また少し違うようで、親英米圏で発達してきた混血のミスキート・インディアンや、スムやクレオール、メスティーソ（または総称してニカラグエンセとも呼ぶ）といった他の民族集団たちが居合わせる独特の雰囲気を持つ。全体的に荒っぽい町であり、粗雑で乱暴な場所である。熱帯地方特有の原色の植物が町を彩り、雨は止んでは降りである。

モスキート・コースト（ミスキート諸島）でのアオウミガメの流通は、この港町ビルウィや、その海辺の村落の中で基本的に完結しなければならないのが大原則としてあるが、そのようにはいかないこともしばしばある。村人らによれば、北はホンジュラスにまでカメを運んだことのある者もいるし、南は観光地のコーン諸島にまでその足を延ばしたこともある者もいた。最近、サンアンドレス諸島（コロンビア領）出身の者から話を聞く機会があったが、モスキート・コーストから、サンアンドレスにまでアオウミガメを密輸して運搬してくることもあるという。サンアンドレスでは、その消費は禁止されているが、裏のマーケットでは、高い値がつくのだという。このような密漁などが多々、散見されるものの、基本的には大まかに自治州内での消費がおこなわれていて、その緩やかな閉鎖性が、かつての国際交易の時代との大きな違いになっている（Conzemius 1932; Nietschmann 1973: 1979）。

調査に入った生産地の村人たちも、アオウミガメ（Lih）を港町ビルウィへと持っていくことを好む。このミスキート諸島近海では、アオウミガメの価格は流通先によって異なり、その価格比は港町を基準（一）とすると、北の大集落がその四分の三（〇・七五）で、村では港町のおよそ半分の値段（〇・五）となる。近場でかつ高値のつく、港町がよい。

参与した五度の航海でも、生産者たちは、そのうち二度を競売が許可されている港町へと運び、他の二度は、北の大集落へと運んだ。残りは自らの村へと持ち帰って消費した。また、生産地村落でおこなった一ヵ月ほどの流通調査では、村全体で二五七頭の漁獲があり、そのうち、漁師たちによって一八〇頭が港町へと運ばれ、一四頭を北の大集落へと運んだ。また、うち六三頭は自分たちの村で消費していた。*4

港町では海辺の村落から運ばれてきて、この町で流通するアオウミガメ（Lih）に対して、徹底的な管理を敷こうと努力している（MARENA & SERENA, ALCARDIA の担当者ら談）。

港町は二三ほどの小地区で構成され、それぞれの地区ごとに特色が異なっている。この港町では、一般的に、中央市場近く大通りの近辺や、ドイツ人地区やジャコポ・フランシス地区などに裕福な家々が多い（図22）。また、中央のピーター・フェレール地区は、クレオールの住宅が並んでいて、そこでは英語が共通語として話されている。西のラテン系民族の多いサンディーノ地区やスパニッシュタウンと呼ばれる地区もある。アジア系も少なからずいる。他にも海辺のミスキート村落の家が密集する地域もあり、北の大集落（サンディベイ）のコミュニティーがある場所は、リトル・サンディベイと呼ばれている。現地調査では、北の聖ユダ地区に入った。この地は、生産地の村落の出身者が多く暮らしていて、顔見知りが多く住んでいた。一般的に、この港町では郊外や港の近辺、市場のすぐそばに貧しく小さな木造の家屋が多い（図22）。

この港町でアオウミガメを商品として扱いたかったら役所に登録を出さなければならない。調べたところ二〇一五年現在にこの港町には六五人の登録者がいることがわかった。役所の台帳には、その登録者の名前と場所が記載されており、港町のどの地区に流通者が分布しているのかを知ることができるようになっている（ALCARDIA 所蔵）。また、この港町へと生産地の村人がアオウミガメを持ち寄るためには、許可証も必要である。生産地の村落の船主らも、現地役所に登録されていて、どの大きな船がいつ持ってきたかなどは記録されている。

港町でも徹底的な管理を敷こうと努力はしているのだが、そこは熱帯地方の港町であるから、先進諸国のようにその管理がそれほど厳密におこなわれているというわけではなく、日々、許可証を携帯してそれを行政の者がきち

図 22. 港町

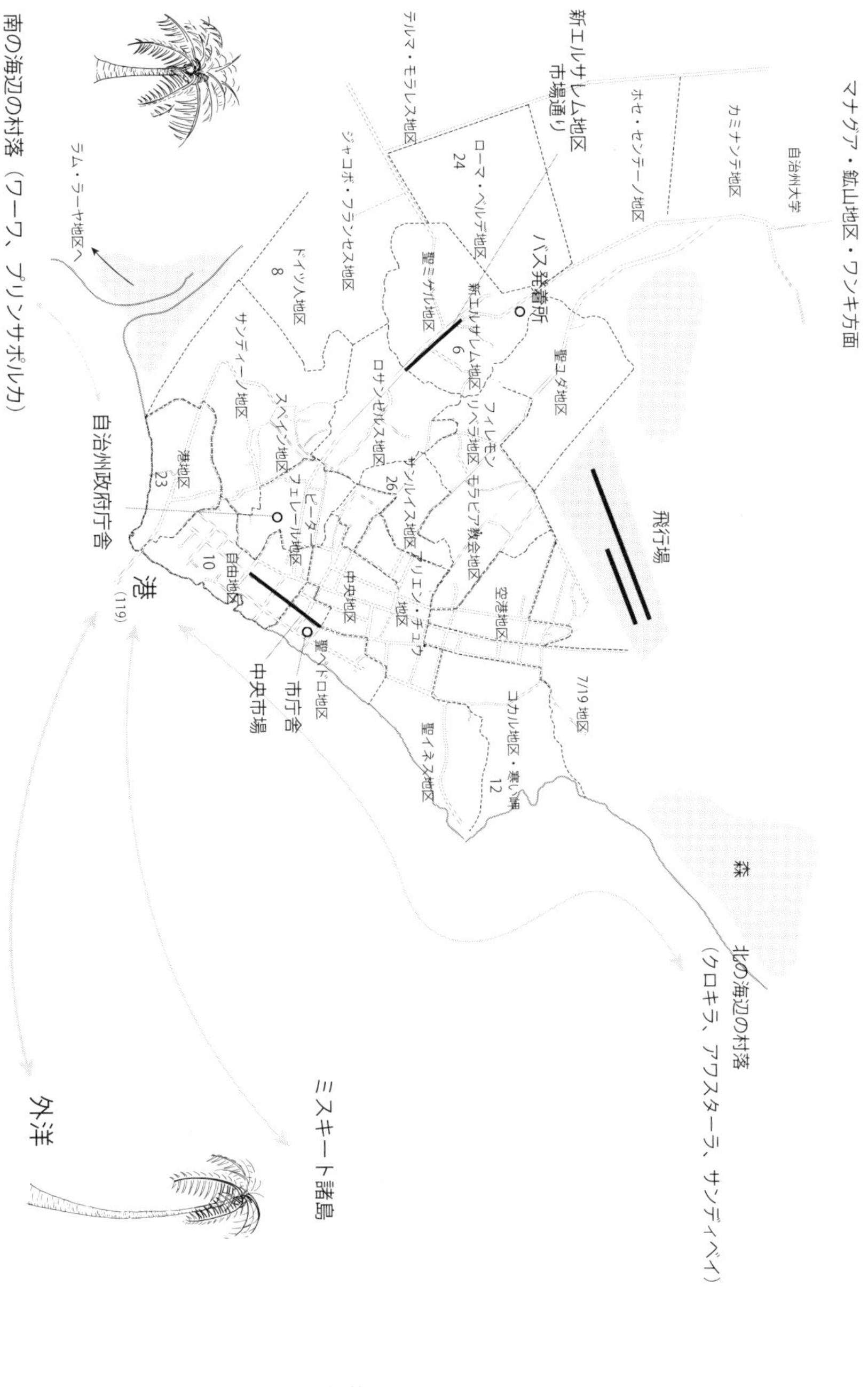
マナグア・鉱山地区・ワンキ方面
自治州大学
カミナンテ地区
ホセ・センテーノ地区
新エルサレム地区
市場通り
テルマ・モラレス地区
ローマ・ベルデ地区
24
バス発着所
ジャコボ・フランセス地区
聖ミゲル地区
新エルサレム地区
6
聖ユダ地区
ドイツ人地区
8
サンディーノ地区
ロサンゼルス地区
フィレモン・リベラ地区
モラビア教会地区
サンルイス地区
26
飛行場
スペイン地区
ピーター・フェレール地区
港地区
23
自治州政府庁舎
自由地区
10
中央地区
アリエン・チュウ地区
空港地区
港
(119)
聖ペドロ地区
市庁舎
中央市場
7/19 地区
コカル地区・寒い岬
12
聖イネス地区
森
北の海辺の村落
（クロキラ、アワスターラ、サンディベイ）
南の海辺の村落（ワーワ、プリンサポルカ）
ラム・ラーヤ地区へ
ミスキート諸島
外洋

んと確認してという感じではなく、むしろ港町で暮らしているミスキートの主婦たちや商人たちが早朝にふらっと港へきて、安くて肉づきの良いアオウミガメがあれば何頭か買っていくという感じである。フットワークの軽い漁師たちは、港町の抜け道だって知っているから、実際は多少、緩やかな流通管理がおこなわれている。

∷

ミスキート諸島のアオウミガメは、国際的なロブスターのような大きな市場ではないので、港町では、村人たちが流通させるアオウミガメの量の大小で、値段もかなり乱高下する。

海辺のミスキート村落では、村の法や民事を担当する長（Wihta）と、自然財の責任者でもある副長がいる。それらが港町の役所勤めの者らと連絡をとるなどして、その流通量の調整を担当している。調査に入った生産地でも、村の長や副長らが担当している（彼らも時々、自分らの船を優先させたいという気持ちがあるようで、どの船を優先させるかで、他の村人らとよく口論していた）。副長も、港町の桟橋に幾つかの村の船がいれば、村で待機している船に運搬を翌日に持ち越させるなどして、できるかぎり港町での価格が下がらないように留意はする。

こうして村から港町（Bilwi）への売却が決まると、生産地の漁師たちはまた、夜に船を漕ぎだす。夜出ると、ちょうど朝に着く。

港には長さ五〇〇メートルほどの木造の大桟橋がある。村からアオウミガメを売りにきた船は、そこに停泊しなければならないのが規則である。この木造桟橋は外国籍の大型運搬船も停泊するもので、かなりの大きさである。また、外洋へと潜水漁に向かう数十艘の大型船が停泊していて、様々な人種が往来するちょっとした国際港である。村人の中には、外国籍の大型船の中に混じると小さく見える村の「大きな船」を恥ずかしく思う者もいるようで、ここに来たときは村人たちも町の人の顔になる。

栈橋は、いつも外洋のロブスター潜水漁へと向かう屈強な漁師、港の仕事人、潜水漁師らの妻や家族たちでごった返している。その近くの浜辺には掘立て小屋が並んでいて、そこに寝泊まりする荷運び人たちや、パナマやイスラエル国籍の船員やニカラグア海軍、近隣の海辺の村へむかう人々で賑わっている。特に潜水漁も最盛期を迎える二月には、水産会社のトラックや潜水士たちの関係者たちが列をなしている。栈橋には女性たちも列をなすが、それは半月ほど海にでる潜水漁師たちの無事を祈るために見送りにきているわけではなく、一緒に外洋へと出るために栈橋へと来ている。そうでもしないと多額の金を手に入れたロブスターの採捕業の潜水漁師たちはそれを持ち逃げして、ラム酒（Walo）やビール（Beru）を飲み、女遊びで散財してしまうのである。

港町でのアオウミガメの競売は、この大栈橋の下にある一番端っこにあるゴミが堆積しているような波打ち際でおこなわれるのが慣習である。村の漁師たちもそこまで運ぶまでが仕事になる。

村から港町に出るのは風によって時間はまちまちだがだいたい五、六時間くらいでつく。栈橋近くまで来ると、金属性の大型船のアンカーに絡まないように迂回してすすみ、栈橋の一番端にちょこんと船を停泊させる。港町の大きな栈橋には、村の小さな船で停泊させるのもまた一仕事になる。

⁑

漁師たちは栈橋につくとそこで一夜を明かす。船の中で、まだ手ビレと足ビレを縛っていないものがあれば縛ったりする。時折、海軍の人々が許可証の携帯を調べにくることもある。

栈橋近くの波打ち際はよく揺れる。ただし、積み荷が高額なアオウミガメ（Lih）や鉄製の錨なので、全員で船を離れるわけにはいかない。交代で栈橋へと渡ってはそこで休息をとる。夜が明けて早朝になると競売が始まる。

村の長や副長らが言うように、港町では値段はその時々によって大きく変化する。禁漁期の直前に港町に持ち寄られたウミガメの数と値段の推移を調べたところ、禁漁前の最後の週は、その時期の最後の現金獲得の機会となるため、村の漁師たちもミスキート諸島から一気にウミガメを持ちよって、値段が劇的に下がった。例えば、雌のアオウミガメで腹甲（腹の部分の丸い甲羅）の長さが八〇～八二センチの個体は、高いときであれば一六〇〇コルドバだが、禁漁期の直前にはその半値に下がるほど、価格は乱高下する。この数百の違いが村人の生活を左右するため、流通が上手くできない時は、村の長や副長が罵倒されるのである。

この村の長や副長は、一年周期で替わることになっている。自治州政府議会の選挙結果によって、その時の第一党の支持者たちが務めることになっていて、決して一村落の中だけの独立した制度ではない。調査に入った村でも先住民政党と国政を担うサンディニスタ政党が人気を二分していた。先住民漁業へと占有的に従事する生産地の村では、先住民政党のほうが優勢という印象を受けたが、家族の中でもその支持政党が分かれるほどで、参与した船主の息子は、公務員として警察に勤めていて、サンディニスタ政党を支持し、先住民政党支持の父と異なる政治的な信念を持っていると述べていた。

四．金銭的な価値とその交換

港町では、その時期や持ち寄られた数の大小によって数百コルドバという金銭的な価値の差がつく。また、アオウミガメは、その寸法や肉づきで値段が大きく異なる。特に港町で好まれるのが、大きく肉づきの良い雌のアオウミガメである。村の漁師たちもそれを持ちこめば、高い値段（一六〇〇～二〇〇〇コルドバ）を期待する。

港町の人々も、アオウミガメの尻尾の部分を見て性別を判断する。尻尾が細長ければ雄である。太って大きな雄は、海辺の人々の間でマッチョ（Lih Waitmika, Macho）と呼ばれる。長い尻尾の形状から、長い（Yari、ヤリー）と表現される場合もある。反対に尻尾が短いのものが雌である。女のカメ（Lih Mairin）と呼ばれる。尻尾の形状から、短い（Kufku、クフク、短いという意味）と表現される場合もある。

アオウミガメの価値は性別だけではなく、手ビレと胴体の付け根の肉づきの良し悪しでも判断される。特に肉づきや脂のりの良いもの（Batana）が好まれる。漁師たちも大きく肉付きの良いカメであれば、「Batana（脂肪）、Batana（脂肪）、Batana（脂肪）！」と叫ぶ。そのあたりは、食用の家畜動物と似ている。

個体によっては、甲羅の四隅のところの手足ヒレの付け根の関節部分が張る。ミスキート・インディアンたちも、その部位の柔らかさを触って、肉づきの良さを確かめる。アオウミガメ（Lih）は裏返して取引されるため、買い手たちは腹（腹甲）の肉づきも見る。特に肉づきや脂のりの良いものは、腹が凸に張るが、獲ってから数日たち痩せて新鮮でないものはそこが凹む。港町に住む主婦たちは、一頭のアオウミガメの大きさを見て、肉や内蔵の含有量を予測できるようである。「このアオウミガメ（Lih）は何々ポンド（lbs）ある」というように話す。その目利きが予測を大きく外すようでは儲けが出ず、知らない者同士がその情報を共有したりはしない。

港町では大きく脂がのった雌は、小さなものに比べると三倍以上の値がつく（二〇〇〇コルドバ超）。そこからとれる血肉臓物も一二〇ポンド（約五〇キログラム）を超える。それに対し、小さなものはその三分の一程度の値段で取引される（六〇〇～七〇〇コルドバ）。肉の含有量は四〇ポンド程度であった（約二〇キログラム）。詳しい価格は巻末の付録5に示した。

∷

現在、アオウミガメと交換されるものは現金である。港町ではその価格を決定する競売にも熱が入る。以下にその様子も少し記録に残しておくこととする。

村の生産者たちは、夜明けとともに起き、桟橋に停めた船の中で簡単な食事をとると競売の準備にはいる。船底で縛られたウミガメを縄紐でつないで、その紐を桟橋の上で待つ航海士の一人へと投げる。船内に残った漁師らが、底に並べられたアオウミガメ（Lih）を一頭、一頭、海へと投げ入れていくと、数メートル上の桟橋の上の漁師は、その縄紐を持って、海の中でつながれたカメをゆっくりと砂浜へと引くようにして運ぶ。それが波打ち際まで来れば、漁師が浜辺に一列、二列に綺麗に並べる。

準備が済めば、遠くでそれを見ていた港町の主婦たちが集まってくる。競売が始まる直前に、役場の者が浜辺に持ち寄られたアオウミガメの寸法や性別、持ち寄った頭数を調べるのが決まりである。問題がなければすぐに船長によって値段が付けられるが、問題がなかったためしなどない。大抵の場合、持ち寄ったカメの中に腹甲が一センチ足りない雌が混じっていたりとか、その年の許可数が一二頭なのに一三頭持ってきたりとかで、口論にならない日などない。これに港町の主婦たちが加わって、「あんた馬鹿か！　どうやって今から海に持って帰るんだ！」とか「村の奴らは港町での卸値が高過ぎる。足元みてくるのよ、誰が買うか！」とか「港町にアオウミガメがなくて皆、飢えているのに村の奴らはなんとも思わないの!!」、「こっちも生活がある!!」と口論になる。たいていの場合、競売はそれに一区切りついてからになる。

役所では六五人の登録者がいるとされているが、実際にこの競売に来る人たちは限られている。調査したところ、競売に現れたのは二十数人に満たない。港町にあるそれぞれの地区にそれを生業とする者たちがいる。そうした者が数頭まとめて買っていくのである。特に主婦の姿が目立つが、彼女たちはちょっとした同業者意識のようなもので結ばれているようで、役場の者や村の生産者らへは、共同して対抗意識をみせることもある。

競売では主婦たちがあれこれと近しい者らとごそごそと相談した後、気に入ったアオウミガメ（Lih）の値段を船長にそっと聞く。村の漁師らは、最初は大きな脂のりの良い雌のアオウミガメであれば、まず二〇〇〇コルドバ（日本円換算値は八〇〇〇円）と吹っかける。当然、「なんて言った？　二〇〇〇（Dos Mill?）だって」と皆に聞こえるように言って、周りの主婦たちを巻き込んで怒号を返してくる。その後、船長が一人一人と隠れるように値段交渉をしていく。たいていの場合、港町の主婦たちは口を揃えて「高すぎて、そんな高値で買うわけない!!」と言って突っぱねる。村の漁師らはこの交渉（Negcio）が苦手である。村でもこうした価格を決める交渉ごとはネゴシオと呼ばれ、商売人の専門仕事として考えられている。村でもこの交渉のために、わざわざ妻を港へと連れてくるものもいるほどである。村の船長らは大抵この勢いに負け、値段を少しずつ下げていき、ある程度、例えば一五〇〇程度（日本円換算値は六〇〇〇円）にまで値段が下がると折り合いがつく。そこからは矢継ぎ早に売れる（※巻末の付録は実際の値段である）が、調査期間中に大きなカメ（腹甲八〇センチオーバーのもの）が、村人らが語るような理想的な価格で売れたことは一度しかなかった（付録5）。多くのウミガメは一〇〇〇〜一五〇〇の値段幅の中で取引された。一度、値段が下がれば、競売は一瞬で終わりを迎える。

競売でさばかれたアオウミガメ（Lih）は、浜辺の掘立て小屋に住む荷運びたち（Wah uplika nani）が運ぶのが決まりである。彼らは一人ひとりの買い手から雇われて一日幾らで働いている。港にはトラック（truku）が呼ばれ、港町の主婦たちはその荷台にアオウミガメを載せて、それぞれの地区をまわり、買い手の家にまで運ぶ。買い手によってはタクシーの荷台や、大八車のようなものに載せて運ぶ者もいる。

港町でアオウミガメを買う商人たちは、その隅々からやってきた。二月下中、行き先が特定できた一〇九頭のアオウミガメも港町の各地に散らばっていた（図22）。図22の数字は、その流通先を示したものだが、このときは、桟橋近くの「リベルタッド」と呼ばれる地区や港に近い「港地区（ビーチ）」にそれぞれ二三頭と一〇頭が運ばれ、他にも港町の北西の端の「ローマ・ベルデ地区」に二二頭、中央の「モラビア教会・サンルイス地区」に二六頭、北東の「コカル地区」の主婦が一〇頭を買いとった。

金銭価値を決定する交渉仕事（Negcio）は殊の外、重視されている。ミスキート諸島近海での交渉にも柔軟で、賢い取引の技量が求められる。特に女性たち同士の掛け合いの交換が殊更に重要視される。

港町の各地区で、雨除け程度の掘っ立ての売店の下で、エプロンをつけて家事の片手間に売っている様子が見られるが、それがアオウミガメの販売所である。港町の主婦たちや商人たちも毎日のようにウミガメを売っているわけではなく、他の仕事の合間を縫ってする作業である。そのため、港町の中央市場にある牛や豚の専門店のように店舗を構えたりするわけではなく、簡易の販売所で十分である。彼女たち自身はアオウミガメ（Lih）をさばくことはない。早朝、家族にウミガメを屠殺してもらい、それに対価を払う。

主婦たちはまた、雇った男にその肉塊を大きなタライに載せてもらい、それを大八車でひいてもらって、町内を練り歩いて売る。この手売りに三日ほど同行したが、その結果、半日かけて港町の大体の決まったルートや地区を練り歩いていることがわかってきた。港町で「Wina Wina Wina（ウィーナは肉を意味する）」という声が響いてくれば、カメ肉屋が歩いてきたサインでもあった。牛や豚と比べると（四五コルドバ／一ポンド）、アオウミガメの肉（Lih）は若干安い（三五コルドバ／一ポンド）。

∴

港町のアオウミガメは、トラスト（Trasto）と呼ばれる制度で流通することが多い。このトラストとは前借のことを指している。ミスキート・インディアンの主婦たちは、ノートを片手に持ち、誰々の所で肉を何ポンド渡したと書いていって、後払いで譲る仕組みである。こうした金融の方法で肉を譲り受けた主婦たちは、その夫らがロブスターの採捕から帰ってきたら、その稼ぎで借りを返すのである。実際の所、現金で肉を入手した者とトラストで肉を入手した者の割合は、三：二であった。また、現金かトラストかに限らず、この売り手から肉を買ったのは九割方が女性で、かつての記録に残るような女性たちにしかできない肉の交換という伝統は今も見られる（Nietschman 1973）。同行した港町の主婦によれば、現在、港町でアオウミガメの肉を購入するのは、大半がミスキート・インディアンであるが、他にも港町にあるクレオール居住地区でも売れるし、サンディーノ地区や西から来ているラテン系民族の人々の中にも少数だが常連客がいるようになっていると話す（図22）。

∷

このようにして港町の隅々へとアオウミガメが流通する。生産地の村人らは、競売を終えると、手元に残った多額の金（Lalah）の分配を始める。

港町の桟橋近くには漁師たちが使う飲み食い処があるので、そこで村では滅多に飲めない冷たいビールで乾杯しながら現金紙幣の分配をおこなう。

漁師らの金や紙幣の分配はいたって真剣におこなわれる。船長の手もとには計一万コルドバ（日本円で約四万円）を超す金が残る（ある時には、一四頭を港町で売って約一万四〇〇〇コルドバ、日本円で約五万五〇〇〇円）の収益が上がった）。こうした多額の現金は、（参与した船の場合）一時、船長が管理する形となる。後日、その売り上げが船主へと渡される。

∷

金銭の分配は、一）船長がまずこの合計の売上金額の中から、次回の航海用の食費をぬく。一週間の航海では米が一〇キログラムに、小麦が一〇キログラム、マッチや砂糖、塩や調味料から甘味や菓子類に至るまでいろいろと必要になるので、最初に、一定の額を札束からはずしておく（残一万二〇〇〇）。

ニカラグアの紙幣は五〇〇、二〇〇、一〇〇、五〇、二〇、一〇の六種類があり、アオウミガメの取引では小銭はめったに使われないため、船長の手元には大枚の紙幣の束がある。

二）次に船長は、残ったこの紙幣（残一万二〇〇〇）を金額の高い紙幣の順に並べる（二〇〇…一〇〇……）。乗組員たちはそれを囲むように、全員で間違いがないか目を光らせる。

三）船長は札束を持つとまず、漁家経営者としての副長の所に一番上の大きな紙幣（二〇〇）を一枚置く。その次に「大きな船」の所有者として、副長の所にもう一枚同じ紙幣（二〇〇）を置く。その次に、また札束の上から一枚（二〇〇）を取りだして、今度はシッピ船長の取り分の所へ置く。また札束から一枚（二〇〇）をとりだして、航海士Aの所に置く。その次に航海士B、航海士Cの取り分のところにも同じように二百ずつおいていく（図23）。

図23. 紙幣の分配図（1/6）

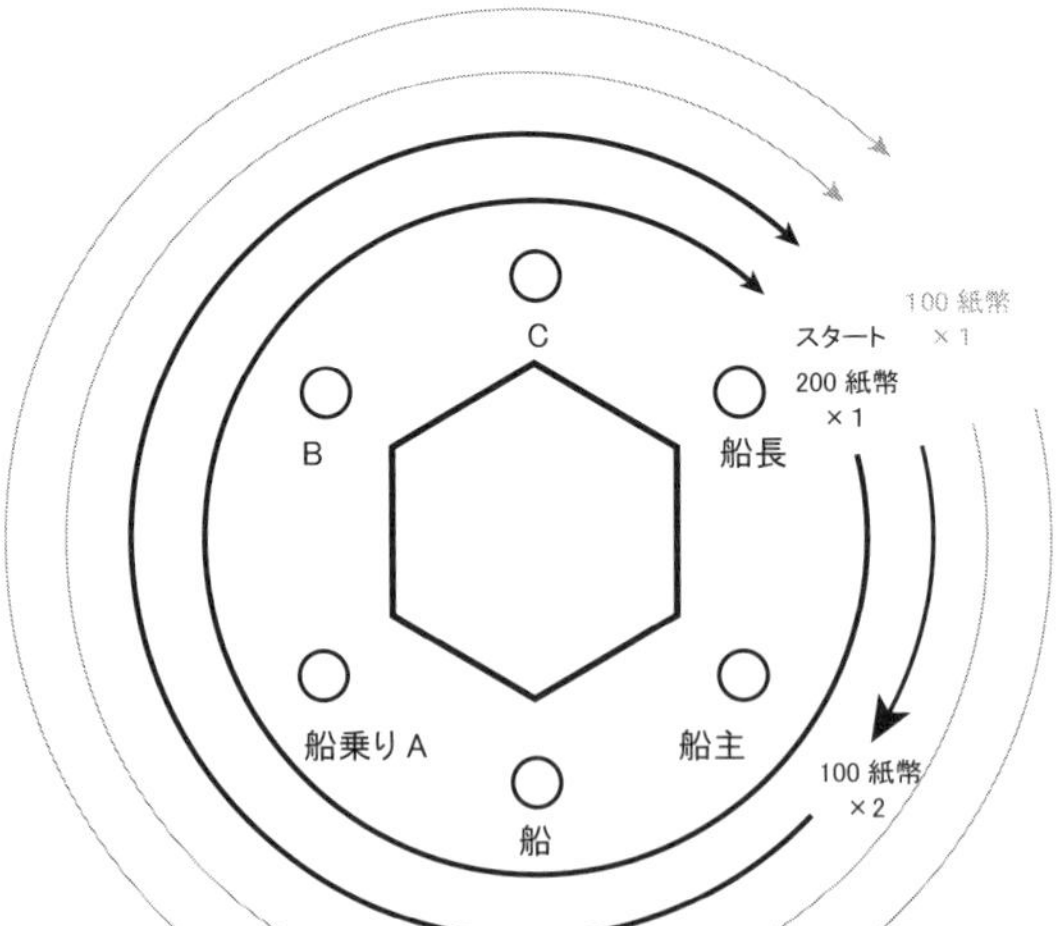

四）この作業を繰り返す。また、副村長の所に札束の一番上にある紙幣（二〇〇紙幣）を置き、漁船の所有者の分でもう一枚同額を置く。また、そこから船長、以下乗組員の三人に二〇〇ずつ置いていった。二〇〇の紙幣が途中でなくなったら、一〇〇の紙幣を二枚置く。そして次のターンからの分配は、一〇〇ずつになる。こうしてこれ

を札束がなくなるまで続けていき、最後は小さな紙幣（一〇、二〇）で六つの束が平等になるようにして終了する（図23）。そうすると、各々、六分の一をとることになる。

∴

この時の金の分配のやり方としては、札束を均等に六等分し、そのうち「大きな船」の所有者がその分として二をとり、その他の漁師たちは一をとる。概念的には、船主（村の副長）も一村人として数えられる。他の乗組員や船長もそれとまったく同じものとして考え、まずすべての村人に同様の金額が配られる。そのように平等に分配された後、船主としての取り分が渡される。そうして船主は、二倍の配当を得る（図23）。こうした平等分配は徹底されなければならない。

この平等に六等分するということだが、私たちが思っているほど簡単なことではなく、村のインディアンたちにとっては一考の余地のある必要な作業であると考えられる。かつて、南アフリカのサン社会では、伝統的な数字体系は三までだったということを聞いたことがあるが、数字に関する異なる感覚というのも、おそらくミスキート・インディアンたちの交換経済の勘定に入れて、理解を試みる必要は十分ある。

ミスキート語の数字でも一から六までは非常にわかりやすい。それより上の数字にいくと数の計算がとたんに長くなり面倒になる。

ミスキート語での数詞は、一がクーミ（Kumi）、二がワル（Wal）、三がユフパ（Yuhpa）、四がワルワル（Walwal）という。四（Walwal）は、二（wal）が二つ入っているというように表現する。

次に、五はマタシップ（Matsip）という。マタ（Mat）は、物とか事を指す英語からの借用語であると考えられる。シップ（Sip）は「可能」、「十分」、「適性のある」、「能力がある」とかいうときに使う。ミスキート語では一

○がマタワルシップ（Matwalship）という。つまり、物事（Mat）が二つ（Wal）、五が二つと表現する。

次に六はマタラルカハビ（Matalal kahbi）と表現する。マタラルカハビは、物事（Mata）に、ラル（Lal）＝「頭」という言葉に、カハビ（Kahbi、置く、使う、罠を仕掛ける）という意味の語がくっつく。頭を使って置いていく数字と表現すると考えられる（図24）。

問題は七以上である。七は、マタラルカハビ・プーラ・クーミ（Matalal kahbi Pura Kumi）と表現する。七を表現するには、マタラルカハビ（Matalal kahbi＝六）の一つ（Kumi）、上（Pura）の数というように六に足し算して表現しなければならない。八はマタラルカハビ・プーラ・ワル（Matalal kahbi Pura Wal）、九はマタラルカハビ・プーラ・ユフパ（Matalal kahbi Pura Yuhpa）と表現する。つまり、八はマタラルカハビ（Matalal kahbi＝六）の二つ（Wal＝二）、上（Pura）の数と言い、九はマタラルカハビ（Matalal kahbi＝六）の上（Pura）の三つめ（Yuhpa＝三）の数というような表現になる（図23）。

七～九は、六を基準にして、数を足し算して言いあらわすので、長いものだと一九などはマタワルシップ・プーラ・マタワルカハビ・プーラ・ユフパ（Matwalship, Matalal kahbi Pura Yuhpa）と規則上は表現しなければならないことになる。現在、村ではこうした数字などは言葉遊びで楽しむときくらいしか使わない。現在では七はセブンと表現したり、一六をシックスティーンと表現したりするのが一般

図 24. 幾つかの数字

数字	ミスキート語表記	和訳直訳
4	Walwal	（2 がふたつ）
5	Matsip	（5, 可能の数）
6	Matlalkahbi	（6, 頭として置く数）
7	Matlalkahbi pura kumi	（6, 頭として置く数のひとつ上）
8	〃 pura wal	（6, 頭として置く数のふたつ上）
・	・	・
・	・	・
19	Matwalsip pura matlalkahbi pura yuhpa	（5, 可能の数がふたつ、頭として置く数のみっつ上）

的である。この数字体系がどの程度影響しているのかまでは今の所、憶測の域をでないが、こうしたミスキート・インディアンの数詞が、彼らのバックボーンにあることを考えても、港の飲み屋での六等分はミスキートの漁師にとって、なかなかに頭を使わなければならない作業ということになる。

こうした獲得した金や財の分配について、かつての記録には以下のように残っている。「老漁師と彼の息子は一八五ポンド（以下、単位省略）のメスのアオウミガメを捕まえて、九五の肉を手に入れた。彼らはそのうち四〇を一四人に売却した（残り五五）。（残り五五のうち）一五は、老漁師の二番目の息子に船を使った返礼として渡された（残り四〇）。残りの四〇を老漁師と彼の息子で平等に分けた（各二〇）（九五－四〇－一五）／二＝二〇……A）。」（図25）（Nietschmann 1973, p.18）。

次にこれと現在の分配と比較してみる。かつては父親（船長）と長男（銛突き）と次男（船）で大きな塊の肉がほぼ平等に分配される（一：一：〇・七五）。この比率自体は、現行の生産者たちにとってもさほど変わりはないことがわかる（一：一：一：一：一：一）（図26）。

かつてのもので若干数字が異なるのは、船持ちとしての取り分の比率（〇・七五）だが、これは誤差範囲で構わないと考えている。両者ともに基本原則として均等な分配があり、実際に漁に参加せずとも船の所有者であれば、金を手に入れることも可能であった。現行の船の場合には、近しい親族以外の者も乗船して稼ぐため、そ

図 25. 記録に残る分配例 1

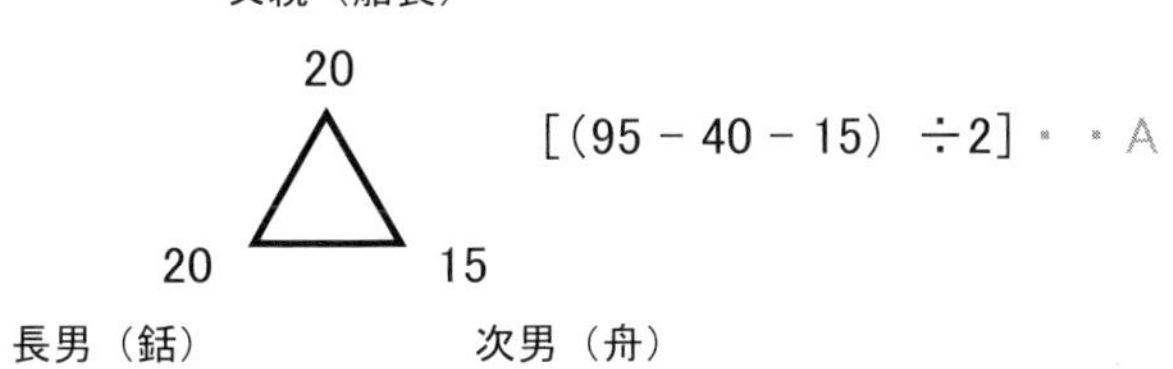

出典：Nietschmann 1973, p.186 より

れら親族を何人か載せて稼がせれば、身内への利益供与を図ることもできるし、富の蓄積も可能である（図26）。

∴

生産地の村のミスキート・インディアンたちは、こうして金の分配を済ますと村へと戻っていく。港町を夜半に出て、夜の大陸風（Diwas）に乗って北上する。大陸風に船が上手くのれば、夜中一〇時頃に運搬船として村人を乗せて、海岸に沿って北に航海して、明け方前には村の近くにまで着く。ただし、港町で現金を手に入れた漁師たちはたいていすぐに酒を飲み始める。

ミスキート諸島から戻ってもしばらくは頭の揺れがおさまらないため、酒を飲んで酩酊させるというのを理由にする。漁師たちは特に安いワーロ（Walo）と呼ばれる強めのラム酒を好んで飲む。一本一五コルドバほどで、三五〇ミリリットル入っている。ひどく酔いつぶれるため、村への帰り道は、働いていた船員たちが全員、寝ていることも珍しくはない。こうした時は、桟橋にいる他の村人が急遽雇われることになる。船長も酔っぱらって眠りにつき、舵が人まかせになったりもするので、帰り道は、多少、危なっかしい航海になる。

図 26. 分配比率の比較

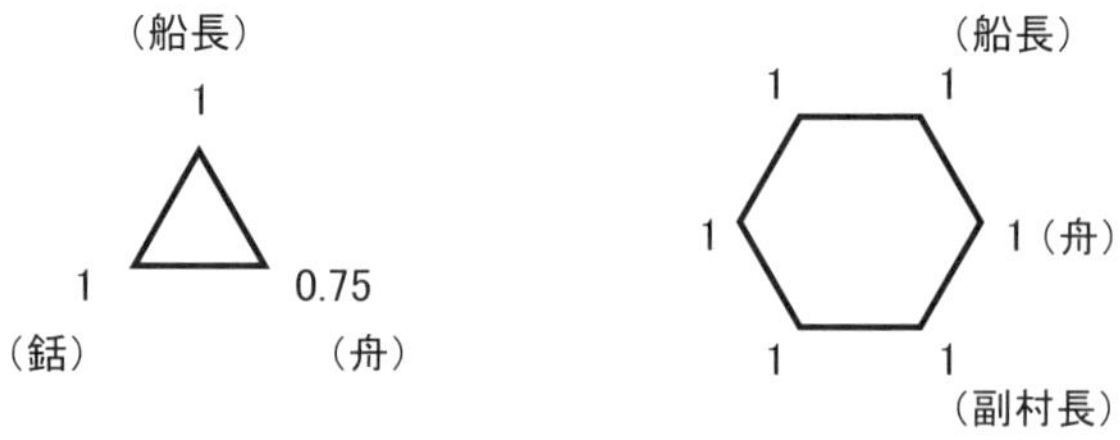

出典：左は Nietschmann 1973 P186 より

五．村の交換財としての価値

村落でもアオウミガメの売買は、金銭のからむ重要な経済活動であるが、港町でのそれよりも怒鳴り声など少なく多少、緩やかにおこなわれている。この村での売買でも、毎日のようにアオウミガメは、村のどこかで屠殺、解体、そして交換されている。滞在中、当時の村の副長が一度だけ、船の牽引作業をするために仕事を頼んだ村の男たちへ、その労働対価として一頭のウミガメをさばいて配ったことがあったが、そうしたことはむしろ稀であった。村のキリスト教会の行事でも牛をさばくことの方が多い。

ミスキート諸島における一大生産地である村では、比較的アオウミガメの肉が多く流通するため、それを村で売買して金を稼ぐには、他の家々の動向が鍵となる。

図27は二〇一三年一二月三〇日～一月一九日まで、アオウミガメを購入した村人たちが流通させたアオウミガメの動向を調査した結果である。この時は全六七頭がこの村へと入ってきた。表の左欄には購入者の地区名（地区名については50ページの図10を参照）と、販売した家屋の識別番号が記してある。表上段の日付の下の数字は、村内に持ち寄られたウミガメの数である。例えば一月一日は六と書いてあるが、これは村へ六頭のアオウミガメが持ちこまれたことを意味する。この時はアオウミガメを持ち寄った家（ａ－１）が、六頭すべてを自分の家に持ち帰ったので、その家屋識別番号（ａ－１）が六頭を所持しているというように示してある。

図中の黒の実線は、村でリヒ・ダーワンカと呼ばれるアオウミガメの所有者（Lih Dawanka）が、それぞれの家の床下でウミガメを保管していた日数である。

村ではこの所有者（Dawanka）という言葉がよく使われていた。船の場合もそうだし、家の場合（Utla Dawanka）などである。このダーワンという言葉だが、キリスト教の信仰も篤い村人たちが、最高位の神様のことをダーワン（Dawan）と呼ぶが、それと同音の言葉である。神様や所有する者といった意味を内包する言葉で、村人らもよく使う。村人らも、例えば村全体を一つの共同体（Tawan）として優先して考えるとき（例えば麻薬が浜に流れ着いたときや、海老やロブスター、ウミガメ漁獲作業のことなど）と、こうした私的な所有の考え方とを主張する場合とがある。最近ではセルプという言葉が流行っている。若者などは、個人主義的な感覚を好んで主張するようになっているようで、現在、アオウミガメは、後者のような私的な所有権によって表現される物の一つになっているようである。

このアオウミガメ（Lih）という希少動物は、陸上でも最大一〇日〜二週間ほど生息するため、各世帯では他の所有者を見ながら売りさばく時期を待つ。それが黒の実線に表れている。例えば、家屋場

図27. 村落内の流通表（2013年12月30日〜翌年1月19日、合計67頭）

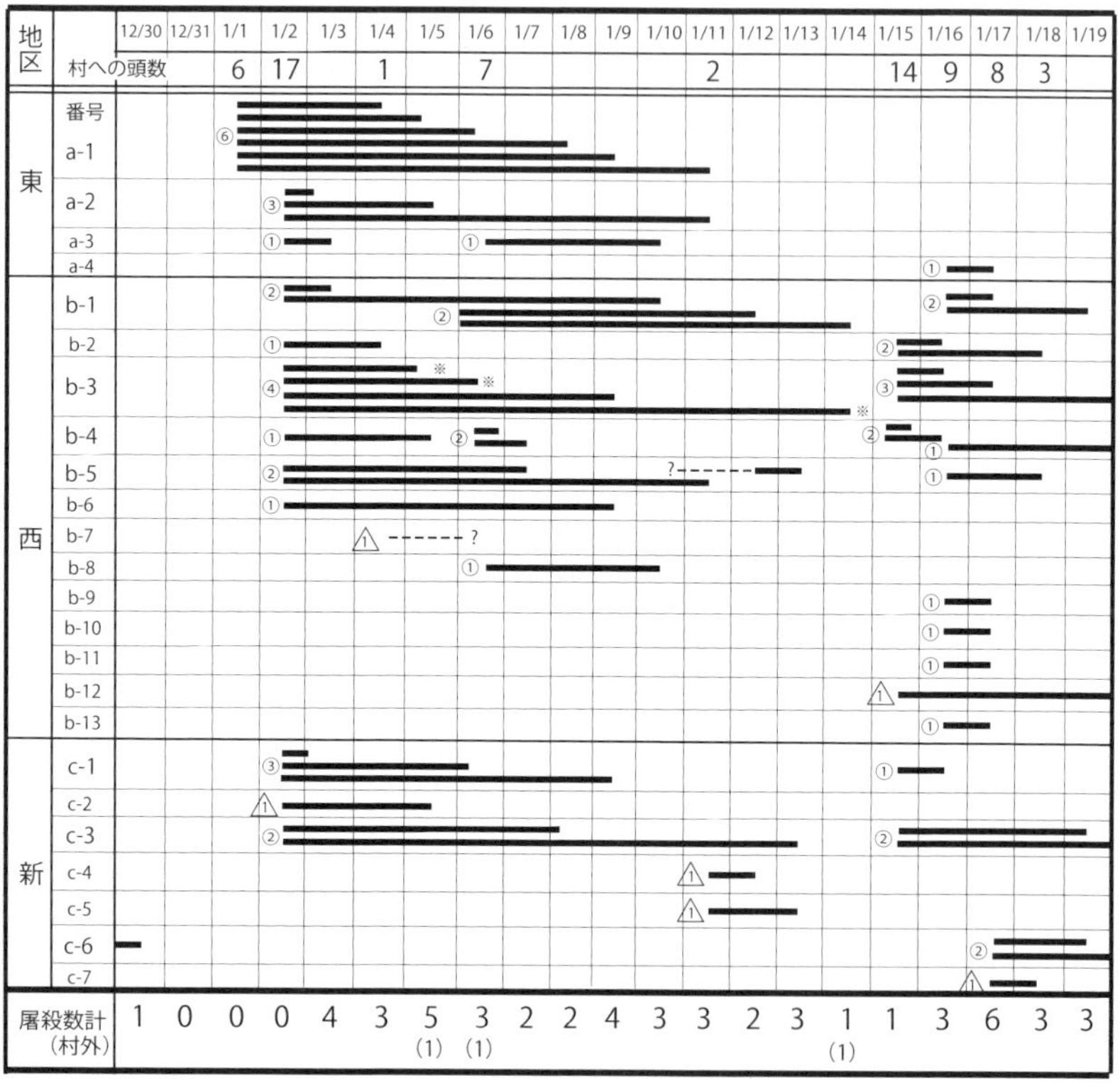

○数字は村内での、△数字は村外での流通を示し、太線は保管期間を示す。
出典：現地調査により筆者作成

号（a－1）は、六頭のうち一月四日に一頭をさばき、一一日までの五、六、八、九、一一の五日間で一頭ずつをさばいてすべてを売り払う（図27）。村の成人男性であれば、たいていその解体はできる。一月四日は家屋番号（a－1）を含め、村では三頭がさばかれ売却された。翌日は五頭であったが、五頭もあれば売り余ることがあるので、一軒のブッチャーは、隣の村まで持っていって肉を売った（図27）。

表の一番下の括弧内の数字は、村外への流通を示している。近隣の集落まで肉を売りにいく時は、一〇リットルほどのポリバケツや麻袋の中にプラスチック袋を敷き、血肉が落ちないようにして、中にさばいた骨つき肉や手足ヒレ、頭など、各種肉の部位を入れ運ぶ。運ぶときはそれを自転車の両脇にバランスよくそうしたバケツや麻袋を置いて押し運んでいく（123ページの図は村の中で運ぶための手押し車）。村から二、三時間ほど歩けば隣村につく。近隣もミスキートたちが多く住む村なので売り先には困ることはない。

図27の調査中には村では一日平均三・三頭のアオウミガメがさばかれた。最少なのは一月一日と二日の〇頭であった。この日は新年のお祝いの日で、キリスト教教義に従い、放牧牛をさばいて食べた。この週の村での最大の消費量は最大は六頭で、その前日と前々日に、村に一四頭と九頭が連続で持ち寄られた日の後日であった。こうした時は村でもカメ肉が余るが、これはミスキート諸島一の生産地の村であるが故のことである。他の村ではそうはいかない。

∴

現在のミスキート・インディアンの村落におけるアオウミガメはそのほとんどが現金で交換されるもので、低価格で、かつ安定的に供給されるようになっているため、野生からの肉というより家畜動物の肉に近い。

村にはアオウミガメを専門にしているようなブッチャーの村人もいて、早朝になれば、村のどこかでアオウミガメが屠殺される。生産地の村人らは、その解体に対し、細部にまでこだわりを見せる。各食肉部位や臓器には名称があり、大量の可食部を含む肩ロース相当の部位（Postika Winka）やモモ肉相当の箇所（Nata Winka）は特に重宝にされている。また、腹のバラ肉相当の部位（Baila Winaka）や、良質の緑色の脂肪（Batanka）や嫌う腸回りの黄色い脂肪（Biala Batanka）を区別し、緑色の脂肪だけを商品として肉に混ぜて売るなどもする。

解体にも手順がある。腹を裂いたらすぐに新鮮な血をすくって解体者の近親の老人などへと贈与するが、腹を開いて臓物が見えれば、商品となる肝臓や肺、腸を取り出して、それぞれに処理を施していかなくてもいけない。ブッチャーたちは、商品の匂いの元となる肺の膜（Pusika Laya）や不食の髄液（Witchika Laya）なども丁寧に切り取られなければならず、村ではそれぞれのブッチャーによって腕に差があり、良し悪しも分かれる。村で「キヤスミカ」と呼ばれる匂いの元になる物（Kiyasmika）を取らないブッチャーは総じて嫌われる。

ブッチャーたちが山刀（Ispala）で全ての部位を切りとれば、それをナイフ（Kilo）で小さな肉片に切り揃えていく。村ではそれらを一ポンド幾らで売る。生産地の村では最も安い肉であり、こうして解体後に食肉として、青空市に並ぶ商品となる。村ではアオウミガメの全ての部位が売りに出されるわけではなく、赤身肉やヒレ、一部臓器（肝臓、肺、腸）など限られたものにだけ値段がつく。

∴

屠殺作業でとっておいた血（Taria）や骨付き肉（Linbon）や腎臓や心臓、性器（Mahbra）などのいわゆるホルモンや臓器は、基本、そのブッチャーの家々が持ち帰る。血には高い栄養があるとされていて、親しい老人たちへと無償で渡される。心臓や腎臓、性器なども持ち主（Lih Dawakna）が持ち帰る場合が多い。特定の臓器はそれを食べると人間の同じ場所への強壮に良いとされているようで、参与したあるブッチャー夫婦は子供を欲しがっていて、性器を毎回、持って帰る。

∷

解体後の贈答用には、多い時では六世帯分（計一二ポンド）ほどがある時もあれば（参与した例のほとんどがそうだが）、三～四世帯分（計一〇ポンド）に満たない量が回される程度である。まったくない時すらある。

図28は49ページの図9で見たA家の妻を中心とした親族図の詳細であり、そこでも近隣の親族すべてに贈与されるわけではなく、限られた者のみに肉が渡された。

村人らは、基本的にファーストネームと父方と母方の名字の二つを持つ。A家の妻の場合には父方のモラレス血筋とチャバリア血筋（Kiyamka）の二つのラインがある。村にいるB～Iのうち、A家の妻と日々の生活物資獲得で接点があるのは、主にBとC家の妻である（図28）。他の家とも交流はあるが、BとC家の妻ほどの頻度ではない。

簡単にA～Cの家庭の村での生活状況を説明すると、A家は二〇一五年に副長を務めていて、成人した子供七人を抱える家でもある。夫婦共に村にある小学校の教師をしており、村では月ごとに決まった定期的な収入があるとても裕福な家であった。高価な木造漁船も二艘所有している。子供たちの中には村の看護師をする娘もいて、毎月、多額の収入が見込める。B家は、A家の妻の姪の世帯である（図28）。B家ではアオウミガメ（Lih）を手に入れて、それを解体してその肉を商いして生計を立てる。焼畑農家でもある。B家の二人の子供はまだ小さく、今はAの副長たちの持つ港町の家から中学校に通っている。C家の夫は、船持ちの漁師である。投網

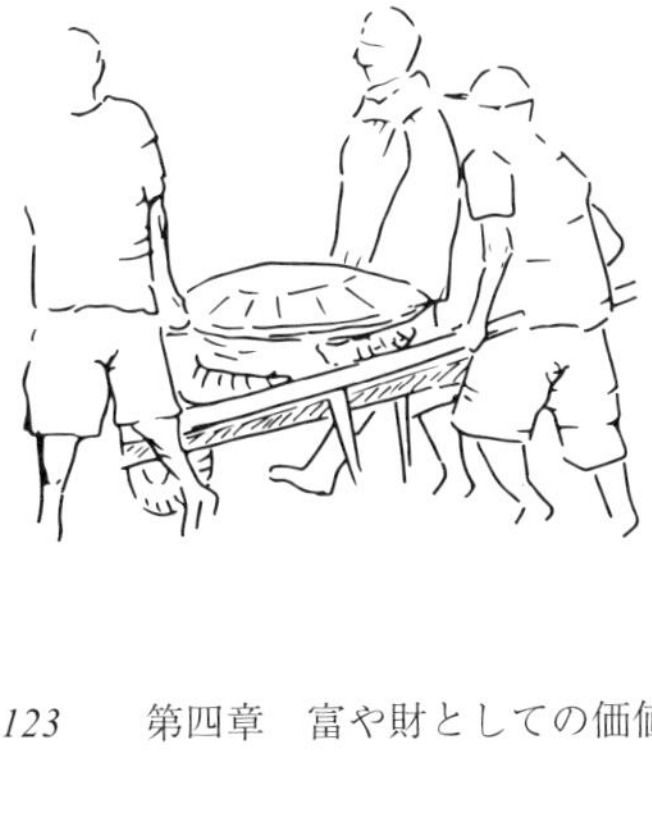

図 28. A 世帯の妻の親族関係

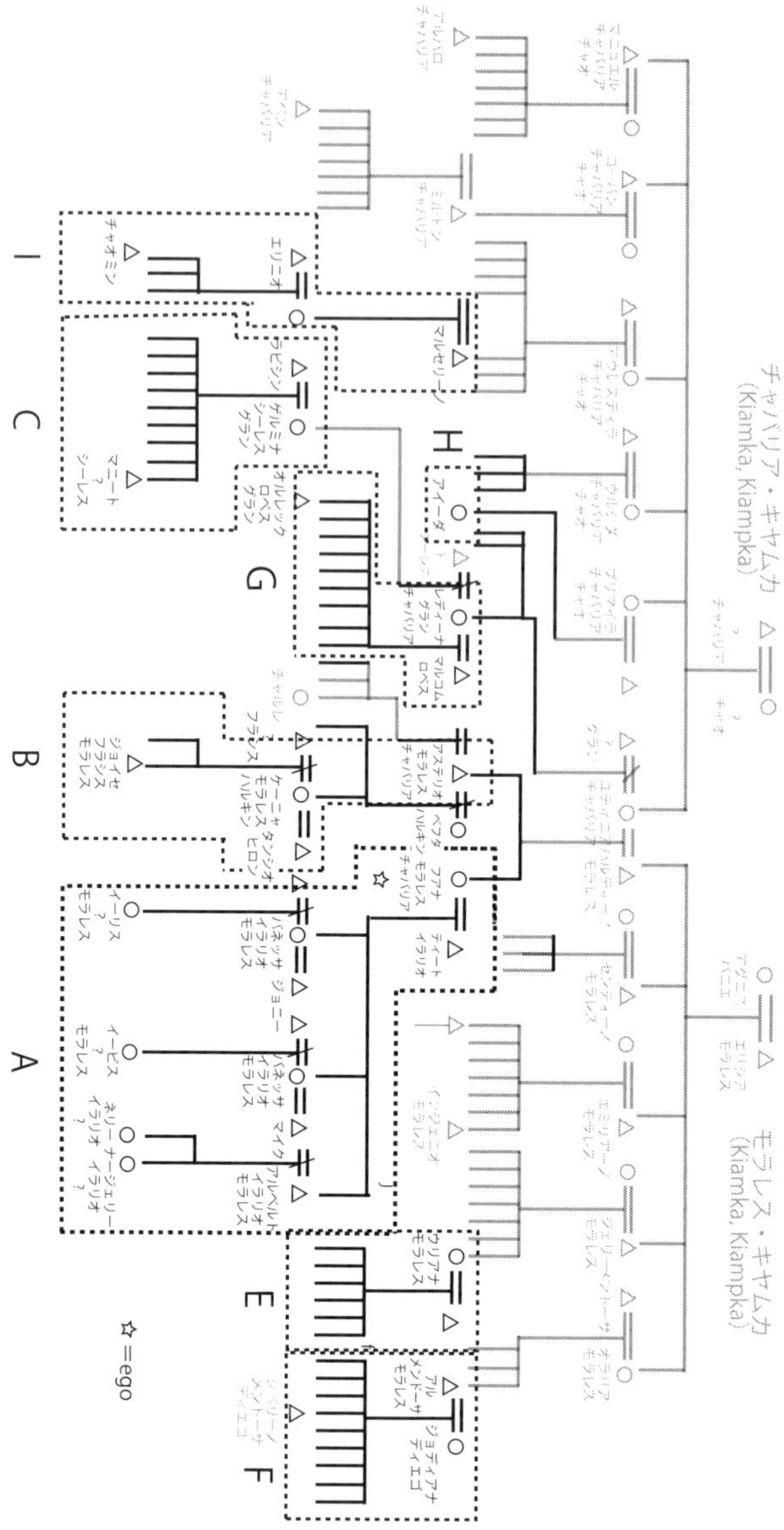

を使って沿岸を泳ぐ魚を狙って生計を立てる。小さな子供が一〇人いる大家族でもある。C家の妻は専業主婦であり、育児や農作業にいそしんでいる。A家の妻とC家の妻は異父姉妹である。このA・B・C家の妻は、幼少期を同じ家（Aの母、Bの祖母、Cの母の家）で過ごした。村にいる親族の中でも、おなじ母の土地（Yapti Taba）で育った旧知の仲である。G・E・F家と比べて居住地も近い。

A・B・C家の夫たちの職業や商売が異なっているため、彼女たちが交換できる物資は多岐にわたる。A家は漁家経営に加えて米や小麦、砂糖や油などを扱う商店を営む。B家はアオウミガメの肉やキャッサバ芋（Yahra）を主に扱っていた。C家は投網漁師の家で、海から換金性の高い魚を獲ってくる。それぞれの家には経済的な差もあるが、こうしたA・B・C間での食材や物資、労働の交換（A⇕B・B⇕C・C⇕A）は、食材の過不足をうまく補う役割がある（図29）。

村ではこのような物々交換でなされる流通は、今でも重要な位置を占めている。これら三人の主婦は、日ごろから食材の交換や物資の交換をしたりして家計のやりくりをしている。

二〇一三年一二月ごろ、C家の年長の息子が港町で若い娘を身ごもらせ、赤子を連れて村にやってきたときなどには、A家の妻は、その娘を自らの家で雇い、家事を手伝わせ、その返礼に、彼女の持つ売店で売る高い脱脂粉乳をわけ与えた。翌日になると漁師の夫が海で釣った魚を昼に持ってくるなどしてさらに彼女にお礼がされる。このA〜C家の中で、屠殺作業でとっておいた血（Taria）や、値段のつかない骨付き肉（Linbon）や腎臓や心臓、性器などの臓器やホルモン系、赤身肉などがその家々の妻たちによって譲渡や交換される。

図29. 食材交換

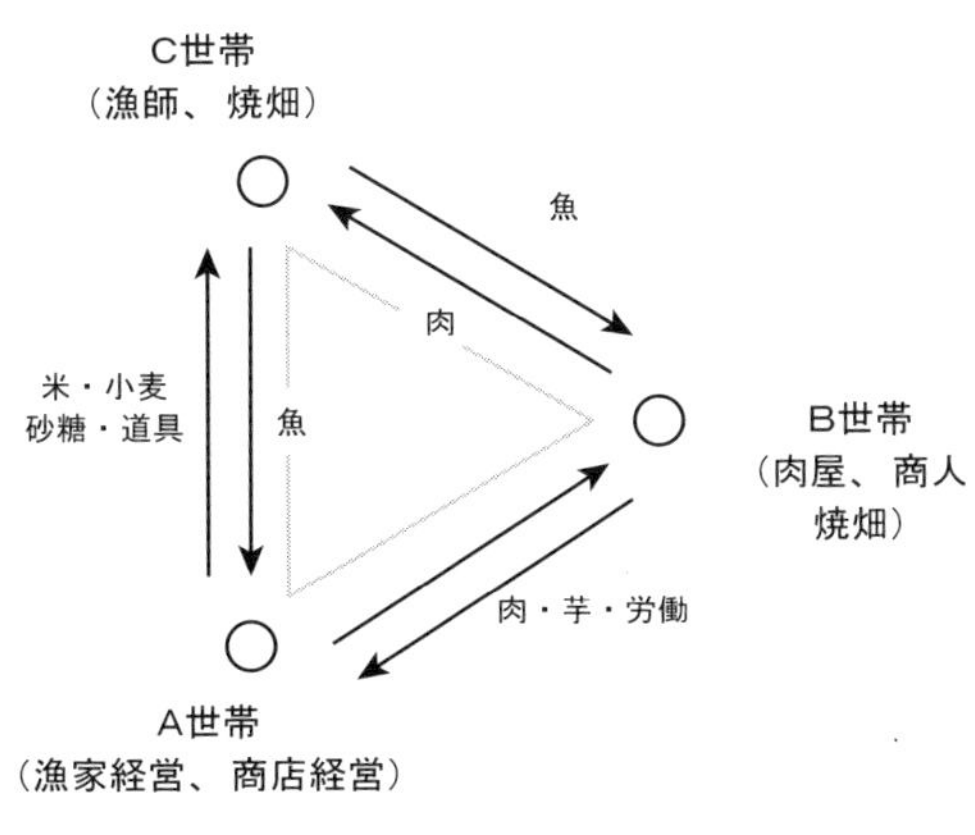

かつての記録によれば、村へと持ち帰られたアオウミガメは、一人の老漁師の妻から八人の手に渡った。「老漁師はそれを妻へと渡し、そのうち一二ポンドは二〜三ポンドごとに近親者に渡された（残り八）。肉を買えなかった二人の友人にも二ポンドずつ渡した（残り四）。残りの四を老漁師と妻で二日間かけて食べた（Nietschmann 1973, p.186）。（二〇 −（二×八））＝四）」（図30、B）。他にも大きな分け前にあずかった漁師が二人いる。そのため、その贈与を受けた人数は、二〇数人は軽く超えると考えて差し支えないだろう。

一方、今は、例えばB家でアオウミガメ（Lih）をさばけば、A家とC家には二〜三ポンドの肉が渡される。その他はすべて商品として金銭での交換に回される。A家とC家は、二〜三ポンドの肉の返礼に、例えばAであれば売店で米や小麦を測る「秤」などを貸借権に用いる。この秤を貸せば、カメ肉一〜一・五キロ程度の返礼が見込める（秤の貸借権＝アオウミガメの肉を三ポンド）。また、村の若者たちの馬での物資運搬も対価になり、代わりに砂糖や小麦で返すといった行動も見られる（馬での物資運搬＝砂糖や米数ポンド）。また、若い娘たちが庭掃除や皿洗いを手伝う対価として肉魚類を得ることもある（家事手伝い＝魚や肉、芋などを数ポンドで返礼）。例えば主婦たちの間で何らかの食材の貸し借りがあれば、それによってB家の姪の夫が朝さばく肉や、C家が昼に持ちかえる魚類で返礼し、A家の妻が肉を無償で手に入れることも可能である。その反対も同様である。こうしてA〜Cの家は、それぞれの家に過不足の物資や必要となる労働を互助的に交換して生活する。

図30. 記録に残る分配例2

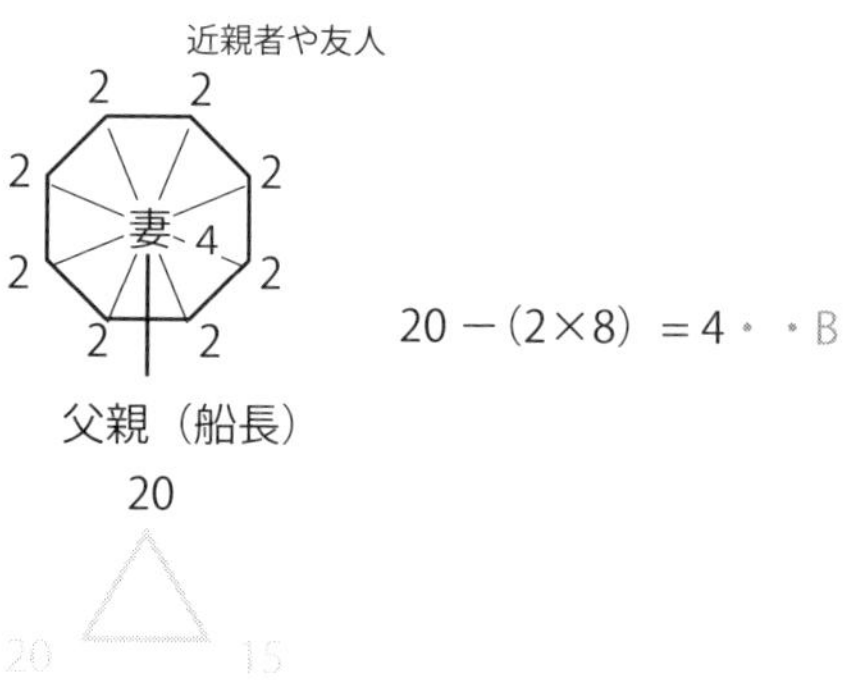

出典：Nietschmann 1973 P186 より

その交換の規模は小さくなっているが、基本的にその価値体系の中で、何らかの物資と等価で交換されることには今も変わりはない（図31）。現在、そのほとんどが金銭を介するようになっているので、カメ肉も他の物資と同じように、村人らの経済のバランスの中にある。

B家の妻は、村の中央の青空市に小さな小屋（Kioska）をつくって、時折、そこでキャッサバ芋や港町から買ってきたタロ芋、カメ肉を売って生計をたてる。彼女も娘の卒業式のドレスの新調と、息子の港町での学費の捻出のため、いかに安く買い、それを高く転売するかにいつも頭を悩ませていた。特に首尾よくいったときには五〇〇コルドバで仕入れて、それを九八〇コルドバで売り、儲けを上手に出す。この金額があれば村では一週間の食費ほどに十分なる。儲けが出ないでマイナスになることもある。

このように商売が上手くいくことは稀であるが、小さなミスキート村落での商売はそう簡単ではなく、あまり上手くいきすぎると村で煙たがられることになる。

この村で、富や財を蓄積するということは、表裏一体のことのようでもあった。B家の妻は、村の中央の青空市で小さな小屋（Kioska）を持っているが、それは村の三つの地区のちょうど中央にあたって立地がよい。彼女のこの小屋での交渉仕事は、長らく上手くいっていて調子は良かったのだが、ある年の生誕祭の夜にそれを妬んだ村人が火をつけて燃やしてしまった。村ではこうした事が時折ある。他にもある村人が港町の桟橋で酔っ払い、そこから落ちて溺れ死んだことがあった。その遺体は海の流れに流されて、港町のワーワ（Wawa）という村で発見され（ある村人は、どこで遺体があがるか予想して見事的中させていたが）、その村での葬式の前に、ある村人の集団が彼女の家の前にやってきて、この桟橋から落ちて亡くなった男が、

図31. 妻たちによる交換比率の比較

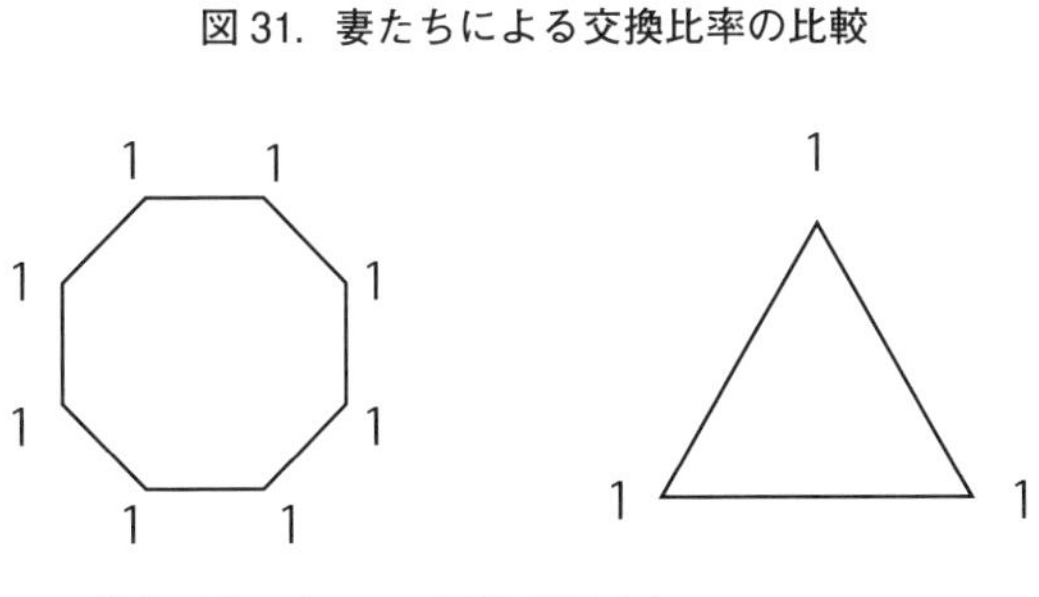

出典：Nietschmann 1973 P186 より

実はその交渉相手の彼女に殺されたという旨の話を始めた。村では噂が広がり、彼女は村人から攻められて、怖くなって泣き崩れ、しばらくの間、商いすることを止めた。この時は、副長が妻の姪にあたる彼女をかばい、それらの集団に葬式の金を渡して、事なきを得たようであった。

六．海産物交易の中で

少しまとめる。まず、現代のミスキート諸島近海でのアオウミガメ（Lih）の経済は、北米大陸へのロブスターを中心としたミスキート諸島における海産物交易の大きな影響を受けていて、それが基になってミスキート・インディアン社会の中でも価値が決まるといっても過言ではなかった。

これまで、モスキート・コーストでは林産物や農作物（バナナ）などが交易品となり、カリブ海随一の良材であるマホガニー材やそれから作った内陸スム・インディアンの小型カヌー、金銀の鉱山資源などが、この地から送り出されてきたが、今はロブスターなどの海産物である。

北米のロブスターが、一九世紀中葉から庶民の間で食されるようになると、アメリカ合衆国メイン州での商業化をきっかけとして、爆発的な人気を得ていくこととなり、その遠隔の地での爆発的な人気が、ミスキート諸島近海の生活にまで波及している。モスキート・コーストで生産されたロブスター（Y）は、北米市場へと運ばれ、そこでは一〇倍の値がつけられて（10Y）、カリブ海の他の産地のロブスター（Z、W）や、アメリカ、メイン州産の伝統的なロブスター（X）と競合する（図32）。

原産地のモスキート・コースト（ミスキート諸島）では、こうした北米向けのロブスター（他の換金性の高い巻貝や鮫、海老）の獲得に対する漁獲熱が極めて高い。最近ではアジア市場や、台湾向けのふかひれやナマコ、クラゲなどの中華食材も注目されるようになっているが、ロブスターの人気は圧倒的である。ニーチマンが残した地元住民らによる膨大な海底地形の認識図を見ても（Nietschmman 1997）、現代のミスキート諸島では、海外向けの海産物が重要な経済価値の物差しとして存在していると考えて差し支えないだろう。

ミスキート諸島及びその外洋についての資源分配は、港町のミスキート先住民組織（Tawira）によって決まるが、Cが占有的におこなうアオウミガメの生産は、こうした各海辺の村落がおこなっているロブスターの採捕などの海産資源の平等的な観念の中に置かれている（Y:Y' ≒ C:C'）（図33）。人口の多いAにはA'の大きな生産空間が割り当てられ、Cには南のアオウミガメなどに限られる。これほど綺麗に線引きされているわけではないが、理念上はそういうことであろう。このように人口とそれに見合う相対的な資源量を持つ空間が割り振られ、その人口：資源量の比が一：一の平等なのであり、その一部（YC）が現代のミスキート諸島におけるアオウミガメの採捕的な価値となる。

生産地の村人たちの金銭分配のやり方としては、札束を均等に六等分し、五人の漁師（船主を含む）に六分の一ずつ、残りの六分の一を船の分として船主がとる。基本的に船主も、均等に配られた後に同じ村人として計算される。船長も、見習いである調理師も同様である。彼らの数に対する苦手意識も背景に、こうした金の平等な分配がおこなわれる。これが生産地の村の男たちのやり方である（図33、六分の一のメッシュ）。

伝統的に重要とされてきた女性たちの交換だが、現在では、親族の中でも

図 32. 米国における産地ごとのロブスター値段の比率

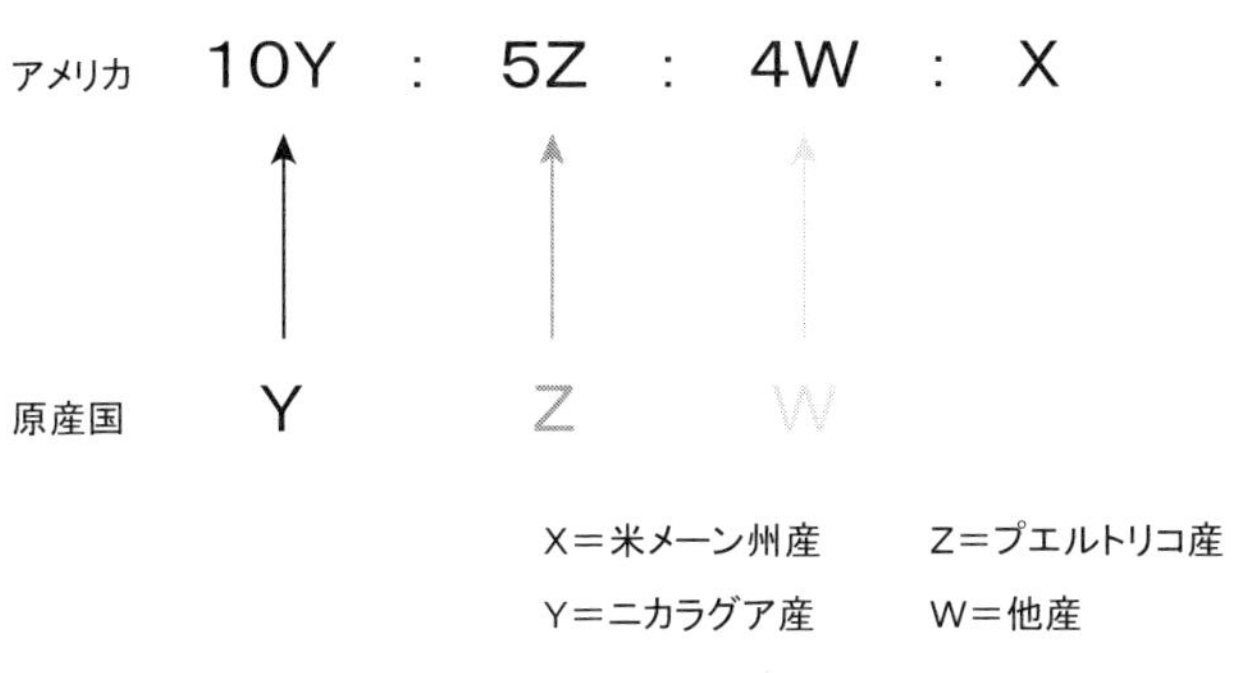

村人の職業や商売が異なっているという点が重要になっていた。A家では、漁家経営に加えて米や小麦、砂糖などを扱う商店も営んでいた。B家は、アオウミガメ肉を主に扱った。C家は投網漁師の家で、海から価値の高い魚を獲ってきた。経済的な差もあるこうしたA・B・C間での食材や物資、労働の交換は（A⇕B・B⇕C・C⇕A）、食材の過不足をうまく補う役割があった。これを効率的におこなえば家計が上手く回る。

無償で贈答や交換される量は減っていたが、その少ない分でも、こうした女性たちの関係性を基にした均等な交換の考え方がなりたつ（図33、三分の一のメッシュ）。この地において、ア

図 33. アオウミガメ（Lih）の経済価値

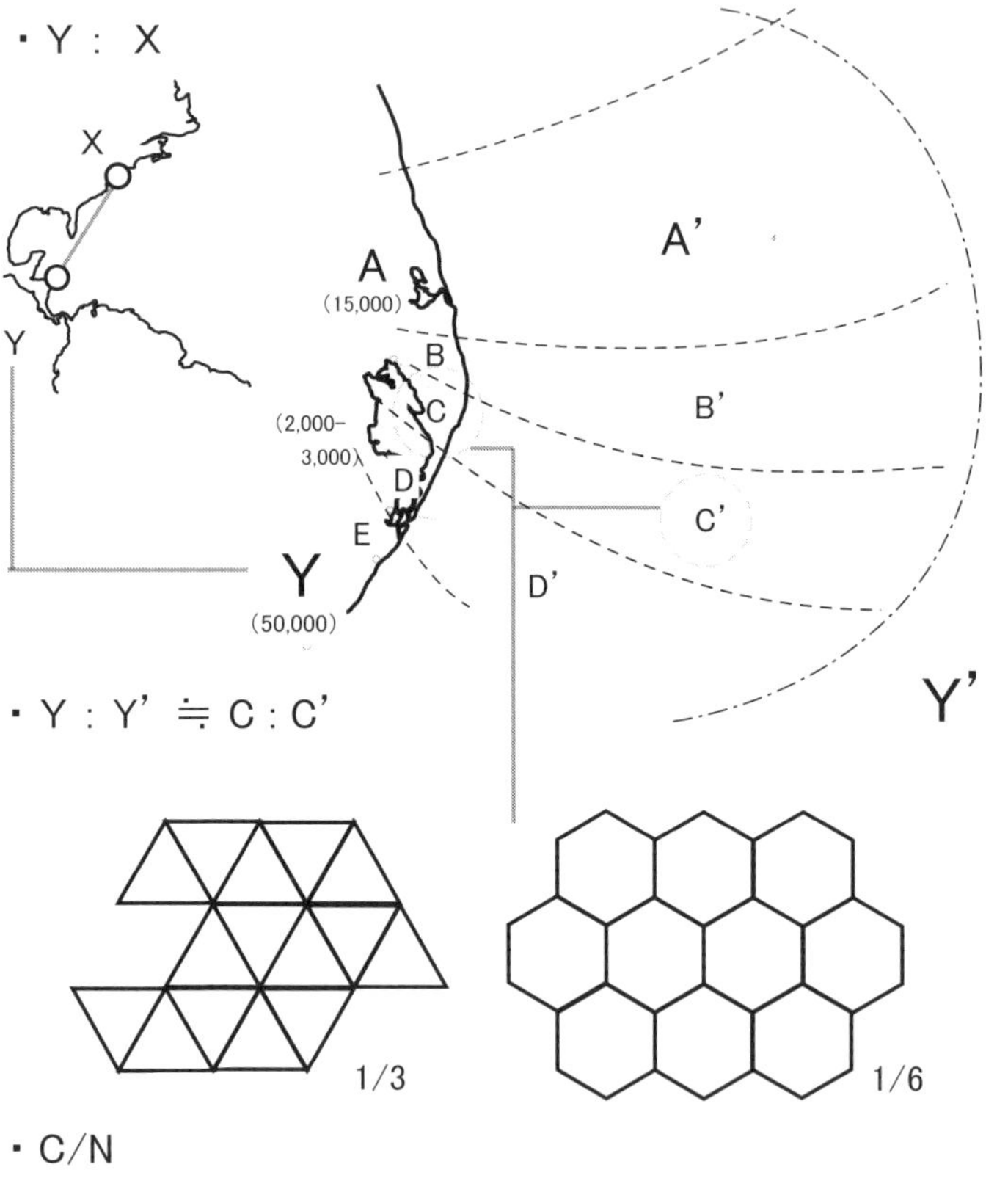

オウミガメはこうしたミスキート社会の救済・網目の中で財や富として価値が決められていくような動物である。

女性たちの交換では、金銭が手元にない時に、トラストと呼ばれる遅延履行の交換がおこなわれる。主婦たちはノートを持ち、誰々の所で肉を何ポンド渡したと書いていく。譲り受けた主婦たちは、その夫らがロブスターの採捕から帰ってきたら返す。実際の所、このトラストで肉を入手した例が半分を占める。

メイン州の伝統的なロブスターが珍重されているように、モスキート・コーストでもロブスターは高い金銭価値を持つ。現代のミスキート諸島のアオウミガメは、このようにロブスターを物差しにして考えると、その富や財としての価値がわかり易い（Y.Y.＝C.C.）。特に調査に入った村の人々にとってアオウミガメは、ロブスターのような高い金銭価値を持つ財貨と同質なわけだから、その交渉事（negocio）が上手くいきすぎることに対して他の村人らの嫉妬の視線が向けられる対象にもなる。

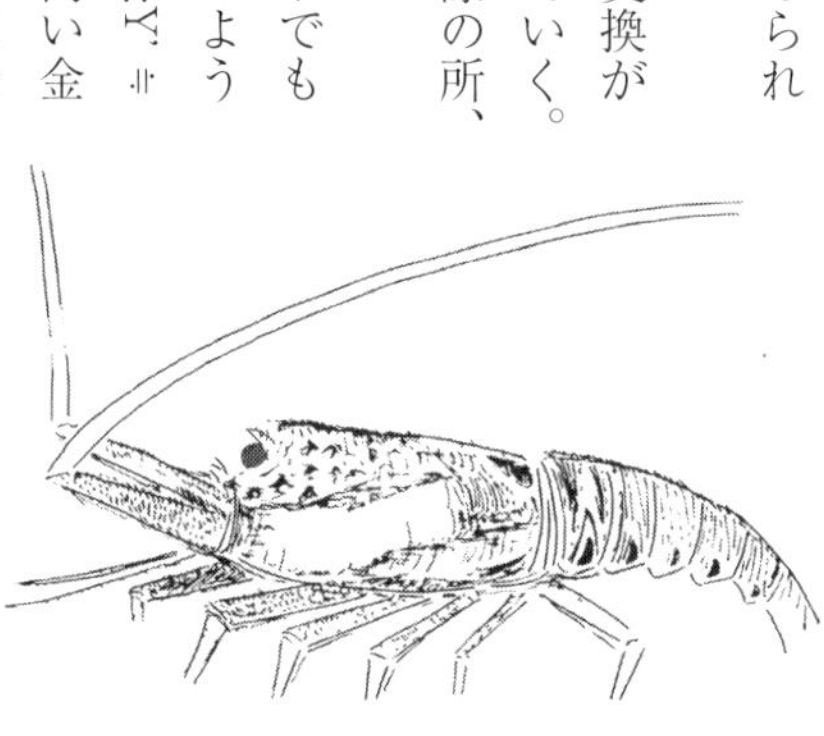

＊1　シドニー・ミンツは、『甘さと権力——砂糖が語る近代史』の中で、大航海時代以降に西欧の庶民階級へと広がった砂糖が、植民地として形を成していくカリブの島々の中で、いかに農作物として開発されていったのかについての研究を残している。ミンツはその中で、「コーヒーと砂糖がヨーロッパ人の幸福にとって不可欠か否かは知らない。しかし、この二つの生産物が世界の広大な地域に不幸をもたらしたことだけは確実。すなわち、アメリカではこれらの植物を栽培する土地を求めて、人びとが追い払われ、アフリカでは、それらの栽培にあたるべき労働力を求めて人びとが連行されたのである」（ミンツ 1988）と述べる。

カリブ海の島々や植民地においてヨーロッパ向けの農作物の生産状況にはどのような違いがあったのだろうか。ミンツは初期の作品において、同じカリブ海の植民地のジャマイカとプエルトリコの砂糖生産を比較し（Mintz 1959）、一九世紀ごろに両国を統治してきた異なる宗主国がつくるサトウキビ畑の景色が異質であったことを指摘しているが、こうした植民者たちや現地の農民たちの反応の差異は大変興味深い。

大航海時代以降の西欧史において、ヨーロッパの消費者たちが求めてきたものは砂糖だけではなく、現代に至るまでチョコレート、コーヒー、バナナ、唐辛子、煙草、綿花、ラム酒や紅茶、金銀など、様々なものが新大陸の財として生産、輸出され、それが現地の人々の生活へと多大な影響を及ぼすこととなった。ミスキート・インディアンも西欧との物資や人材の交易によって、その勢力を拡大し、現在までのような形を成してきた民族集団でもある（本書、第二章を参照）。エリック・ウルフは、中央アメリカの農民階級という考え方に着目しているが、現代のモスキート・コーストを考える上でも示唆に富む（Wolf 1966）。現在、モスキート・コーストは北米大陸向けのスパイニー・ロブスターの一大漁獲生産地となっており、近年のミスキート諸島も、ミスキートの潜水漁師たちが開拓した漁民たちの生産性の高い土地である（Nietschmann 1997）。

＊2　一九世紀のイギリスで執筆された『不思議の国のアリス』の中でも、アリスとウミガメモドキの会話の中で、ロブスターのダンスが取り上げられている。「ロブスターは二列になって、アザラシ、海亀、鮭とダンスする。それぞれの相手にロブスターが一匹、じゃまなクラゲはどけて」（キャロル 2000, p.173）。

＊3　キンドブラドによって、ニーチマン後の四〇年でどのようにミスキート・インディアン社会の互酬的な経済が変化を見せるか論じたものも出版されている（Kindblad 2001）。

＊4　北の一〇集落でも、この集落の玄関となるリー・ダクラ（半島）という名の集落や、タワサキヤ（植物ターワが採集できる場所）という名の村の水辺近くを航行していれば、しばらくすると村の主婦たちが顔を出し始め、彼女たちが船に乗り込んで、すぐに船長と値段交渉を始めた。

北の一〇集落での商いの方法も同じで、一人一人と交渉する形をとった。北の一〇集落で珍しがって、村の子供たちも集まってきた。現行の資源管理法制では、村人らが北の一〇集落にカメを持ち寄ることは禁止されていたが、それが港町から遠く離れた場所で徹底されているわけではなく、現地でも課題として残っていた（市役所の担当者談）。北の一〇集落では、港町の七五％ほどの値がついた。ここには生産地の村の縁故地縁の者が多く、漁師たちも北の一〇集落に来れば、そうした者らを訪ねたりもした。参与した航海で、村のミスキート・インディアンの漁師たちがアオウミガメを流通させるところは、なにも陸地だけに限らなかった。北ミスキート諸島のマーラス島へと訪れた際には、船長は程よいウミガメを選んで、島の出作り小屋の商店主へと譲って、その対価として足りなくなっていた米、砂糖、油と煙草、マッチを買い、漁師たちの労をねぎらうために、炭酸のペットボトル一本とビスケットを二切れずつ買った。

第五章　肉としての価値

調査したミスキート・インディアンたちにとって、アオウミガメの肉がどのような価値を持つのか。本章では、この点について考えていく。

中南米低地のインディオ集団にとっての食肉の価値や意味（それがある一つの集団であれ、新興の人々であれ）の理解の難しさを訴えたのは、レヴィ＝ストロースである。神話的表現のことではあるものの、例えば「煮たものと腐ったものの親縁性はヨーロッパのいくつかの言語にある、《pot pourri》、《olla podrida》「腐った鍋」という表現に表れている。これは味付けした何種類かの肉を野菜といっしょに煮たものである。あるいはまたドイツ語で《zu Brei zeerkochtes Fleisch》「腐るまで煮た肉」と呼ばれるもの。同じ親縁性はアメリカ・インディアンの、とりわけマンダン族の近隣のスー系の集団の言語でも確かめられることは意味深い。彼らは熟れた肉への好みが強く、バイソンの新鮮な肉よりも、長いあいだ水に浮かんでいた死骸の肉の方をよいとするほどだ。（中略）こうした常軌を逸した体系の存在は一つの問題を提起する。すなわち、料理のレシピの意味場には、我々がこの議論を始めた時にしめしたよりも多くの次元が含まれているのではないか」(レヴィ＝ストロース 2007『食卓作法の起源』pp. 557-559より)という問題が提起されるほど、その問題は難しい。

一．高依存度とその解釈について

他の中南米低地のインディアン社会と比べ、一九七〇年代の海辺のミスキート村落におけるアオウミガメ(Lih)への高い依存度は異質である。ニーチマンによれば、彼らが摂取していた全動物性たんぱく質(いわゆる肉魚の摂取量)は、近隣のパナマのクナ族のそれと比べて三倍も多く、異常な数値を示していた(Bennett 1962; Nietschmann 1973)。ニーチマンが調査した村では、その動物性たんぱく質の摂取量のうち、およそ七割がアオウミガメ由来の食肉であったが、この点については、すでにニーチマン自らやリナレスが、ケイマン諸島や米開発資本が設立した工場への輸出低減の影響を受けたものであろうという見解を出している。しかし、ミスキート・インディアンたちにとって、その肉がどのような価値を持つかは未だわかっていないように思える(Nietschmann 1979; Linares 1976)。

⁂

かつて南米のシピボ族の調査をおこなったベフレンによると、シピボ族は、食物をまず料理されるもの(Piti)とされないもの(Kókoti)とにわけた。ベフレンによれば、それら料理されるもののうち、一)近場の森や焼畑地(ガーデン)由来の植物、二)その近場の森や焼畑地で獲れる「野生」の動物の肉、三)家畜動物の肉とに大きく三分類される(Behren 1986)。*1 他にもいろいろと森の動物の住み処によって、肉には分類があった。カルネイロによれば、シピボ族のように、中南米の低地で生活するインディアンでも、主要河川沿いの集落で生活する人々と、主要河川の奥の辺境での生活は一線をひくほど異なる。カルネイロによれば、そうした森の奥の人々は往々にして小人口・小規模の集団サイズであり、集落同士は離れていて絶え間ない移動によってその生活が特徴づけられる（Carneiro 1970）。

調査に入ったミスキート諸島の海辺の村落にはそれぞれ二〇〇〇を超える人々が暮らしている。また、港町には五万人が暮らし、大集落には一万人が暮らしている。

モスキート・コーストの近隣にボカス・デル・トロという地域がある（現パナマ領）。リナレスによると、ボカス・デル・トロでも主要河川から遠く離れて住む住人たちには、そうした辺境にいる野生動物を使った独特の自給自足の戦略があるという。そして、それはあたかも野生動物を飼い慣らしているかのようであった（Linares 1976）。リナレスはそれをガーデン・ハンティングという考え方で捉えている。これはコンクリンが描写したハヌノー族のおこなう焼畑近辺での作物を猪やペッカリー、鹿などから守るための狩猟行動があるということに影響を受けていると考えられている。熱帯地方の根菜栽培にともない、それを狙うその近くの森の動物の住み処が決定し、それが一種特種な在地の環境を作っているというアイデアから来る。リナレスは、ボカス・デル・トロの住人らの狩猟で、サトウキビ畑を荒らす大テンジクネズミや焼畑地の近くでパカ、ペッカリーが多く獲れるのも、こうしたいわゆる農作物を餌に、害獣を狙った森の人々の自給自足的な生活戦略の結果なのだという（Linares 1976; Conklin 1961）。

近年、こうした密林の中で生活する大型の動物の密度が、想像ほど高くないのではないかということが指摘されてきて話題を呼んだ（Redford 1992）。アマゾン低地でも、二〇世紀中葉にはすでに狩猟動物の姿が少なくなっていたことは、南米のトゥクナ族を調査したニムエンダジュの記録にも残る（Nimendajú 1952）。

ニムエンダジュによれば、トゥクナの集落でも五〇年前には豊富だったという狩猟肉はとても珍しくなっていたという。その理由として、インディアンたちが近代的な銃器を手にしたことや、西欧向けの動物の毛皮の値段が高騰していたことをあげていた。おそらく、幾つかの孤立した集落であったらバクや豚、鹿を狩猟して生活することも可能であった（Nimendajú 1952）。

このトゥクナ族も、ボカス・デル・トロ半島の住人（チリキ・ラグーン、モスキート族が南下していた地域）も、ミスキートも早くから西欧諸国と接触してきた人々であることで知られる。ミスキート・インディアンなどは、西欧との接触によって形成された新興のインディアンという見方が強いし、特に彼らはその交易によって、多大なる富を得て勢力を拡大してきた。

∴

ミスキート社会におけるアオウミガメ（Lih）に対する高い依存度は、西欧諸国との交易による歴史的展開の過程の産物であることは間違いないだろう。彼らも元々は河川沿いでの暮らしが基層にあった

一七世紀にイギリスがカリブ海へと進出して以来、本国にはこのニカラグア沖の豊富なアオウミガメが大量に輸出され、本国では絶大な支持を得るようになり、この西インド諸島産のウミガメで作ったタートル・スープが抜群の人気を誇るようになると、ニカラグア沖の資源開発にも拍車が掛かった。

本国への輸出に対し、最初に産地となっていたのは、英領ケイマンの近海であったが、そこでの資源が枯渇することにより、モスキート・コーストが産地として開発されていった。当時のケイマン諸島民の南進の影響は大きく、モスキティア領に赴いたイギリス人外交官によって、本モスキート・コーストで操業するすべてのウミガメ漁業船は、許可証を携帯しなければならないこととするなどのお触れも出たことは述べた。ミスキート・インディアンの高いアオウミガメの依存度は、このような英領ケイマン諸島民や、その傀儡の「ミスキート王国」によって、共同で資源開発がおこなわれた動物である。それが二〇世紀半ば（一九六六年）まで続き、その後、アメリカの開発資本がこの地に缶詰工場を作り、アオウミガメの国際貿易もワシントン条約を批准する一九七七年まで続いた。ニー

チマンが特にその利用について調査記録を残した一九六〇～七〇年代には、こうした西欧列強によるこの海域のアオウミガメに対する開発圧が強まった最後期のころで、それを裏で支えていた労働力として、海岸部で勢力を強めた親英米圏の新興のミスキートと呼ばれる民族がいた。

近隣のクナ族（Bennet 1962）やボカス・デル・トロ半島の住人（チリキ・ラグーン、Linares 1976）とは、狩猟肉の種類や摂取量や、アオウミガメに対する偏りの度合いが異なるのは、こういう背景があってのことで、その比較で高い数字が出たのも、そういったミスキート・インディアンの置かれた極めて特殊な状況がまずもってその理由として考えられる。西欧を巻き込んだ開発の規模の大きさから考えても、その最前線にいた新興のミスキートの動物性たんぱく質の摂取量と、クナ族やボカス・デル・トロ半島の住人とのそれを同列に置いて比較すると、その特殊性だけが抽出されることとなる。

∴

現在、ミスキート社会での食生活も大きく様変わりしている。かつてはほとんどの食材が狩猟漁撈や農耕、森の果実の採集活動と、それらの物々交換によって自給自足的に獲得していた。地域的に農作物は異なり、海辺に住んでいるミスキート村落での日常食はキャッサバで、内陸地域ではバナナが優勢である。スム・インディアンたちの間では、トウモロコシが重要な食材でもあった。コンゼミウスによれば、「ミスキート社会では、食事に決まった時間はなく、いつでも摂取されたという。食事が準備されると、ハンモックにいる成人の男たちに最初の分け前が渡された。ヒョウタンの器にスープが注がれ、塩（ビハグアの葉に包まれた）が渡される。女性と子供は一緒に食事をとる。人々はともに床に円を描くように座り、大きな葉っぱの上に広げた残りを食べる。（中略）ポットが沸いている間、彼らは火の周りを囲み、少量の肉を食用バナナと一緒に食べていた」（Conzemius 1932, p.88）。

このミスキート社会で重視される肉魚やバナナという食材であるが、他の中南米低地のインディオたちの社会でもかなり一般的に見られる食材である。アーヴィングによれば、南米のクベオ社会でも農耕地では様々なバラエティーの作物が栽培され、日常的には魚とキャッサバ芋で作ったケーキが二大料理となり、最も基本的な食事の単位となる（Irving 1962）。ミスキート村落では大きく二つの食材がある。一つは肉魚で、もう一つは芋である。肉魚はウーパン（Wupan）と呼ばれ、芋やバナナの類はターマ（Tama）と呼ばれる。この二つのカテゴリーを同時に、昼食時に取ることが、村では最も理想的である。

ミスキート村落では、この昼時の食事のことをディナール（Dinaru、朝はTitan pata、夕方はTutni pata）という。近年、アメリカの研究グループらが、南部の海辺の村落でのアオウミガメの嗜好性について調査し、ミスキートやクレオール人の若者らが、この昼時の肉魚類に、鶏肉などの新しい食肉を好む傾向になってきていることも報告しており、気になるところである（Gartland and Raymond 2010）。[*2]

二　偏在するウミガメの肉

現代のミスキート諸島近海では、肉魚（ウーパン）としてのアオウミガメ（Lih）の流通量には、村落ごとに大きな差がある。特に流通量が多い生産地の村では、群を抜いて高い消費量がある。

図34は、モスキート諸島における一週間の献立に関する簡単な聞き取り調査の結果である（肉魚類はボールド字体）。

長期に渡って調査したA世帯では一週間全一八回の食事機会のうち、アオウミガメ（Lih）の肉を七回食した。他には、二度の魚料理とイワシ缶、それにアルマジロを食している。

同じ村で近所の家のB世帯とJ世帯の献立を調べたところ、A世帯と比べても、アオウミガメの消費量にさほど

図 34. ミスキート諸島におけるアオウミガメ肉消費の地域差

		A
2012/11/25	1	G（トルティージャ）,B（煮豆）
	2	G（白米）, W（アオウミガメ）
	3	G（白米）,B（煮豆） W（アオウミガメ）
2012/11/26	1	G（トルティージャ）,B（煮豆）
	2	B（煮豆）, W（アオウミガメ） T（キャッサバ）
	3	W（アルマジロ）, T（キャッサバ）
2012/11/27	1	G（トルティージャ）,B（煮豆）
	2	G（白米）W（魚）, T（キャッサバ）
	3	G（パン） W（アオウミガメ
2012/11/28	1	G（トルティージャ）, W（アオウミガメ）
	2	G（トルティージャ）, W（魚）, B（煮豆）
	3	G（トルティージャ）+シリアル
2012/11/29	1	G（トルティージャ）
	2	G（白米）, W（アオウミガメ）
	3	G（白米）,B（豆）, W（イワシ缶）
2012/11/30	1	ND（-）
	2	
	3	
2012/11/31	1	G（トルティージャ）,B（煮豆）
	2	G（白米）, W（アオウミガメ） 6）,T（キャッサバ）
	3	G（トルティージャ）,B（煮豆）

※G＝穀物、B＝豆類、W＝肉魚、T＝バナナや芋

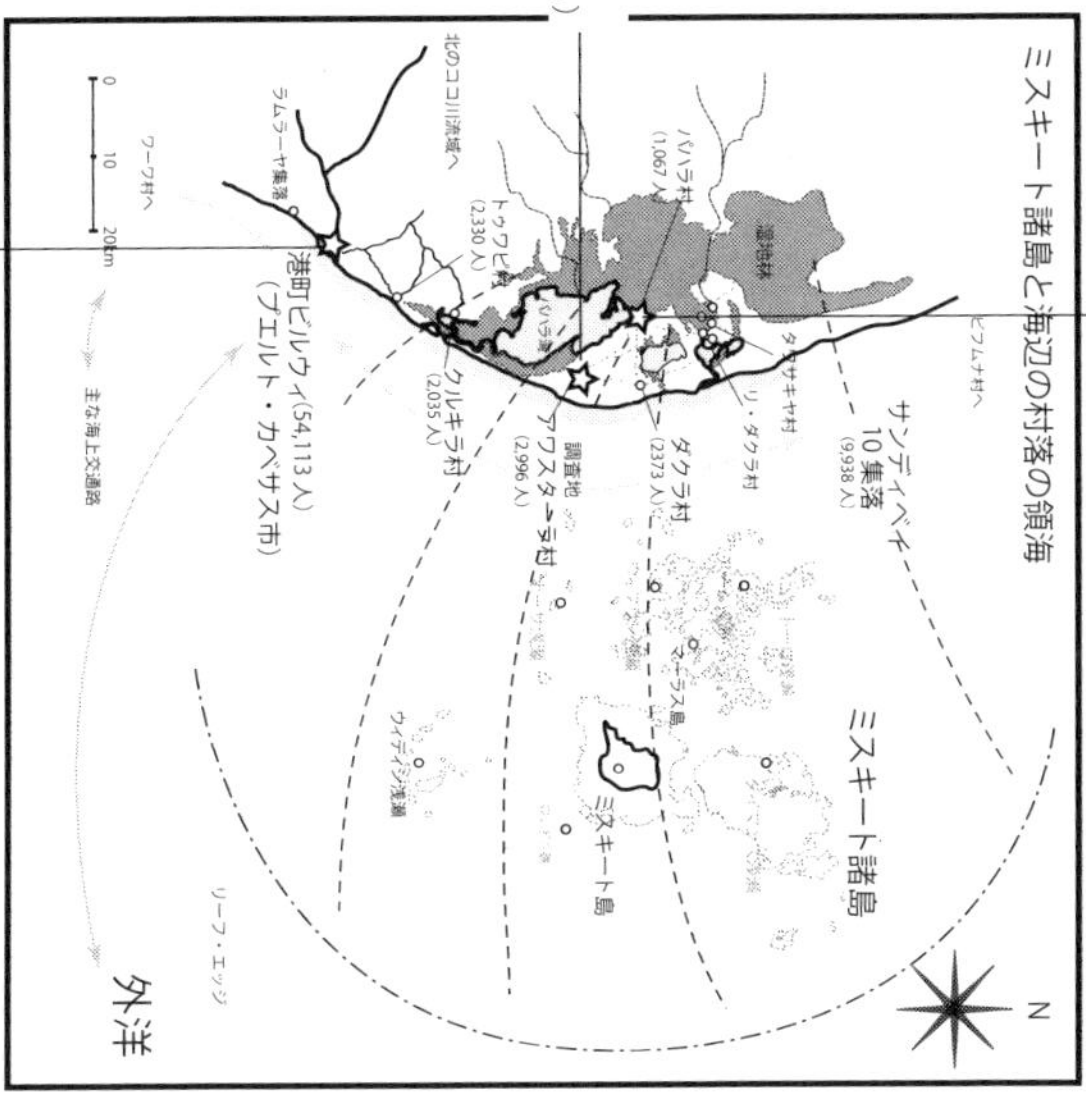

	K
1	G（トルティージャ）
2	T（キャッサバ芋）, W（牛肉）
3	G（パン）, B（煮豆）
1	G（パン）,B（煮豆＋玉ねぎ）
2	W（魚） G（白飯）
3	G（パン）, B（煮豆）
1	B（煮豆）
2	G（白米）, W（ウミガメ）, T（キャッサバ）
3	G（パン）, W（魚）
1	ND（-）
2	W（鶏肉）, T（キャッサバ芋）
3	G（パン）
1	T（キャッサバ芋）,G（パン）,B（煮豆）
2	W（魚）, T（食用バナナ）
3	ND（-）
1	G（パン）, B（煮豆）
2	W（鶏卵+トマト）,G（白米）,B（豆）
3	ND（-）
1	G（トルティージャ）, スイカ
2	G（白飯）, W（鶏肉） T（キャッサバ芋）
3	G（パン）,B（煮豆）

出典：原図、プエルトカベサス地方 250,000 分の 1 の地図（作図 Joint Operation Program Air）を改編して使用

差がないことがわかった。相違点は、裕福なA世帯と比べ、BやJはアルマジロなどの高級食材を滅多に食することができない点、芋類（Tama）の食機会が少ない点、煮豆の消費が極端に少ない点にある。また、魚の種類も一辺倒になり、食材のバラエティーはAと比べて少ない（付録5、242ページ）。*3

調査した各世帯の献立には、アオウミガメの消費頻度に差はほとんど見られない。結果的にそれぞれの世帯でアオウミガメ（Lih）の消費の頻度は五〇～六七％の間で推移する。

現代のミスキート諸島において、生産地の村の主婦たちにとっては、アオウミガメの肉は最も安価で入手し易い食材である。だから、A世帯の妻などは時折、「今週は、アオウミガメの肉は食べ飽きた」と述べる。彼女はむしろ、いかに魚（Inska）や貝類（Ahi）を献立するかに頭を悩ませる。一度の食事で、食されるアオウミガメの肉は、四、五切れのサイコロステーキ大の小さなかたまりである。赤身肉にはしっかりとした食感がある。

∴

現地調査の中期の頃（二〇一三～一四年）まで、このミスキート諸島近郊の村落では、電気が通っている村とそうでない村があった。電線の敷設状況は、港町近郊で陸路がつながっているトワピ村やクロキラ村、大集落に近いダクラ村やパハラ村へと電線が敷設されており、大集落から最も遠い生産地のアワスターラにまではまだ届いていなかった。その後、二〇一五年になってから、ようやく電気が通った。

調査に入った生産地の村には電気（冷蔵保存設備）がないため、腐りやすい肉魚類のうちでも、一週間～一〇日程度の保存のきくアオウミガメが重宝される（120ページ、図27）。この村では朝に解体され、商品となるアオウミガメの肉を手に入れないと、昼食時のご馳走にありつくことができない。

この生産地の村は、港町から直線距離的には三番目に近いが、実際の所、途中にあるラグーンがこの地を南北に二分しているため、港町からの陸路がなく、北の中心となっている大集落からも最も遠い場所に位置している。そのため、電線の敷設が最も遅れ、二〇一四～二〇一五年ごろにやっと電気が通った。

::

他の食材、例えば米や小麦、豆は、首都のマナグアや西の都市部から来ているニカラグア産が目立つ。ミスキート・インディアンの社会でも、輸入した穀類などを購入し、食材として導入するようになっていることは、かつての記録でもすでに指摘されてきている（Nietschman 1973）。調査に入った生産地の村でも、麻袋に入った米や小麦、豆が港町から運ばれて、それが村人らの日々の食材となる。[*4]

これら食材（米や小麦、豆）には秤を使って、一ポンド幾らで計算し、港町より若干、高い価格で取引される。図34で太字にした肉魚類（ウーパン）以外の献立、ガジョピント（煮豆と白米を一緒に炊いたもの）やトルティージャ（小麦粉を練って、焼いたもの）といった料理はすべて、これら外部から購入した穀類や豆類（最近では芋類も村の外から運んでくる）から作られている。

家畜の肉も同様である。ニカラグアの中央部には牧草地帯が広がっていて、モスキート・コーストでも内陸のサバンナ帯（30ページ図4のプエルト・カベサス市以西北に広がる）での牛の飼育の広がりは、二〇世紀初頭から認められてきた（Conzemius 1932）。

鶏肉や牛肉、豚肉は、現代のミスキート諸島近郊でもよく見られる食材である。生産地の村のアオウミガメの消費量が異常なほど高いだけで、このミスキート諸島では、個包装された鶏肉が商店で売られているのも一般的になっているし、それら肉魚類を冷蔵庫（図）で保存することも一般的な光景になっている。

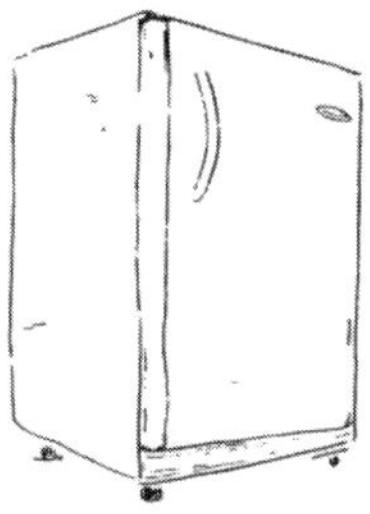

図34のKは、同じA世帯が持つ港町の家（K）での献立である。調査した週、Kの家では、アオウミガメの肉は、一度だけが食され、その消費頻度も一三％程度に抑えられていた（八回の肉魚類の消費のうち一回）。

港町の市場では少し値は張るが、アオウミガメ以外の肉魚類も比較的容易に入手することができる。この家では、六番目の成人した娘が財布を預かり、家事をして生活する。村から学校に通うなどで街に出てきた子供たちが一緒に暮らしていて、彼らが協力して生活を切り盛りする。港町での食肉類は高く、村より倍以上の値段がするため、上手く切り盛りしないとすぐに現金が底をつく。港町ではアオウミガメ（Lih）は売り歩いてくる行商人から買い、その他の牛肉や魚、鶏卵などは近所の市場の精肉店や鶏卵を売る者から直接、買うことができる。個包装した鶏肉などを買えば、それを洗って桶に入れて冷蔵庫で冷やして保存すればよい。

∷

ミスキート諸島の海辺の村々でも、生産地の村のようにアオウミガメ（Lih）を週に五回も六回も消費することはまずない。大集落の村でも週に一度か二度食べれば良い方である。こうしたアオウミガメ肉の流通の地域的な偏りは、生産地の人々も認めるところで、湖の奥のパハラと呼ばれる村では、なかなかその肉にありつけない。そのため、生産地の村人は、可哀想なのでパハラの親類を訪れる際にはそのヒレを持参するのだという。ヒレは生産地で比較的価値が低いとされているが、それでも喜んでくれる。

三　商品化の模様

中南米の低地インディアンたちの世界で、狩猟動物が少なくなるに従って食材が豊富な魚類へと転換するようになったことは、神話の中にも残る。レヴィ＝ストロースが取り上げた「狩人モンマネキとその妻たち」（Nimendajú 1952）のマトリンチャン魚（誕生魚）などはその一つであった。レヴィ＝ストロースによれば、この神話を読み解くための最初のコードとして狩猟と漁撈があり、それが漁撈の絶対的な起源や相対的な豊かさについて暴露してくれるのだという（レヴィ＝ストロース 2007『食卓作法の起源』p.45）。現代のモスキート・コーストの海辺の村でも、魚類は食生活においても重要性な意味を持っているが、本書が調査に入ったようなアオウミガメの一大生産地ではその消費ばかりが目立ってしまう。

図35は、現地滞在中、実際に村のA世帯で食された魚と肉の種類を示したものである。ミスキート社会における民族魚類学の研究は未だ詳しいものがおこなわれておらず、研究が進んでいない。こうした肉魚の分類についてもまだほとんどわからないことが多いが、ここでは、村で獲れた動物の大まかな種類と場所とで分類したものを示す。村の魚（Inska）には、沖で獲れる魚（Kabo Inskika）と、川とで獲れる魚（Liura Inskika）とがある。沖で獲れる魚は大きく、鰆（Lasishi）やカッポレやギンガメアジ（Jack, スズキ目アジ科）などが獲れる。村でも一匹幾らで取引される。川や海辺で獲れる魚（Liura Inskika）には鯰や、ボラのような魚、小海老や太刀魚などがある。烏賊や舌平目のような形をした魚などは悪魔の魚と呼ばれていて、ほとんど食さない。

ミスキート村落での魚類の利用については、一部、ニーチマンが付録資料にその種類の豊富さについて記録を残してくれているが、それと比較しても、現在、村で取引される魚はかなり種類が限られている（図35）。

調査に入った生産地の村で、魚が獲れるのは沼地や浜辺、沖合やラグーンであるが、その相対的な肉の供給量は、アオウミガメの肉量と比べても少ない。

海岸では、置き引き網を引いている漁師らがいて、二〜三日に一度のペースで、麻袋いっぱいにした魚（クカリ）を持ち帰ることがある。また、沖には投網漁師らが毎日のように魚を獲りに行っているが、その量は多くても日平均、麻袋一杯から二杯程度である。この魚の分け前に与かれる村人は限られていて、漁師たちが海から帰って

図 35. 肉魚類（Wupan）の種類と値段

分類	動物の名前 英語	動物の名前 ミスキート語	食する部位 英語	食する部位 ミスキート語	値段	単位
沼地	catfish（Small）	Bachi				
	?	Masmas				
	sunfish type	Trisu				
	?	Wina Swapni				
	? ()	Dalla				
	?	Tola				
	catfish（Small）	Tongki	Fish meat, egg, small size,（20cm-30cm）		15-20 (3-4 fish)	複数（depending on the size）
	drum fish kind	Walpa Yura, durmar				
	mullet kind	Kukari				
		Lukluk				
	perch, kind	Kalwa				
河川	beltfish	Ispara				
	?	Pisu pisu				
・魚(Inska)	?	Unmaira				
	?	Bila pau				
	?	Kuha				
	Marckrel	Bonito				
	Spanish mackerel	Lashishi				
	Catfish (Large size)	Raha				
	Barracuda	Barakuta	Fish meat, egg, medium size（50cm-）		15-20 (1 fish)	1lbs(≒450g)
沖	Ray	Kiswa				
	?	Krawi				
	Small Shark	Iliili				
	Shrimp	Wasi			40	1lbs(≒450g)
	Shrimp(small size)	Sibap				
	Crub(small in size)	Rahti				
ラグーン	×				-	not for sale
森	Armadijo	Tahira	meat		50	Half
	Aquatic Turtle	Kiswa	only meat and egg		50-90	1
海	Iguana	Kakamuku	only meat and egg		50	1
	Hawksbill	Axbil	only reddish meat		0	1lbs(≒450g)
	Green Turtle	Lih	meat portion(front)	Postika Winka		
			meat portion(back)	Nata Winka		
・肉(Winka)			a bone with meat	Dusa winka, Linbon		
			berries meat	Bialka Winka		
			fat	Batana	15−20	1lbs(≒450g)
			liver	Auya		
			lung	Pusa		
			intestine	Biala		
			Carripee	Karapka		
			Head	Lal	80	1
			front fin	Mina	40	1ペア
			back fin	Mihta		
			calapace（little meat inside）	Nina Dusa winka	0	1
			blood	Taria	0-2	
			organs,(ovary, kidney, heart et al)	Mahbra, Smarka, Kupia	0	-
家畜	Cow	Bip	Meat, and some organs		40	1lbs(≒450g)
	Pig	Kuwirku	Meat, and some organs		?	1lbs(≒450g)
	Chicken	Karila	Meat, no organs		50-90	1

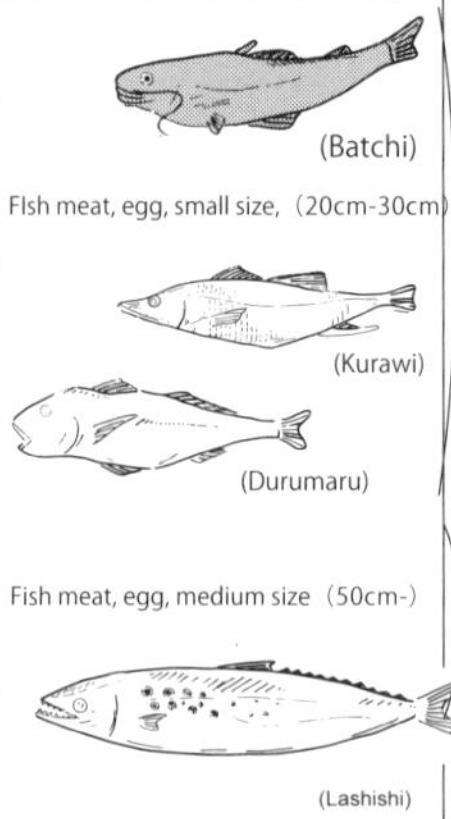

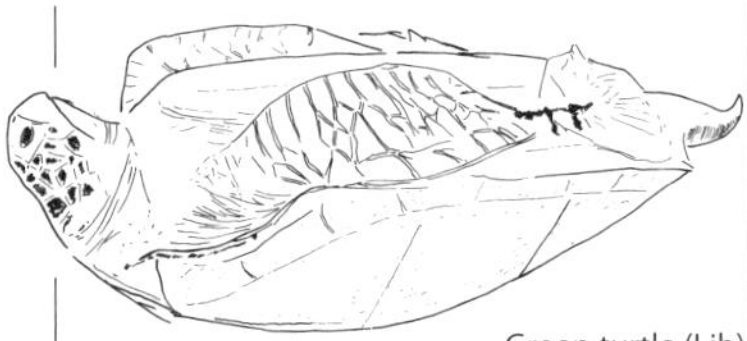

出典：筆者、アワスターラ村（2009-2015）、魚の同定は Nietschmann 1973 Appendix を参照にして実施したもので、参考程度。

きたら、急いで買わないと品切れになることもしばしばである。約三〇〇〇人を擁するこの村では、電気や保存設備なしで（〜二〇一四年）、日平均三・三頭のアオウミガメを屠殺しなければならないほどの肉や魚が必要になり、その大部分をアオウミガメに頼る（120ページ、図27）。

図35のアルマジロや淡水ガメなどの森の動物であるが、こうした森の動物の肉の流通量は、この村ではかなり少ない。野生の卵つきのイグアナや淡水亀などは、村で珍しい食材になっており、村人らも獲れれば珍しがって観察する。こうした森や水辺の動物などが高値で取引される。

調査に入った村でも、鶏や牛を家畜として飼うようになっている。そのうち、牛がさばかれることはめったになく、牛は財産や投資目的で飼われている。サバンナ帯には草原が広がっていて、飼育には適しており、小牛が大きくなれば、将来有望な乳牛として、中央の牧草地帯へと売られていく。村でも年々、家畜牛の数は増えており、クリスマスや新年、学校卒業式の季節などにさばかれる機会も増えてきている。牛は財産として所有している村人も多く、尻に刻印が付される。鶏は各家庭が所有しており、その時々に各家庭で食されている。鶏卵も同様である（図35）。

問題はここにある。資源管理法などにおいて、ミスキートらは自給自足のためにアオウミガメを漁撈し、消費することを許されているが、数少ない動物に囲まれた彼らの生活は、自給自足からほど遠い。居住地の周りの草原では放牧牛が歩く光景がある。この地をもう狩猟や漁撈だけで食肉を自給できるような土地ではなくなっている。

∷

肉や魚以外の食材、穀類やターマ（芋類）を見ても、村で自給的に生産される食材の種類は少なくなっており、記録されたようなかつての生活をおこなうことは難しい（Nietschman 1973）。

図36は、記録に残るかつての焼畑耕作地の面積（1）と、調査した村のA世帯が所有するガーデン（2－A）と、B世帯の所有する焼畑地（2－B）とを比較したものである。図36の下が調査に入ったアワスターラ村のものであるが、この村では地区ごとに焼畑耕作地の場所が大体決まっている。地区ごとに村はずれにある川の両岸が開墾されていて、ミスキート諸島での仕事に力を入れる村人たちは、焼畑農耕にはさほど力が入らない（50ページ、図10の×印）。

A世帯の夫によれば、かつてこの村でも共同で大きな焼畑地を作り、図36の上のように、遠くの森まで通ったという（三〇キロメートル円の外まで）、そこでキャッサバ芋や、タロ芋、サツマイモなどの食物を栽培する。米も同様である。こうした焼畑耕作はこの村では近年、さほど盛んにはおこなわれなくなっている。皆、他の作業で忙しい。図36の上とは対照的に、現在の村の焼畑地はキャッサバ芋一色である。これは仲の良い主婦たち同士で交換したりする作物であり、大掛かりな共同作業を必要としていない。雨季の前に焼畑地を拡充するときなどに、近所の村人の手を借りる程度である（図36、2－B）。

A世帯など、村の裕福な家庭などは、居住地区内に家庭菜園の畑を所有しており、焼畑耕作地すら持っていない。A世帯は庭（ガーデン）で、自家消費用のバナナやサトウキビ、肉に絞るライムやパパイヤなどを小規模で栽培している。その大きさは一〇×二〇メートル程度で、盗まれないように厳重にブリキ板と有刺鉄線で囲む。露地栽培の小さな畑といった感じである（図36、2－A）。

A世帯の主婦には常に手持ちの現金があり、片手間ではあるが商店経営や家庭菜園もやっているため、時折、そこでとれるキャッサバやバナナを献立に入れている（図34）。庭には他にもマンゴーの木やライム、オレンジやグレープフルーツ、ヤシの木が植わり、木々が結実すれば時々それを採って食べる（図36、2－A）。

B世帯は焼畑地を持っているが、焼畑地の作物にバラエティーはなく、商売人として身を立てているB世帯では、主に村で売るために育てていて、焼畑地は芋一色である（図36、2－B）。

図 36. 焼畑耕作地の比較

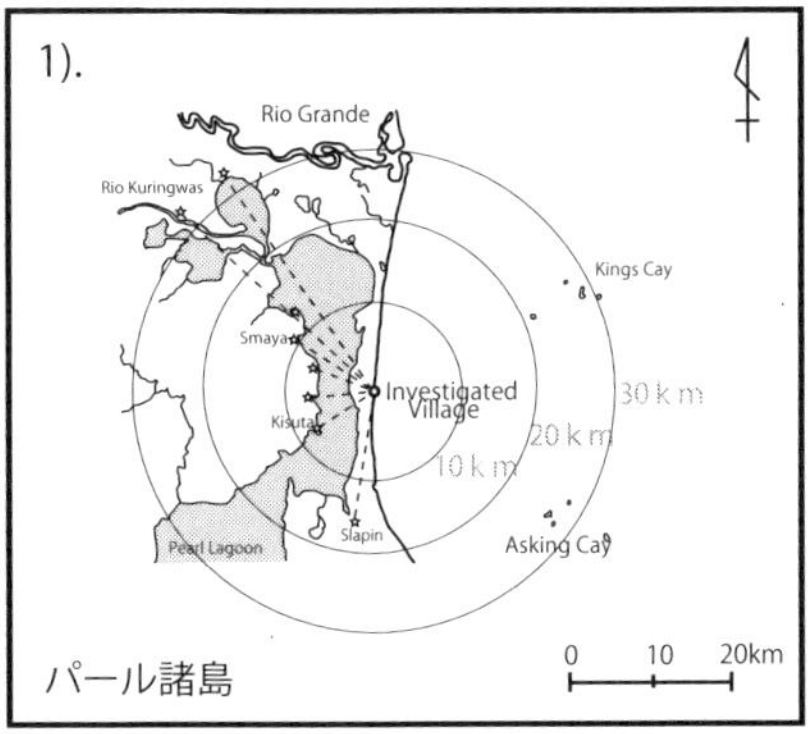

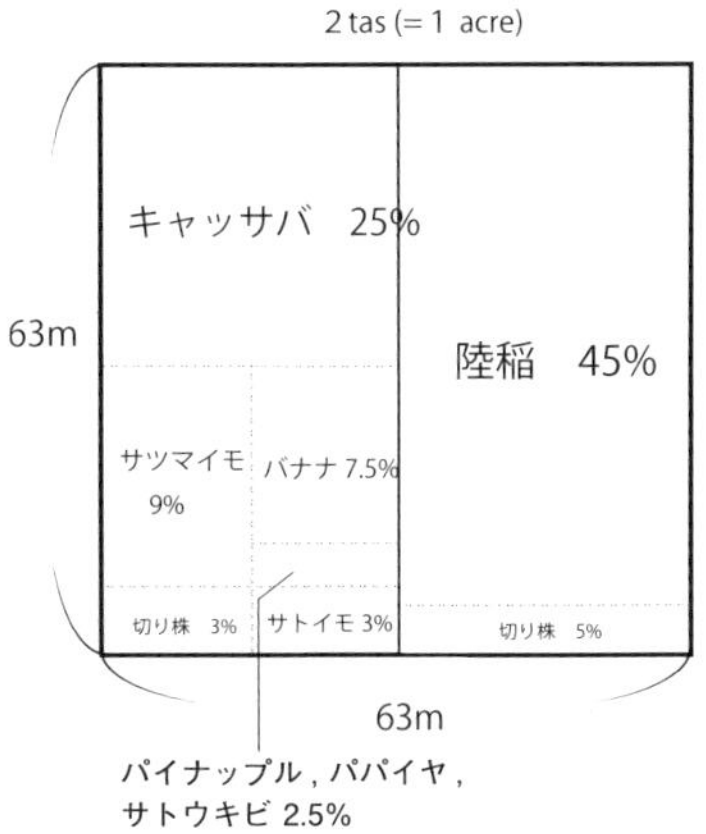

出典：Nietschmann (1973, p144; 147), data collected in 1968

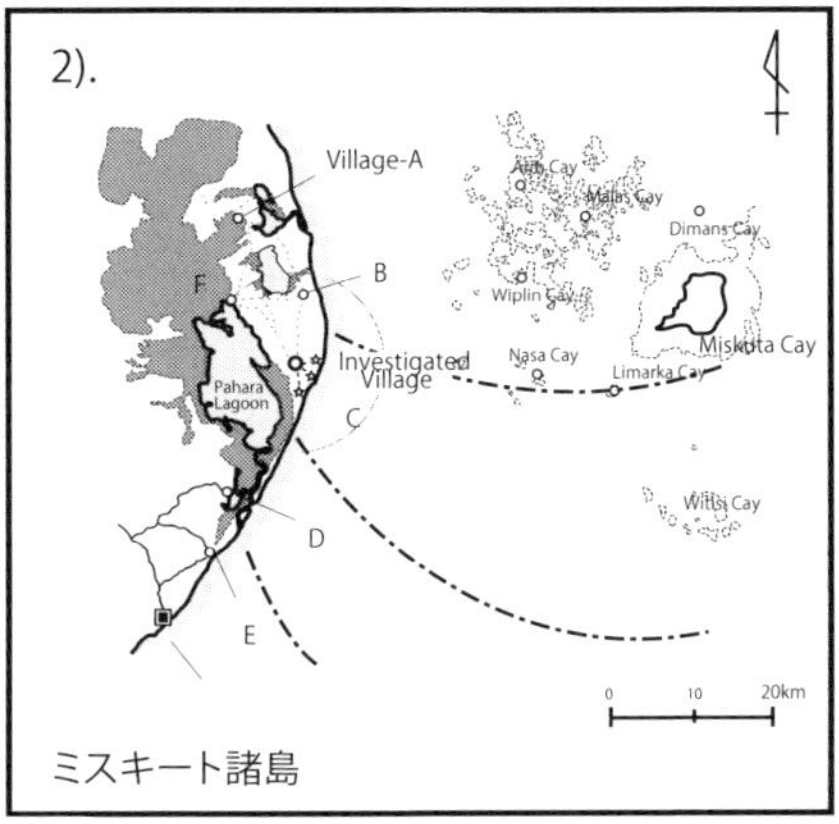

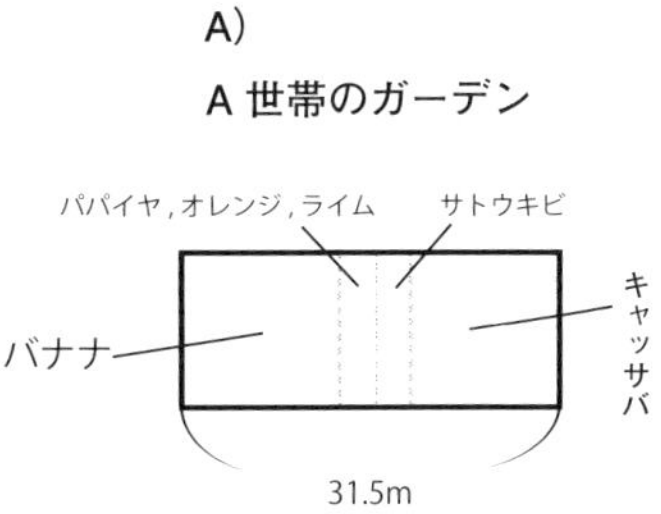

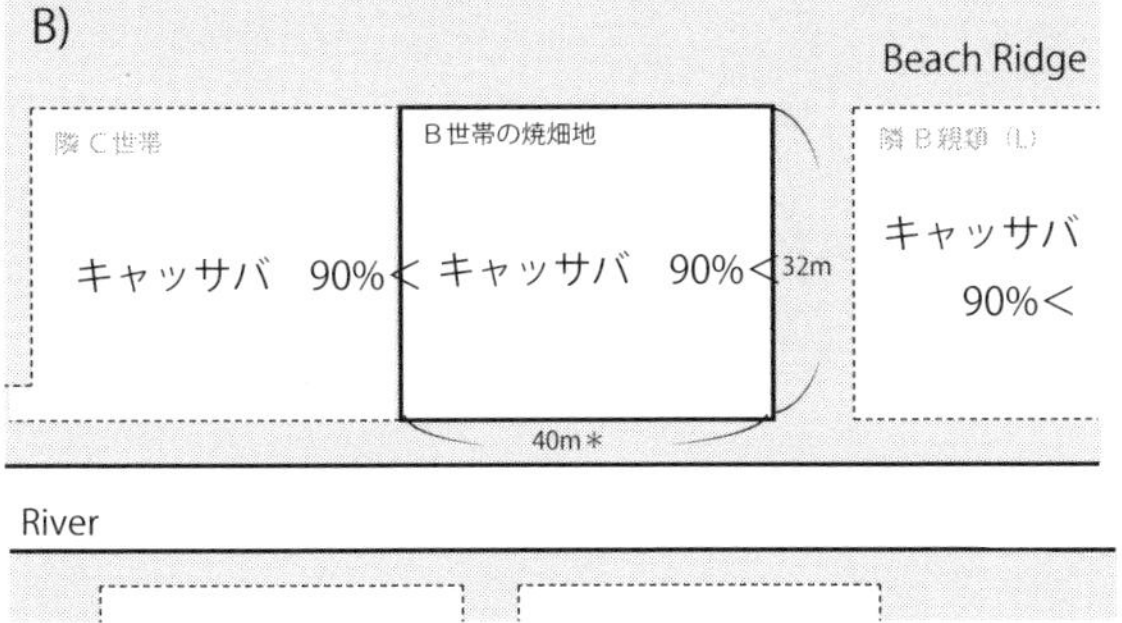

出典：筆者現地調査より , data collected in 2009- 2015

かつての南部のアオウミガメの生産地では、焼畑地は、村から三〇キロメートル以上離れた森にまで及んでいた（Nietschmann 1973）。水害の危険を避けるためにも耕作地は複数箇所に及んでいて、そうした中で、併せて一アール（現地語で2 tasという）の広さの土地が開墾され、そのうち低地には陸稲が、高い土地にはキャッサバやサツマ芋、バナナ類、カボチャ、パイナップル、サトウキビ、パパイヤなどが植えられていた（Nietschmann 1973）。生産地の村人らによれば、この村でも昔は学校を休んで朝早くに村を出発して、農作業をしたというが、今はそういった遠くの農園や焼畑地はほとんどない。漁家経営者でもあるA世帯では、焼畑地すら開墾していない。船大工なども、野良仕事は嫌だという。

四．現代のキッチン

A世帯の妻によれば、朝昼に肉魚類が購入できれば、それを中心にして献立を考えるという。魚があれば、店で買った白米を炊き、余裕があれば豆をゆでたりなどして、それらを混ぜて、豆ご飯を炊く。また、魚が手に入れば、庭のヤシの木から実を取り、その果肉を卸し金で下ろして、水で絞り、それを魚と一緒に煮る。魚にはバナナやパンの実が食い合わせが良い。また、赤身のアオウミガメの肉の場合は、芋と食い合わせが良いとされている。

二〇世紀初頭の報告では、ミスキート村落では、台所（キッチン）という明確な調理空間は示されていない（Conzemius 1932）。二〇世紀中葉になると、キッチンという言葉が記録に登場するようになっている（Nietschmann 1973）。図37は、生産地村落の各A～C家の台所の内観を示した図である。各世帯の経済状況や、家財道具などの財の蓄積、子供世代の家族成員と親世代との互助の有無などが大きく影響しており、台所や調理道具の諸相は大きく異なる。

A世帯は、独立型の高床のキッチン（Kitchen）を持ち、すでにガス調理を取り入れていた。この村で使われる一般的な熱源は薪であるが、Aのような大型のガス調理台や簡易ガス調理器具も徐々に広まってきていた。特にA世帯ではこの他にも小さな簡易のガス台も所有していた。村ではガスは高価で一本あたり五〇〇コルドバもする（コメに換算すると二〇キロ相当で高価）。生産地の村で教師をしているA世帯の妻は、午前中は授業で忙しく、娘の看護師も朝から村の診察所で働くために、昼まで帰ってこない。薪（Pauta）での調理は時間がかかりすぎるため、極力避けている（図37、A）。

B世帯の台所も独立型であり、村では一般的なものでもある。キッチンではスラウブラ（Slaubra）と呼ばれる川底の土を固めて作った調理台を使っている。薪（Pauta）は村はずれの森から切って、担いで持って帰ってきた。食器の洗い場が隣にあり、一人で調理と洗い物を同時にするにはちょうどよい。中の壁に食器棚があり、他にも浜辺で拾ってきた空ペットボトルなどが置いてあって保管庫としても機能している（図37、B）。

J世帯の夫は、鉱山地帯からの移住者で、この家を間借りしているだけで、ベランダに備え付ける型の調理台

図37. 焼畑耕作地の比較

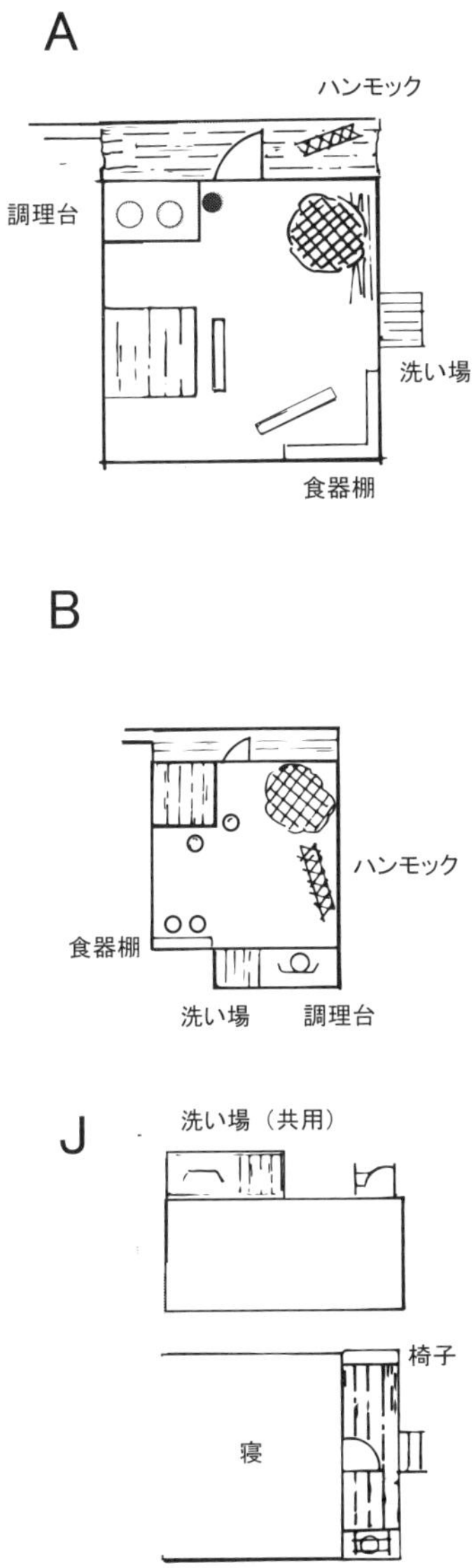

（Kubus）を使っている。Jはここで調理をしたものをベランダの反対側にある椅子で食べる。洗い物などは近くの家のキッチンを借りる（図37、J）。

二〇世紀初頭の記録では、火はクルクルと回してつける火おこしの木でつけ、皿は丸形のヒョウタンを半分に切ったもので、トングは竹製のものを使っていた。また、この頃になるとインディアン村落でも交換によって入手した鉄製のポットが広まってきたと記録が残っているが（Conzemius 1932）、今は、市販のマッチで火をつける。

A世帯のような裕福な者のキッチンでは、鉄製の鍋やプラスチック製の皿が台所の壁一面に並べられている。台所の中には、机や長椅子もある。ベランダにはハンモックが吊るされ、そこで食事を取ることも可能である。かつてのように男性から食事が配られるということは（A世帯ではそうだが）、BやJのような若い夫婦の世帯では必ずしもそうではない。今は村の男たちの中にも、調理場に立つ者がいるほどである。

A世帯の鍋やフライパンはよくできた鉄製のもので、スプーンやフォークは真鍮のものが多く見られる。皿は陶器でできたものが多く、コップはガラス製がよく見られた。B世帯では、安いプラスチック製の皿やコップがよく使われている。その他、小麦を練るためのボールやまな板、ココナッツをすりおろす道具などもある。こねたパンを入れて蒸し焼くための大きなタライなどを所有する世帯もあるが、家によってかなりまちまちでもあり、共同で使ったりもする。それらのいずれもが、港町で入手できるものである。

⁘

調査した各世帯は、基本的に一日三食をとっているが（図34）、過去の記録を見てもこれは比較的、近年になっての傾向のようである。かつて南部の海辺の村落では特に農作業の繁忙期などは、朝食をとる暇などはなかったようであるし（Nietschmann 1973）、二〇世紀初期の、狩猟採集がもっと一般的だった時代には、食べられる時に食べるというのがインディアンたちの一般的な食事スタイルであった(Conzemius 1932)。

調査に入った生産地の村落では、朝食は小麦粉から作るトルティージャ(小麦粉と水をこねて、膨らまし粉を入れて、揚げ焼いたもの)と、小袋に入った粉末を煮立てた水で薄めて作る、砂糖たっぷりのインスタント・コーヒーがお決まりである(図)。いわゆる西欧風の朝食で、これを各家庭が毎朝のように食す(図34)。パンも多い。また、朝食は前日の残り物で済ますことも当然のようにあるが、腐ったり、虫が入ったりで駄目な時も多い。

五. 欧風の味付けや調理法の導入

コーヒーだけではなく、港町では村の小さな売店でも、個包装された鶏肉を扱う店が増えている。村での食事にも油で揚げたフライドチキンの人気は高い(図34、B. Day1-3)。また、熱心なキリスト教信者である村人たちは、感謝祭や生誕祭には、必ず村で放牧している牛を一頭さばいて、玉ねぎやキャッサバ芋、サツマイモを入れた牛のスープ(Bip Sopika)にして食す。

∴

少し実際の様子も記録しておく。A世帯の妻はこのミスキートの村に生まれて、一九七八年、一八歳の時に二歳上の夫(副村長)と結婚した。夫は父がニカラグエンセで、ラテン民族の血を引いていた。結婚した当初、住む家もないほどであったため、夫は結婚後すぐに教職免許を得るために、港町にある学校に通うことにした。妻は夫の実家に一ヵ月すんだが結局上手くいかず、母の持つ土地に戻ることになった。そのため夫婦は、結婚後の二年間は子供

を作らずにいたのだという。

彼女が二〇歳の時に初めて子供（長男）を授かり、その四年後に長女を得た。そこから二年おきに一四年間で計七人の子供を産んだ。

長女が生まれた頃（一九八四年）に、初めて村に持ち家が出来て、彼女自身も村にあった小学校へと通うようになった。三四歳で四男を産むと港町の学校に子供たちが通えるように街に家を建てた。彼女もそこから五年間、教職免許を取るために港町で学校に通った。その後、村で教師となり、五五歳になった今も村の小学校の低学年で教えていた。

A世帯の妻は、午前中は小学校に行き、午後は家で主婦業に勤しむ。現在、七人の子供たちも大きくなり、ドラ息子の長男も三〇歳になった。他の娘や息子たちも独立していて、さほど手はかからなくなっていた。近所に住む娘たちが家事の手伝いにこないことに腹を立て、時折、愚痴をこぼしたりもした。

A世帯の妻の主婦としての朝一の仕事は、肉魚類の入手から始まる。物々交換は、かつて記録されたほどの規模ではなくなっているが、村の女性たちの中では未だ食材入手の重要な手段であるので、物々交換で安く肉魚類を入手することも家計をやりくりするための工夫の一つであった。

A世帯の妻は、隣に住むB世帯の主婦の叔母にあたった。二人は幼少期を一緒に過ごしてきた家族である（124ページ、図28）。他にも近所に住む主婦Cは、母方の姪にあたる子供一〇人の大家族の母で、共に仲が良く、教会の所属は異なるが（村に五つもある）、何かあれば、お互いに助け合って暮らしていた。毎日のように朝になると、それぞれの家へと行き、それぞれの家庭で必要となる食材などを交換すればよかった。

A世帯の妻の主婦としての仕事の一つに庭の畑仕事があった。彼女の畑にはキャッサバ、食用バナナ類、甘味バナナ、ココナッツの若芽、ライム、パパイヤ、オレンジ、ナンシーテ、サトウキビが植えてある。時折、この畑から果実を採集しては献立に入れていく。彼女の趣味は、このギャーデンと呼ばれる庭（Gyaden）をいじることであった。彼女はこの畑をとても大事にしていた。その後ろ半分にキャッサバ芋やバナナを植え、その前半部には夫が好きなパパイアも一応、植えている。献立に多いアオウミガメ肉に絞るためのライムの木も植えていた。サトウキビは甘いものが好きな孫のために植えてもいた。彼女の畑は焼畑地のように大きなものではないが、種類が豊富であった（図36、A）。

A世帯の妻は、畑にココナッツの若芽を植えているが、これは最近結婚して家を建てた二人の娘の庭づくりのためにわざわざ栽培しているものであった。このミスキート村落では、裕福な家の周りには、ココナッツが沢山植わっていて、日々の魚料理もその果肉のしぼり汁（Kuku Laya）があれば、最高のご馳走になるから、彼女たちが新居の周りに植えるために、今から栽培しておくのだと言っていた。

A世帯の妻によれば、現在、家族成員のために調理をするにあたっては、高血糖や塩分や脂分への配慮も欠かせなくなっていると話す。例えば、図34（A. Day1-3）のアオウミガメの赤身、肝臓、肺は水煮で食しているのだが（図には未記載、調理法の詳細は付録5）、これは高血圧を患っている夫のために、肉を水でよく洗い、鉄鍋の中に水と少量の塩だけを入れて煮て十分にその油を落としてからあっさりさせて食べるという方法である。

こういったアオウミガメの肉の脂を落とす作業は他にもあって、例えば、腸についている黄色い固形の脂肪分を落とす下処理作業などもある。腸につく玉のような黄色の脂肪分の塊は、村人が好む柔らかい緑の脂肪の塊とは対照的に、村人たちが嫌う部位でもある。緑の脂肪はアオウミガメの名の由来にもなるほどで、珍重される。薬草を入れて臭みを消すこともある。村人の中には肩ビレ（むね肉）や足ビレ（もも肉）についている薄い臭いの元となるキヤスミカと呼ばれる薄い膜（Kiyasmika）を嫌う者は多く、匂いにも村人たちは非常に敏感である。

A世帯の妻によれば、一般的に若い娘たちほどカメ肉により強い味つけをするという。村の商店では三種類の小袋に入った調味料（それぞれ黄色いマスタード、赤いチリ、茶色いバーベキューソース）が売っているが、主婦Aの家の家事手伝いをしていた一〇代の娘などは、この三つのソースを一緒に肉にもみ込んで下味を強くつけてから焼くことを好む。A世帯の妻は、こうした食べ方をあまり好まず、邪道だという。彼女はアオウミガメの肉など、塩を少し効かせて、揚げ焼きにすれば十分だと述べる。

A世帯の妻によれば、こうした新しいアオウミガメの調理方法は他にもある。A世帯の妻も時折、アオウミガメ肉を細かくミンチ状態にして、ハンバーグを作ることがある。小麦粉と少量の玉ねぎを入れて作ればよい。現在、村でも玉ねぎが商店で買えるようになっていて、主婦たちの中には、こうした新しい野菜を取り入れようという動きもある。焼けたハンバーグに港町で買えるトマトケチャップをかければ、子供たちは喜んで食べる。

A世帯の妻によれば、他にも家族成員がカメ肉の特定の臓物（肝臓など）を望めばそれを配膳したりもする。A家では時折、夫が自らカメの血を調理する。夫によれば、血、性器のある尻尾、心臓は滋養強壮に良い。また、カメの頭部を食べると賢くなると言われており、村で栄養抜群とされている肝臓は、そればかりを食べると物忘れが激しくなるとも言われている。

血は重要で、村の老人などは好んで食する。血は基本的には無償で譲渡するものだが、時折、値がつく。夫によれば、血は煮込むと黒い固形物になり、それに塩を適量かけて食べるとよい。村でも、独居の貧しい老夫婦など肉を買う余裕もない者などには、解体した後の甲羅を譲り、老夫婦はその甲羅の下にたき火を焚いて、甲羅の内側についている肉を焼いてそぎ落として食べる方法があるが、村での料理名はそのまま「亀の甲羅（Lih Taya、リヒ・ターヤ）」と呼ばれている。

観察しているとA世帯の妻も時折、家事を休みたくなるようで、そういったときは他の村人が作る揚げ鶏肉とバナナ、酢漬けしたキャベツを買って、「ファーストフード」で済ますこともある。

A世帯の妻の調理上の工夫は、なにも村落の日常的な食卓だけではなかった。敬虔なキリスト教信者である彼女は時折、村恒例のキリスト教会の行事食を作りにいくが、その時には、所属する教会仲間のために、芋のケーキやキャッサバ芋で作った飲料（Wabul）を振る舞う。大掛かりな集会（カンファレンスといって、夜通し大音量で讃美歌を歌うのだが）の時には、牛肉とキャッサバ芋、サツマイモを入れた牛のスープ（Bip Sopika）も大量に作らなければならない。

A世帯の妻によれば、港町の家（娘や子供の学校がある）に滞在する時などは、肉魚やキャッサバ芋、バナナの値段が高いから、それらを考えて献立もしなければならないと言う。港町でもアオウミガメの肉は比較的安価だが、村のように朝起きれば誰かがさばいているわけでなく、台車で売り歩く街の業者から買うので、個別包装された鶏（四五コルドバ）や市場の肉や魚の値段と比較して、出来る限り出費を抑えて、配膳してやらないと、すぐに家計が苦しくなると述べていた（港町のアオウミガメは鶏肉より若干安価で、三五コルドバ）。

A世帯での配膳は妻が決めた。二〇世紀初頭のコンゼミウスの記録にもあったように、家の主人で、夫の皿から供する（Conzemius 1932, p.88）。成人の男性の昼食なら、一合程度の白米にキャッサバ一本、さいころステーキ大のカメ肉四～五切れを配膳する。小さい子供たちはその半分程度である。

A世帯の妻はアオウミガメの肉よりも、魚貝類のほうを好み、村の漁師が魚を持ち帰らず、カメ肉が続くときなどは残念がって、淡水魚のココナッツ煮込みを恋しがる。ガーランドとレイモンドは、現代の若いミスキート・インディアンの世代は鶏のほうを好むようになっているという指摘しているが（Gartland and Raymond 2010）、生産地の若者たちの間では、ウミガメ肉も未だ根強い人気がある。

六．家畜動物の肉

調査に入った生産地の村では、食肉に対する厳しい戒律を持つサバド教会の熱心な信者を除いて、他の教会では、アオウミガメを食することを禁じていない。

この村人の神父によれば、現在、アオウミガメ食に対しては聖典による教義の中にその可否の解釈を求めているという。村のある神父が言うには、草食のアオウミガメはきれいな肉（Clen）で、時折、海で獲れる肉食性のタイマイ（Axbil）やアカウミガメ（Ragre）は汚い肉とみなしているという。これら汚い肉は、村のほとんどの女性が食べず、特に妊娠している女性は避ける傾向にあると述べる。タイマイは時折網にかかり、かかれば漁師たちは村に持ち帰るが、村の女性や若い娘たちは、その肉を「汚い肉」（Taski）と呼び、耳にするのも嫌う。こういった理由により、村ではタイマイがかかった時には、基本的に無償で配られる類の肉魚類になる。食料がなく、仕方なく食するといった場合にのみ、大量のライムを用意し、それを絞って肉を洗い、その臭みを消してから食べるなど、大変に気を使って食す。

レヴィ＝ストロースは、食禁忌と出産の関連性について興味深い記録を残している。氏によれば、「消化の過程で身体器官は食物を加工した形で排泄するまで、一時的に内部に保持する。したがって消化は、生の状態から腐敗による解体にいたる自然の過程を中断するという料理の機能にも比較できる媒介機能を持っている。」（レヴィ＝ストロース 2007.『食卓作法の起源』p.549）という。氏によれば、かつて、ベネズエラのサネマ族では、地下に住むと言われる小人たちが、内臓と肛門を持たないため飢えに苦しみ、生肉と生娘のみを食べるという神話が残っていた。人間のように内臓と肛門がセットとしてあるから、調理された肉（より原始的な生肉でなく、調理した茹でた肉、焼いた肉、腐った肉）を食することも可能であるし、結婚（≒出産し、子供を穴から出す、生娘の反対）することも可能であるという考え方の表現である。そのように食肉行為と出産がシンクロする一連の過程（上の口から入れて、下の口でだす）が様々な神話で、例えば、妊婦に揚げ物や焼いた料理（煮た肉より原始的な料理）を出すことを禁止すること、出産時のあくびの禁止（上の口から異物を入れること）などが消化器官を欠いた神話とセットになって、諸々の社会で散見されているという（レヴィ＝ストロース 2007）。

この村人の神父によれば、現在、食肉としてのアオウミガメの是非は、旧約聖書のレビ記の一一節を特に参照にしているという。レビ記の第一一節では、獣のうちでも、すべてひずめの分かれたもの（すなわち、ひずめの全く切れたもの）で、反芻するものを食べることができるとする。つまり、ミスキート社会においてアオウミガメは、反芻動物（または家畜動物）の延長線上にあるものである可能性がある。反芻《はんすう》というのはウシやヤギ、ヒツジ、バイソン、ラクダ、ラマなどの動物に見られる行動で、食物となる植物を口で咀嚼して、反芻胃と呼ばれる第一胃、第二胃の微生物によって消化される器官に送って部分的に消化した後、再び口に戻して咀嚼するという過程を繰り返すことで食物を消化するという草食動物独特のやり方である。

野うさぎや豚などもこれによって禁止されている。アオウミガメ（Lih）について議論するときは、そこに書かれているように「すべて地に這うものは忌むべきものである」という文言に引っかかる。厳格なサバド教会の熱心な信者などはこれを理由にその肉を食べないが、アドベンティスタ教会や伝統的なモラビア教会に所属する神父らは、アオウミガメは反芻する草食性の動物なので、雑食性のタイマイ（Axbil）やアカウミガメ（Ragre）ほどは不浄な肉ではなく、きれいな肉（Clen）として見る。

∴

伝統的な暦の読み方（本書、83ページ）について述べたが、その中にもミスキート社会にアオウミガメ漁獲作業やその季節が定着していく足跡のようなものを見ることができる。

筆者が現地で聞き取ったものは（現地の教科書にも載るような有名なものだが）、これまで収集されたものと類似したものであったが（Conzemius 1932; Nietschmann 1973）、この伝統的な暦について、現地でインディアンの歴史について研究しているミスキートのコックスは疑問を呈する。コックスによれば、西欧社会との接触後、ミスキート・インディアンらは新興の民族集団として形を成していった。その中で一二ヵ月の暦をとりいれて、彼らなりに動物や天候の変化を付して、季節の表現をしている。そのことには同意できる。しかし、そのうち四月の「雄のアオウミガメの月」と、五月の「雌のアオウミガメの月」に関しては、少し疑義が残るという（Cox 談）。

この伝統的な暦の中で表現されているのは主に、天気と狩猟対照の動物の卵の季節である（図38）。中南米低地のインディアン社会（特に農耕をおこなっている社会）では、こうした雨季と乾季の境目というのが非常に重要で、その雨の降り始めの季節の見極めが、焼畑農耕をおこなうためには大変重要だということが、度々指摘されてきた（例えばトゥクナ族の「アサレの物語」（Nimendajú 1952）では、一度離れたオリオン座のアサレと、プレヤデスの兄たちが再び一緒に姿を現すころが乾季の始まりにあたる）。

コックスによれば、ミスキートは元々、川近くで生活をしていた人々であるから、それまでの一二～三月までが、狩猟漁撈の対象動物が卵を産む時期（一二月は魚、一、二月は淡水ガメ）であるならば、四月と五月の季節の変わり目は、当然、農耕のために有益な雨の情報が入るはずだと述べる。

コックスによれば、おそらく現在使用されている四月の「雄のアオウミガメの月」や五月の「雌のアオウミガメの月」というのは、元々は、男の水（Li Waitna）と呼ばれるような月で（それは短く激しい雨が降る月であり）、また、五月は女の水（Li Mirin）（それは長くしとしとと降る雨の月）と表現されるものであった。このミスキート語で水（Li、リー）という発音が、アオウミガメ（Lih、リヒ）の発音と近く、入れ替わった変形であると考えているそ

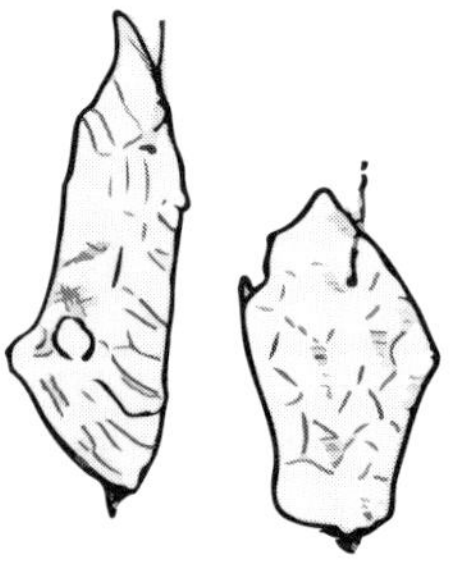

うである。その次の六月は雨の月という名で、その次の次も大きな風の月（ハリケーンの季節）と呼ばれているのだから、確かにその可能性は捨てきれなくもない。[*5]そうなると「雄のアオウミガメの月」が先に来て、「雌のアオウミガメの月」が後に来るという点が気になる（図38）。

隣国のコスタリカでの研究によれば、モスキート・コーストから南下してくるアオウミガメの個体の多くは、六〜七月頃にトルトゥゲーロと呼ばれる国立公園へと産卵に来る（Carr et al 1978）。アオウミガメは大きな群れで動き、特にトルトゥゲーロ国立公園には七月頃に南下してくるのだそうである。

生産地の老漁師らによると、（今は見られないが）かつてこのモスキート・コーストの砂浜（大集落の近く、図10）にも、アオウミガメが産卵しに来ていたという。そうした時に卵や砂浜にあがってきた個体の捕獲は、容易であったという。しかし、それを取り過ぎたために、もうそうした近くの砂浜には産卵しに来ない。

現地のモスキート・コーストで育った民族誌家のベルが、一九世紀に海岸部でのミスキートらの漁獲の様子を記録に残しているが、その産卵の季節になると、ミスキートらも大量に海や島へと繰り出して、それらを漁獲し、砂浜では、その肉を干し肉にしている様子がモスキート・コーストでは広く確認できたのだという（Bell 1879）。産卵月の前の月々に、こうしたアオウミガメの名称が挿入されているのは、その回遊や産卵の時期を、生業の暦の中で位置づけようとしているためで、老漁師が言うように雄は偵察役であり、その後から雌が群れで動き、産卵のために単独で上陸しなければならないのだとしたら、その雄雌の表現の順序に

図38. 暦の表現

※：4月と5月の表現についてはCox私信

は納得がいく。そういう仮説も成り立つだろう。

歴史的にもアオウミガメは、ミスキート社会にとって重要な交易の商品であるため、海辺の村落社会でも、その回遊の時期を暦で特定する必要があり、村落周辺での焼畑地の火入れの時期に気に留めておくための「水の月」という表現よりも、最もアオウミガメを簡単に捕まえることができる産卵の季節でもある「アオウミガメの月」という表現を優先したとしてもさほどおかしくはないが、それが他の狩猟動物と異なり、二ヵ月をかけて表現するという点にその重要性がうかがえるのである（図38）。

∴

少しまとめる。私は稀少動物となったアオウミガメを年間数千頭も殺して、食するなど常軌を逸した行動だと思っていたが、それはどうやら間違いである。

一六世紀の西欧との接触以降、ミスキート・インディアンはその形を成すようにして勢力を拡大していったが、その実際の生活は、質素で自給自足的なものであったという。かつてのミスキート・インディアン村落では槍（Javelin, ミスキート語ではWaisu）を使った鯉に似た魚であるスヌーク、ターポンの漁撈や河川沿いで魚を痺れさせる毒を使った漁撈が主流であったという（コンゼミウスによれば、「漁師は、川のそばでずっと座ったまま低い口笛を吹いている。口笛は矢を当てるためのものである」Conzemius 1932）といった様子でもあった。こういった状態の中で、ベルが指摘するように、西欧社会で人気を博したアオウミガメの採捕や漁獲は、保護領に置かれた狩猟採集や農耕が生活の中心であったミスキート村落において、その交易品を入手するための重要な生業の一つとなっていった（Bell 1879）。

二〇世紀初頭は、ミスキート諸島へのケイマン諸島民による南進の只中にあり、ニーチマンが調査した半自給自足的な村にも漁網は伝播していった。モスキート・コーストの南部にあるパール諸島と呼ばれる漁場には、生粋の職能の漁撈集団たちの村があり、南部の港町からもこの村へと買いつけに来るほどであった（Nietschmann 1973）。このようにして徐々に、現代のミスキート村落でのアオウミガメ（Lih）の位置づけが決定していく。その過程で、新興のミスキート・インディアンと近隣のクナ族や、ボカス・デル・トロ半島の住人とで動物性たんぱく質摂取量の差が大きく開いた[*6]。

現代のワシントン条約下での閉鎖的な流通では、このアオウミガメの消費量に地域的な偏在が見られている（図34）。高い消費頻度があるのは生産地の村であり、また、港町でも比較的多く流通するのは、港町の郊外の地区にあたる（図22、図39）。こうしたミスキート諸島近海での偏在は、物流や電線の敷設状況、現地の人々の生活や経済の状況と重なる所がある。アオウミガメは、その保存期間の長さと価格により、郊外の庶民層や電気のない地域で、牛鶏豚由来の食肉の経済空間を埋めるように流通する（図39）。海辺の村落では電気が通っていない所で高い流通量があり、港町では中心部より郊外の貧民街での流通が目立つ。値段が家畜肉よりも二割程度安い。女性たちのトラストで広く配られ、港町の中でも郊外や、庶民層が暮らす郊外の生活居住区域で牛鶏豚と並んで流通する（図39）。

かつて海辺の村落で消費されていた豊富な肉魚類も画一化する傾向にあり、砂浜の魚（Ahya Inskika）、沖の魚（Kabo Inskika）、森の動物（Un ta Dayuraka nani）、沼地の魚（Sahsa Inskika）だけでは、現代の海辺の村落の人々の生活を支えることは難しい。食卓にバクや猿、鹿、ペッカリーなどの記録に残っているような狩猟動物の肉はめったに出てこない（図34）。生産地の村では森へと狩猟に行く者もほとんどいなくなっている[*7]。

近年の近代化したキッチンでは金属製のスプーンやフォーク、鉄鍋やフライパンでの調理が一般的になっていて、ガス台を使って、サラダ油で揚げ焼きしたり、水や塩味で煮込んだりする。ガラス製品やプラスチック製品、また個別包装された鶏肉などの食材や、村の外の世界で大量に生産された米や小麦と一緒に消費する。商品化された特定のアオウミガメの部位があり、味付けには西欧化が進む。トマトケチャップやバーベキューソース、マスタードを揉みこんで味付けしたものや、ミンチ肉をハンバーグのようにして食べることも散見された。調理法としては牛肉や鶏肉と何ら変わりはない。アオウミガメという獣肉食に対する思考的なアジャストメントに対しても、長く受容しているキリスト教の聖典から答えを導き出している。

つまり、ミスキート諸島近海において、アオウミガメ（Lih）は牛鶏豚と似たような方法で調理されるような家畜動物由来の肉魚類

図 39. 港町での流通先

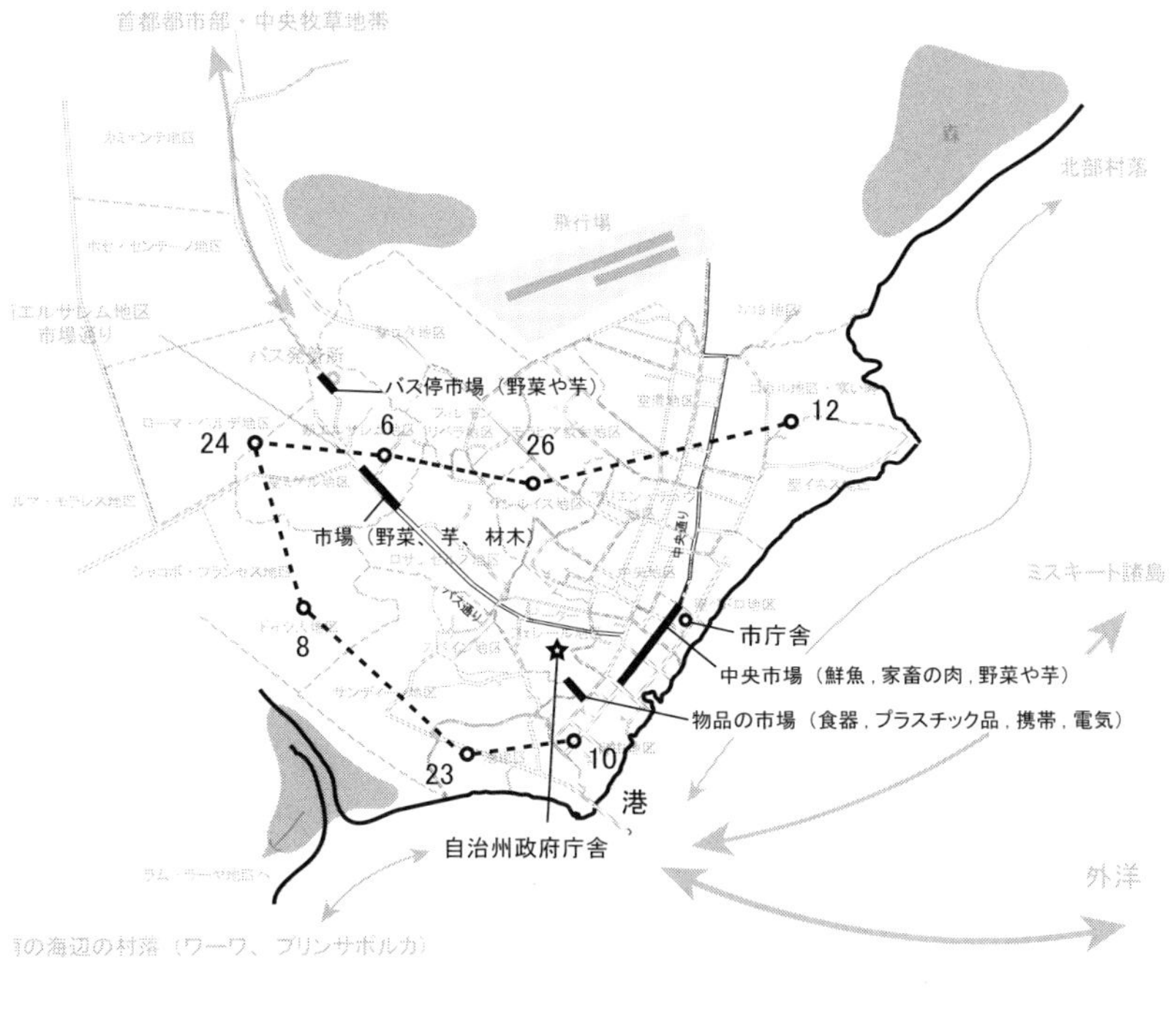

の一つとして対置される食材として、社会的にその食肉が価値づけされているのである。イギリス人たちがかつて、ウミガメの不足分を子牛の頭や手足で代用したように、ミスキート・インディアンたちは、この地で比較的豊富な草食性の牛をはじめとした家畜動物の不足を、ウミガメで埋め合わせているだけなのである。

図40には、狩猟動物として、ミスキート社会に位置づけられたアオウミガメが金銭価値的にも家畜動物と対置されることを示した。

現代のミスキート諸島近海の社会において、このアオウミガメという動物は、図のように野生動物から、家畜動物と価値づけられる食肉として変化している。

近年の報告で、若者たちは「カメ肉」より「鶏肉」などの新しい家畜の肉を好む傾向にあるという点に引っかかっていた。ミスキート・コーストのようにインフラ整備が遅れる経済的な辺境にいる人々にとって、アオウミガメが家畜動物に等しい食材の価値を持つ物であるとするならば、そのような表現であっても道理が通るのではないだろうか。

＊1　ベフレンによれば、南米のシピボ族での狩猟肉や漁撈での魚の分類は、まず、陸上のものと水中のものとに分かれ、陸上の動物は羽のあるもの（peya）、木の上にいるもの（bodtikiya）、そして土の上にいるもの（namaiwëya）に分かれる（Behren 1952）。

＊2　こうした世界中でおこっている食卓の変化について、石毛は「世界の食の変遷を振り返ると二〇世紀後半は、自給自足経済から離れた人々が都市的生活様式による家庭での食生活の運営を普遍的にしつつある時代であった」と述べている（石毛 2005）。

図 40. 社会的なアオウミガメ肉の意義の変化

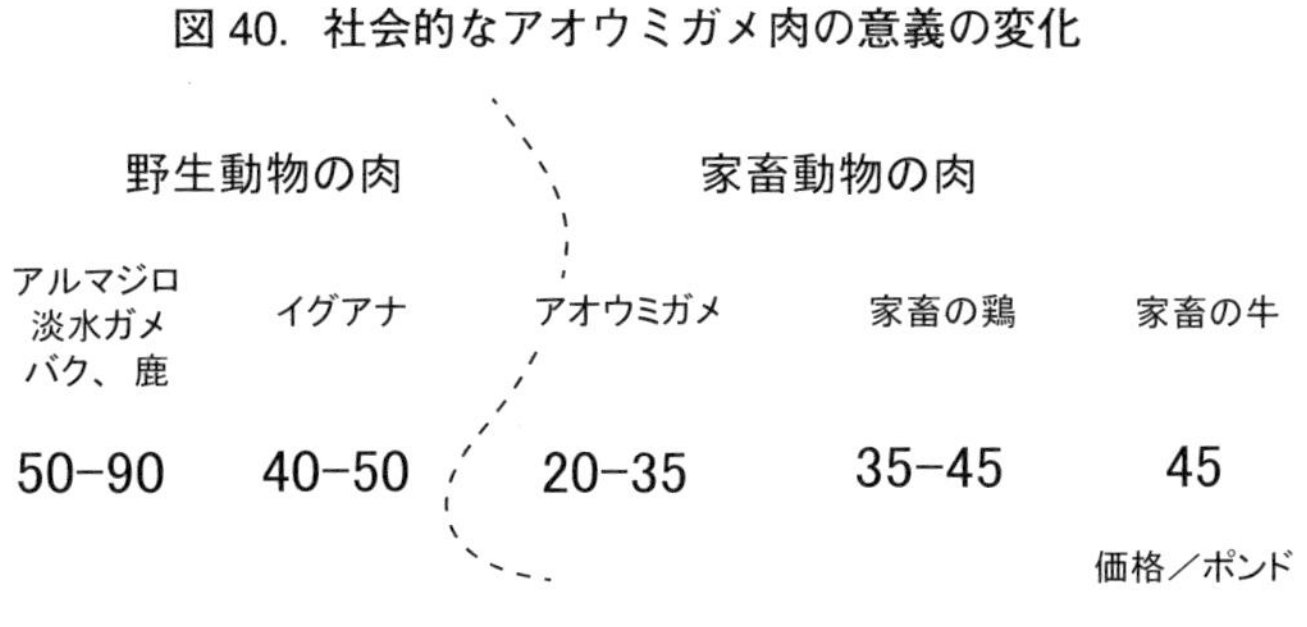

類似する中南米低地インディアンたちの食文化と比べてみても、ミスキート・インディアンのアオウミガメに対する高い依存度は特異である。山本によれば、中南米では、その主食となる穀類や芋類で、その地理を分類すると理解しやすい。主食は大きく三つに分かれ、それぞれ中米のトウモロコシ食、アンデス山脈におけるジャガイモ食、南米カリブの熱帯低地域がキャッサバ芋食となる（山本 2006）。ミスキートが生活する東ニカラグアの低地はこのうちキャッサバ芋食の地域にあたり、ニカラグア低地を広く踏査したコンゼミウスは特に海岸部でのキャッサバ食の優勢さに触れている。

＊3　台所や調理道具の調査に関して、生産地の村の中心地区にある副長の九人家族の世帯を拠点にした（A）。その妻の姪で、村の青空市で商いする子供二人の家族世帯（同、B）、近年、西の鉱山の町から流れてきた若い見習い漁師で、副村長の家の隣に住む夫婦世帯（同、C）に対して食事調査を実施した（図の拡大図のA、B、C）。それぞれの情報提供者A～Cの家計は独立していた。親族であるAとBには緩やかな協業が見られた。それぞれ家計は基本、別々に営んでいた。簡単に各A～Cの家庭の村での生活状況を説明する。Aはこのインディアン村落の副首長の家で、成人した子供七人を抱える大家族であった。夫婦共に村にある小学校の教師をしており、村では月ごとに決まった定期的な収入がある珍しい世帯であった。村一番の裕福な世帯でもあり、村に四〇艘ほどあるカメ漁の漁船の一艘の所有者であった。子供たちの中には村の看護師をする娘もいて、毎月、多額の収入も見込めた（A）。世帯BはA家の妻の姪の家であった。このインディアンの村落では妻方居住婚が一種理想とされていて、女性親族が近接して暮らすことが多いが、このAとBの世帯もそういった例に漏れなかった。家族Bの夫は昔、潜水漁師をしていたが、今はやめて、村の青空市での妻の商売を手伝っていた。カメが手に入れば、それを解体して肉を商いした。また、港町から芋類やバナナ類を運んではそれを売って稼ぎを得ていた。二人の子供はまだ小さく、今は港町の副首長の家から中学校に通っていた（B）。

＊4　村人の中には定期的に木造船にのって港町までいき、そこで安い米や小麦や芋、バナナ類、豆類を麻袋で仕入れ、村で商いする者も多い。村の中央地区には三軒の商店があってそこでは穀物が購入できる。キャッサバ芋も青空市の商品となっている。A～C家の一週間の献立において大きな差が見られるのは、豆とキャッサバ芋やバナナ類の消費頻度であった。それぞれ豆の消費があったのは、調査した週で、AとBが八回ずつで、Cが一回のみであった。また、キャッサバ芋やバナナ類（Tama）の消費があったのは、Aが四回でBとCがそれぞれ一回ずつで、各家庭の経済状況によって差がつい

ていた。アオウミガメの肉にはしっかりとした食感があり、その味は牛肉に近い。イギリスで代替物に小牛が使われていたというのもうなずける。村人の多くは、このしっかりと食感のあるアオウミガメの肉とは、キャッサバ芋が最もよい組み合わせだと考えている。ちょうど牛肉にフレンチフライを合わせるのと同じである。村では淡水魚のココナッツ煮込みには、バナナやパンの実を合わせる方が旨いとされている。この料理をルクルク（LukLuk）という。

＊5　モスキート・コーストの南にあるスム・インディアン系統のウルワの村落で調査をおこなっている池口によれば、四月と五月は、それぞれ「雄のアオウミガメの月」と「雌のアオウミガメの月」と表現する。他にもサトウキビの月やアボガドの月もあるという。

＊6　最近の研究で、パナマのクナ族のバナナやトウモロコシ中心の食は、加齢とともに起きる高血圧が少ないことで特に注目されたが、近年では都市部へ移住したクナ族にこれら成人病が散見されるようにもなっている。

＊7　過去の食事と現代の村の食事の消費量と摂取栄養価について、簡易に比較したところ、一九六八年は成人男性のデータを用い、現代の村の食事に関しては世帯Aの長男の一日の消費量とその栄養価の計算値を採用している。調査した村での結果は、かつてのように自給的な作物の芋やバナナ類へと依存する頻度は高くない傾向であった。カメ肉への依存の高さは同様だが、自給自足的に村落で交換されているわけではなく、現代の穀物や根菜類と同様に購入して摂取している点では大きく異なっている。村の食生活や台所、調理道具には目に見えるような差も出始めている。献立にも差はあるが、安定的に供給されるようになったウミガメの肉は比較的安価でこうした村の経済格差の中でも比較的入手し易いものであった。

第六章　討論

一．問題に対する本研究の位置づけ

以上が現地調査結果である。では、ここより本研究書が取り組む課題に対して、本研究結果が有する意義を論じる。本書の前半で、本書の目的がミスキート・インディアンたちの生活を記録に残し、希少な動物資源が問題視される時代における人類とウミガメについて考えていくことにあるとした（本書、9ページ）。ここではその目的にそってさらに議論を進めていくこととする。

∷

これまでの研究で、モスキート・コーストの数千頭とも言われるアオウミガメの消費の主体であるミスキート・インディアンという民族集団が、親英米圏で形を成してきたことを示した。現代の漁獲作業も、そうした中で発展し、国際的な資源保護条約のもと、英領ケイマン諸島の技術を模倣改良して、その生産が形づくられている。ミスキート社会だけを単独で扱うことは難しい。

まずここでは、現在のミスキート・インディンのアオウミガメの漁獲作業を、この地で長らく勢力を維持してきた諸民族集団によるアオウミガメをめぐる攻防や開発の中に位置づけることから始めることとする。

∷

ニカラグア大陸棚及び、ミスキート諸島近海のアオウミガメをめぐって、これまで強い影響力を持っていたのは植民地の宗主国イギリスであった。大航海時代に、スペイン人らが征服していった現メキシコや、コロンビア・ペルーといった植民地の空隙を狙うように、この地への勢力を強め、その影響力に保護されたモスキート・コーストの民族集団らによって漁獲がおこなわれた。そして、アオウミガメはヨーロッパや北米へと運ばれていった。このカリブ海の西方の地では、第二次世界大戦後に独立したジャマイカ（元英領ジャマイカ）や英領ケイマン諸島、ベリーズ（元英領ホンジュラス）、ホンジュラスやニカラグアのカリブ海沖のモスキート・コースト（新興のミスキート・インディアン）などの政治主体によって親英圏が形成されて、それは二〇世紀中期まで影響を持ち続けた。

現在のミスキート・インディンのアオウミガメの漁獲作業は、これと並行するようにして起こってきたニカラグア南方でのアメリカ合衆国の勢力拡大とも無関係ではない（河合 1980; 越智 1990）。一九世紀中期のメキシコからのカリフォルニアの奪取や、パナマ運河の開通、コスタリカやニカラグアでのユナイテッド・フルーツ社によるバナナ農園の開発の波は、ニカラグア東海岸でも広く確認できる。これらを進めてきたアメリカの政治的影響力の増加は、北米で人気のロブスターや巻貝を輸出する現在のモスキート・コーストにも大きな影響を与えている。軍事的に中立とされているコスタリカであってもその外交は親米色が強く見られる。ミスキート・インディアンによるアオウミガメの漁獲作業も、このコスタリカでの資源管理調査をもとにして保護管理、利用されているのである。

コスタリカは自然保護の国としても知られているが、アオウミガメの回遊や産卵保護で、中心的な役割を果たすのが、モスキート・コーストのすぐ南にあるトルトゥゲーロ国立公園である。

トルトゥゲーロというのは、スペイン語でカメを表す言葉であるが、この国立公園は、現在、この海域の有数のウミガメの産卵地になっており、ニカラグア大陸棚で繁殖するアオウミガメの多くがそこへ回遊し、産卵することがわかってきている。一九五〇年代に活躍した米国の動

図41. 西カリブ海におけるアオウミガメの回遊路と標識付した個体についての研究

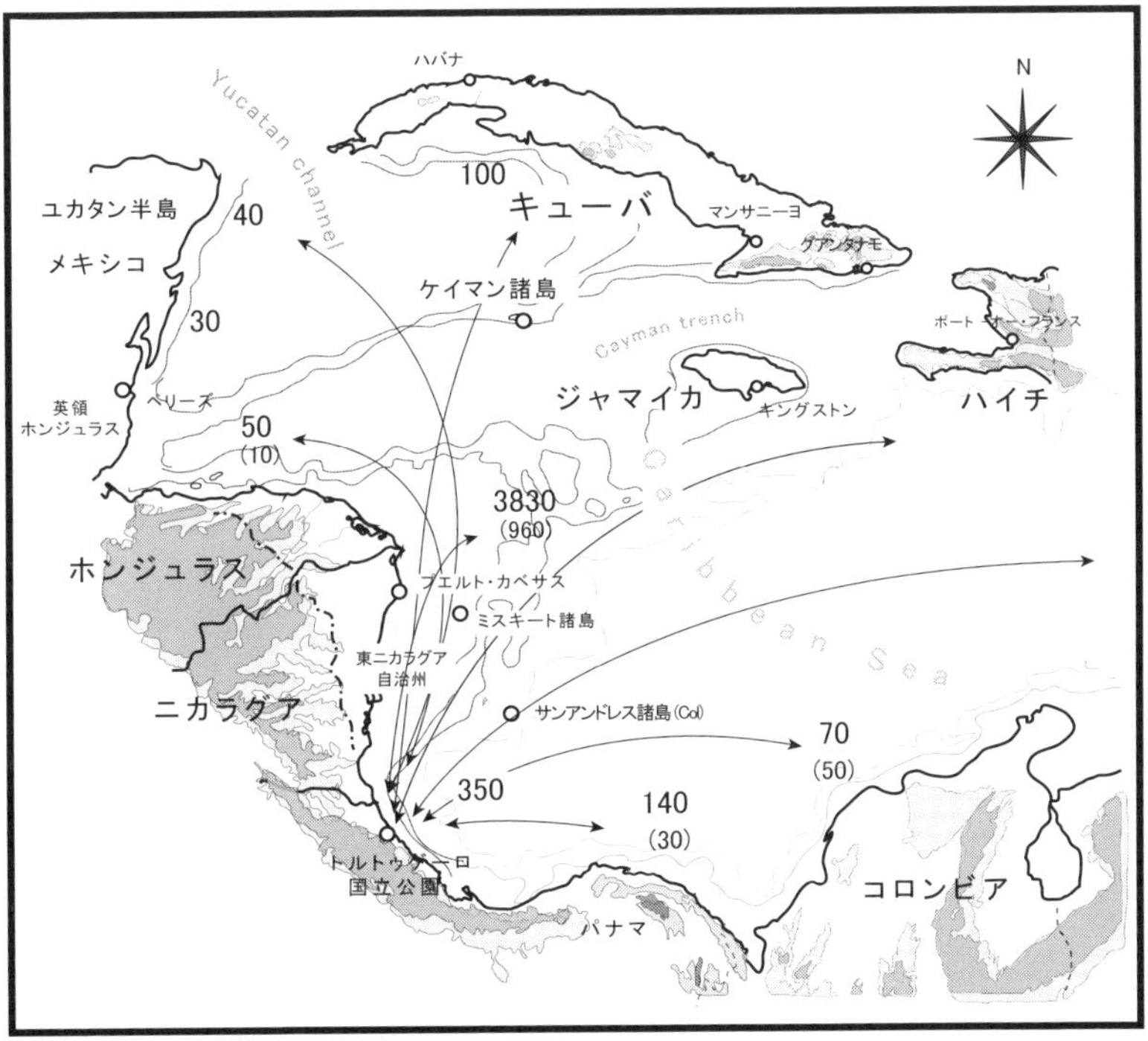

出典：数字上が48年間の調査結果(Caribbean Conservation Corporation cited in Troeg 2005a)、数字下は20年間の結果(Carr, A, Carr, M, and Meylan A, 1978)、一桁目は四捨五入。回遊路の矢印はカールらによって示されたトルトゥゲーロ国立公園からのアオウミガメの回遊路(Carr, A, and Orgen, L 1960)。

物学者アーチエ・カールらが、この場所に年間、数千頭ものアオウミガメが産卵にやってくることを発見したことは、アメリカでもよく知られている（Carr et al 1978）。

カールらが調査にあたっていたころ、コスタリカでもウミガメの甲羅と腹の間にある側部（Calipee）を狙った密漁が横行していたという。カールは、自然保護団体（Brotherhood of the Green Turtle のちに Caribbean Conservation Corporation に編入）と共に、この有数の産卵地の保護に初めて取り組んで密漁に歯止めをかけた人物としても知られている（Alison 2012）。カールはさらにカリブ海のウミガメの回遊を突き止めるべく、産卵した個体に標識をつけ、その動きをカリブ海の広域で追跡した。その研究が基となり、広域の海での回遊図が現在のカリブ海におけるウミガメ類の生態の理解を大きく前進させ、多くの後続研究が蓄積されている（Bjourndal 1980; Carr et al. 1978; Lagueux et al. 2014）。

図41はその研究結果をカリブ海の西方の地図に反映させていただいたものである。回遊の経路とその標識個体が再捕獲された場所については、カールの研究（Carr et al. 1978）を参考にし、その後二〇年間の資源量の変化や再捕獲数の変化（上の数字は二〇〇〇年代までの、下の数字は七〇年代までの結果）は、ビョーダルやトロエグの研究を参考にした（Bjourndal 1980; Troeg 2003）。その回遊路と再捕獲された個体の数が示されていて、ニカラグア大陸棚が圧倒的な数を誇ることがわかる。

これらの研究によれば、トルトゥゲーロは現在、国立公園として整備され、産卵数のモニタリングがおこなわれている。野生のウミガメの産卵やその保護に関する研究の最先端の研究地となっているようである。トルトゥゲーロは現在では毎年、三〇万〜六〇万人もの観光客が訪れる一大観光スポットにもなっている。ここで標識付けされた個体が他にもキューバやジャマイカ、コロンビアやメキシコのユカタン半島の湾岸で再捕獲される。

このようにカリブ海の英領や北米の海岸地域で歴史的に珍重されてきたアオウミガメであるが、ラテンアメリカ社会（または内陸の金銀や、アマゾンの林産物の開発に力を注いできた地域など）では、そのような動物ではないという。

バハ・カルフォルニア（現メキシコ北西部）で研究をしているカピストランによれば、それは大変難しい存在であるという。

かつてバハ・カリフォルニアは大きな島（カリフォルニア島）だと考えられていた。一六世紀にスペインで発行された小説『Las Sergas de Esplandián』（モンタルボ著）で、その島のことが紹介されると、たちまち人気となった。作者のモンタルボはその中で、「カリフォルニア島では、逞しい身体を持ち、強靭な力を持った黒人の女性たちが集団を作って生活している。彼女たちの武器は、すべて黄金で作られて、他の金属などは存在しない」(Montalvo 1998) と記録した。これがのちに、この地を探検し、アステカ文明を征服したエルナン・コルテスにも大きな影響を与えていった。当時、カリフォルニア島は新大陸で伝説に残っている「黄金郷」や、「シボラの七都市」のような征服者たちが目指す黄金の土地であった。しかし、実際、彼らがそこへと行ってみると、眼前には広大な密林や荒野が立ちはだかるだけであった。

当時、孤島と考えられていたカリフォルニア島の周りには、広大な真珠の海が広がり、その周りにウミガメも群れるように生息していた。征服者たちは島の周りのアオウミガメの群れにはほとんど無関心であったという。アオウミガメは、この地の先住民（Cochimí, Guaycura, Pericú）らが何百年もの間、必需の食品としていたものであったが、一六世紀の探検家や征服者たちは飢えていてもそれに手を出すことなどしなかった。そこから五世紀の間、このカリフォルニア半島で暮らす先住民や、移民やその混血らはこの動物に対して、嫌悪感や不快感、食したいという欲求との両極端の感情に揺れに揺れ、そして、近年、最終的に法的にその食を禁止する措置をとるにまで至っている（Capistrán 2010）。現在、このバハ・カルフォルニアでは密猟が大きな問題となっているが、それにはこうしたラテンアメリカ社会のウミガメ食に対する複雑な感情が背景にあるようであった（Manchini et al. 2010）。

一概に判断することは難しいが、ラテンアメリカ社会の人々にとって、アオウミガメを食肉として認識することは大変難しいようである。自然保護に力を入れているコスタリカのカリブ海岸でも、ウミガメの産卵期の六～一〇月になると、地元クレオール移民の村落では食料として、毎週三頭のアオウミガメを捕まえている。現地で調査をおこなったレフィーバーは、『Tortle Bouge（カメの入江）』の中で、トルトゥゲーロ国立公園のような場所でも、毎週のように三〇〇〇～五〇〇〇個の卵が採集され、コスタリカのカリブ海の北岸全体では、毎年一八〇〇頭を超えるアオウミガメが今でも捕獲され、管理主体とのトラブルにもなるという（Lefever 1992）。

パナマのカリブ海岸線は一般的にあまりよく知られているところではないが、ある報告書によれば、北西海岸のボカス・デル・トーロ列島（Boca Del Toro）や Ngäbe-Buglé の自治区、首都の Colón、東海岸にあるクナ族の民族自治区（Comarca de Kuna Yala）の住人らも、アオウミガメを食しており、保護管理側との調和は難航しているという。また、コロンビアとベネズエラをまたぐグアビジャ半島でも、地元の零細漁民などや先住民の Wayúu が、毎年三〇〇〇頭以上のアオウミガメを捕食しているという（Bräutigam and Eckert 2006, Fleming 2001）。

二．文明社会における希少動物アオウミガメの保護や管理方法について

このような状況の中に、英領ケイマンやモスキート・コースト漁獲がある。現在、英領ケイマンといえば、タックス・ヘイブンと呼ばれる法人税の非課税の島になっていて、欧米諸国の大企業や政治家たちがオフィスを構えるような租税回避の島として有名になっている。一九六〇年代、ケイマンでは英国の法律をベースにして企業法が作られ、ケイマンの法律で会社の設立ができるようになった。さらに一九六七年から翌年にかけて、金融センターの

一つであったバハマでの住人対立をきっかけに、金融サービス産業が発展した。英領ケイマン諸島は、一九六〇年代後半にニカラグア大陸棚から撤退後、国家主導でのアオウミガメの飼育施設の建設に着手している。文献によると、その研究開発初期の一九六八年より、南米ガイアナやスリナム、中米のニカラグアなどからアオウミガメの野生個体の収集に取りかかり、一九七三年には飼育下ではじめてのアオウミガメの交配に成功している。また、七五年にはその養殖場での産卵を達成し、産卵した卵は無事、孵化し、その後、こうして養殖産卵場で生まれた第二世代の産卵とその卵の孵化にも成功した。それ以降、四〇年間で飼育下のアオウミガメの、数千〜数万頭の増産に成功している（Ulrich & Owens 1973; Simons, Ulrich, & Parkes 1975; Simons 1975; Wood & Wood 1980）（図42）。図42は、それら研究を参考にして、その簡単な推移を示したものである。初期の一〇年という短期間で、一連の産卵から孵化、成長個体の再産卵を成功させたことは驚きである。

　このアオウミガメ飼育施設にも現在、年間数万人もの観光客が訪れていて、島の一大観光スポットにもなっている。このアオウミガメの養殖施設については、賛否両論あり、抗議活動もおこなわれているようであるが、現在では、観光の目玉にもなっているようで、そこではこうした養殖した施設育ちのアオウミガメと一緒に泳ぐことすらできるようになっているという。

　このようにカリブ海でも様々な人種や考え方があるようで、それを一般化し、持続可能性を求めることは容易な作業ではない（Campbell et al 2012; Lagueux et al. 2014; Bräutigam and Eckert 2006; Fleming 2001）。*1 これら文献や報告書などを読むと、これま

図 42. ケイマン諸島における養殖確立までの推移

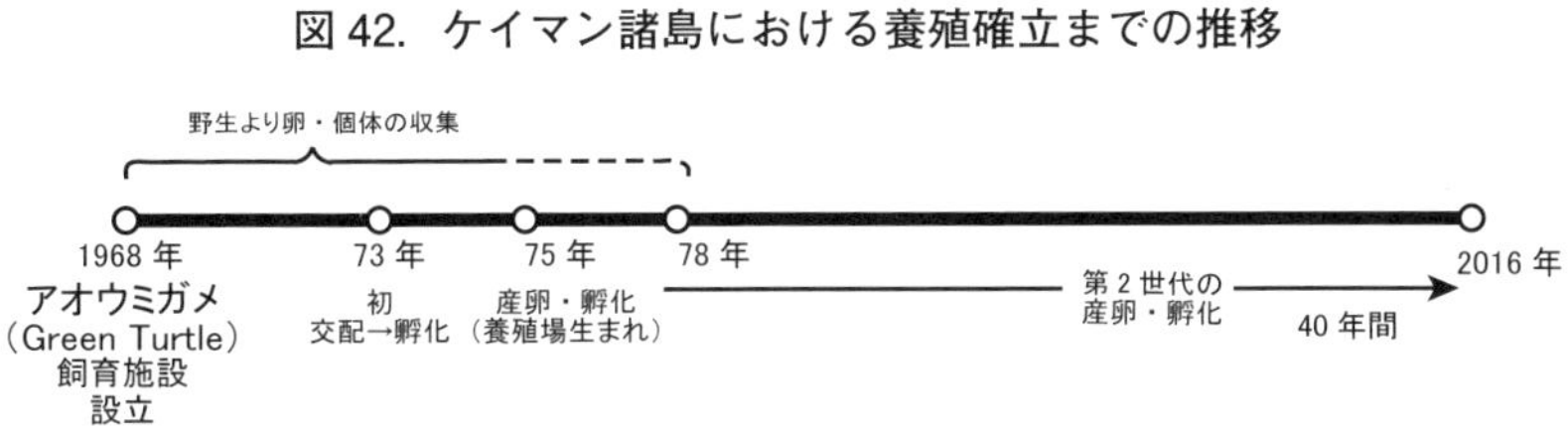

出所；Ulrich & Owens (1973), Simons, Ulrich, & Parkes (1975), Simons (1975), Wood & Wood (1980) を参照にして作成。

でにも各関係諸団体がそれに頭を悩ませてきたことがよく示されてもいる。水産資源の管理や、現代の生物学的な見地から見ても、ミスキート・インディアンらのアオウミガメの漁獲作業など、脅威的にしか映らないのも納得である。

三　「地球」という空間に対する意識の変化の中で

人間はある空間においてどのように資源を共有するのかといった問題がある。これをコモンズの問題という。その研究に詳しい秋道は、その考え方を以下のように説明している（秋道 2016）。

「目の前に置かれた皿に、いかにも美味なステーキがあり、どうぞお召し上がりくださいとの表示があるとしよう。空腹状態の自分しかその場にいなければ、遠慮することなくその肉を胃袋に収めるだろう。ところが自分以外に、おなじように腹をすかせた人が周囲に九人いたとする。こうした場合、生理的な欲望の前に、一〇人誰もが自分ひとりでその肉を独占したいと思うのがふつうである。（中略）つぎに起こるであろうシナリオは以下のどちらかに尽きる。一つ目は、肉を一〇人で公平に分配する提案が誰からとなく出され、多少の議論があっても（共有・コモンズの意識によって）公平な分配が最終的に決まる場合である。もう一つは、肉をわが物にしたいとする（縄張り意識の）欲望がぶつかりあい、果てしない争奪合戦が一〇人の間で繰り広げられる場合である。」（秋道 2016、P5）。

ミスキート社会におけるアオウミガメ漁獲作業による資源利用が、この地での新英米圏の勢力の拡大とシンクロするように推移してきたことや、コスタリカのトルトゥゲーロ国立公園でのモニタリングや産卵地の保護とも切り離して考えることはできないことを考えても、ミスキートだけを問題視しても始まらないだろう。

本書の冒頭で、「(私たちのいる現代には、) 地球時代という時代がやってきて、何事を考えるのにも地球という背景で考えなければ、真の解決はないということが非常にはっきりとしてきた」という、梅棹忠夫が『地球時代の人類学』で残した言葉を引用した (梅棹 1983, p.14)。

もし、梅棹の言うように、地球時代という考え方で物事を考えなければならないのだとしたら、私たちのような社会 (文明社会といえるような国や集団) が、アオウミガメのような希少な動物というものをどのようにとらえているのだろうかという点は、殊更に大きな問題として現れてくる。

現代社会や地球上の資源の動態に強い影響力を持つ私たちはこれまで以上に、アオウミガメのような稀少な生物資源の保護とその持続性に注意を払う時代に生きている気がしてならない。全生物種のDNAの採取や遺伝情報の登録がおこなわれ、未来のために種の保存を計画している。各種有用な動植物のドメスティケートのためにも、大学や研究機関では実に様々な研究を進めている。絶滅危惧種のリスト化 (レッドデータリスト) も進み、ワシントン条約のような地球規模での自然保護の法律も施行された。

私は当初、ミスキート社会に見られる残酷さや奇妙さに心引かれ、それのみを問題としてきた。そして、その解明を求めて、モスキート・コーストを訪れて、しばらくの間、観察を続けてきた。しかし、そのように研究を続けていくうちに解明しなければならない問題は、私たち自身に起こっている「地球」という生活空間の設定が可能になっていることや、その中で資源と呼ばれる富や財に対する論理的な考え方にも見い出せるのではないかと思うようになった。私たちが地球規模でおこなっている生物種のコントロールや、衛星を使った回遊路の解明などはその好例である。普通に生活していても、それに隠蔽された私たちの欲求や理性を見出すことは難しい。

つまり、ミスキート・インディアンのような個々別の民族が作り出す生産性や物理的な空間、また精神的な空間は、ぼんやりとした総体や、また、私たちのように彼らとは異なる文明社会が作り出すような (次元が必ずしも同じでないような）空間や、そこで意識される特殊な富や財などに対する考え方を対置したり、組み合わせたりして考えなければならないものであり得るわけで、その一片だけを抜き出して単独で判断することは極めて難しい。

＊1　キャンベル（Campbell 2007）はジョルダーノ（Giordano 2003）による回遊型動物に対する複数権利者による共有論に対し、みずからのカリブ海のウミガメについての調査・論考をもちいて、批判的な検討をおこなっている。ジョルダーノの共有論では、回遊型動物をその空間を占める権利者同士で共有するという点が特徴である。その図では国家や島嶼の領域をこえて回遊する動物の動きが矢印で示され、国家や島嶼の領域、複数の権利帰属者の空間を貫く。この複数権利者での共有や保護のとりくみが、ウミガメに限らず回遊型動物一般の持続可能な利用にとって極めて重要であるという主張である。これに対して、キャンベル（2007）はそのウミガメへの適用の可能性を議論している。キャンベルは主に東カリブでの保全理論について業績がある。ジョルダーノの案を高く評価するものの、平面的で一元的すぎる複数地域の権利者、決定機関による共有ではなく、より垂直的に地方－国家－国際というような見方を提唱している。

第七章　結論

生産地の村のミスキート・インディアンたちの眼に、科学的で最先端の技術を持った私たちは、どのように映るのだろうか。そして、それを同じような空間や、富や財の持つ意味の次元にまで落とすことに本書の問題の解があると考えている。本書の結論として、その点について論じていきたい。

政治的にもアクティブな先住民のミスキートであり、現代のニカラグア沖の海産資源も、そうした最先端技術を持った強国への輸出に依存している。モスキート・コーストでは、それが多くの人々の生命線になる。ロブスター、ふかひれ、ナマコ、クラゲ、巻貝、真珠など換金性の高い海産物は多い。長らく英保護領のもとで捕獲してきたアオウミガメも、域内での流通は許可され、豊かな海産資源としてのロブスターと同じように価値を持つ。そして、それが家畜動物の肉の流通のすきまを埋めるように流通する。ニカラグア沖での資源量は、カリブ海での近代的な科学によって保証されていて、ミスキート・インディアンの漁獲はその中の一点を構成している。図43は図41の回遊路とそのモニタリングが作る資源管理の空間（小さな星で囲んだ内側）と、ミスキート、ケイマン、トルトゥゲーロのような影響力の大きな主体の位置（大きな星）を抜き出して示したものである。
　現代のミスキートのウミガメを介した生活は、この空間の大きな星の中の一点である。

　これまで、ミスキート・インディアンは、親英米圏の中でその形を発展させ、かなり強い民族集団としても認知されている。テレビやパソコンから様々な情報が入ってくる中で、少なからず自分たちが長らく捕食してきた動物の世界的な動向はわかっているだろう。現地では、その漁獲を止めるように説得する声もあるほどである。この情報化した時代に、稀少となっている自分たちの海産資源のことなどについても多くを理解しているだろう。
　しかし、本書で見てきたような彼らの生産科学やアオウミガメを財や富として見るような在地の経済的な考え方は、私たちのそうした希少な動物に対する見方とは随分、異なって見える。どちらかというと私たちは、その動物の稀少性について考え、保護やサファリという名で大自然にいる野生動物を観察しに行くような生活である。そのために外国へと赴くことだってある。多くの者は食肉としての価値は見出さないし、財貨とも思わない。そう考えると、私たちと新興のインディアンたちとの間にある隔たりは大きく見えるが、それが実際どれほどのものかは、まだ研究が足りないように思える。

図 43.　カリブ海におけるアオウミガメ管理に関する空間

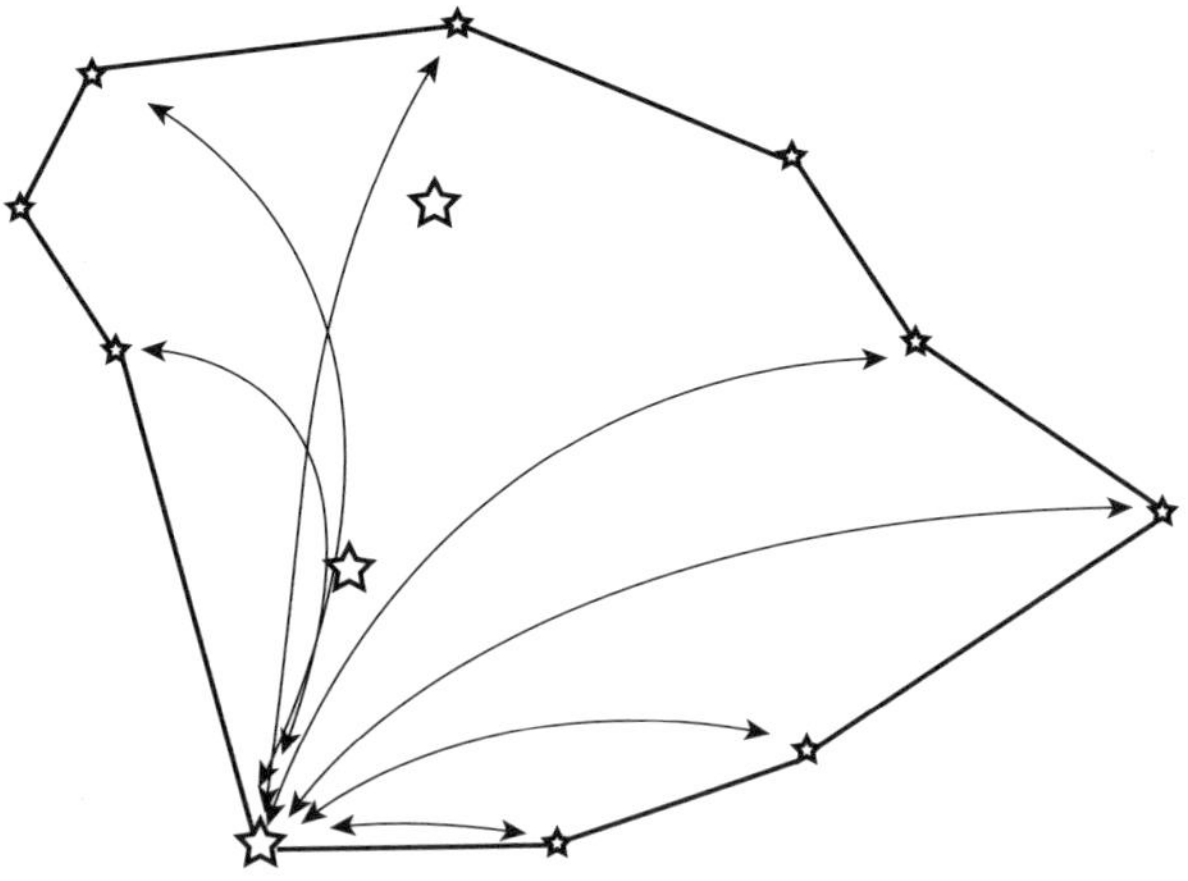

地球を可視化し、法を作り、その中にある資源の動向を衛星でつかみ、それを増産する技術も持つ私たち（図44、上）と、（かつて保護領として同盟を結んでいた）現地の新興のインディアンらの漁獲、まだまだわからないことは多いだろう（図44、下）。

もし、梅棹の言うように、仮に私たちが地球という時代に生きていて、そのように事物を見る傾向になっているのならば、その文明が作り出している地球という空間についても、同時代的に比較研究する必要が出てくる。本書では、ある民族が意識する生産の場所や、その財についての観念をしばらく研究観察してきたが、当初、興味を持つきっかけとなったミスキート・インディアンたちの残酷さと、私たちの世界に広がっている「地球時代の持続可能性」のような美しい大義は、それほど確固たるものではないのかもしれない。

村のインディアンたちの眼を通して私たちの地球時代を見た時、確かにそれを作り出す私たち文明社会の発明や理性もまた特殊であり、それが作りだす空間やその中の社会的な富や財の捉え方もまた

図44. 地球時代の人類と希少動物アオウミガメへの意識

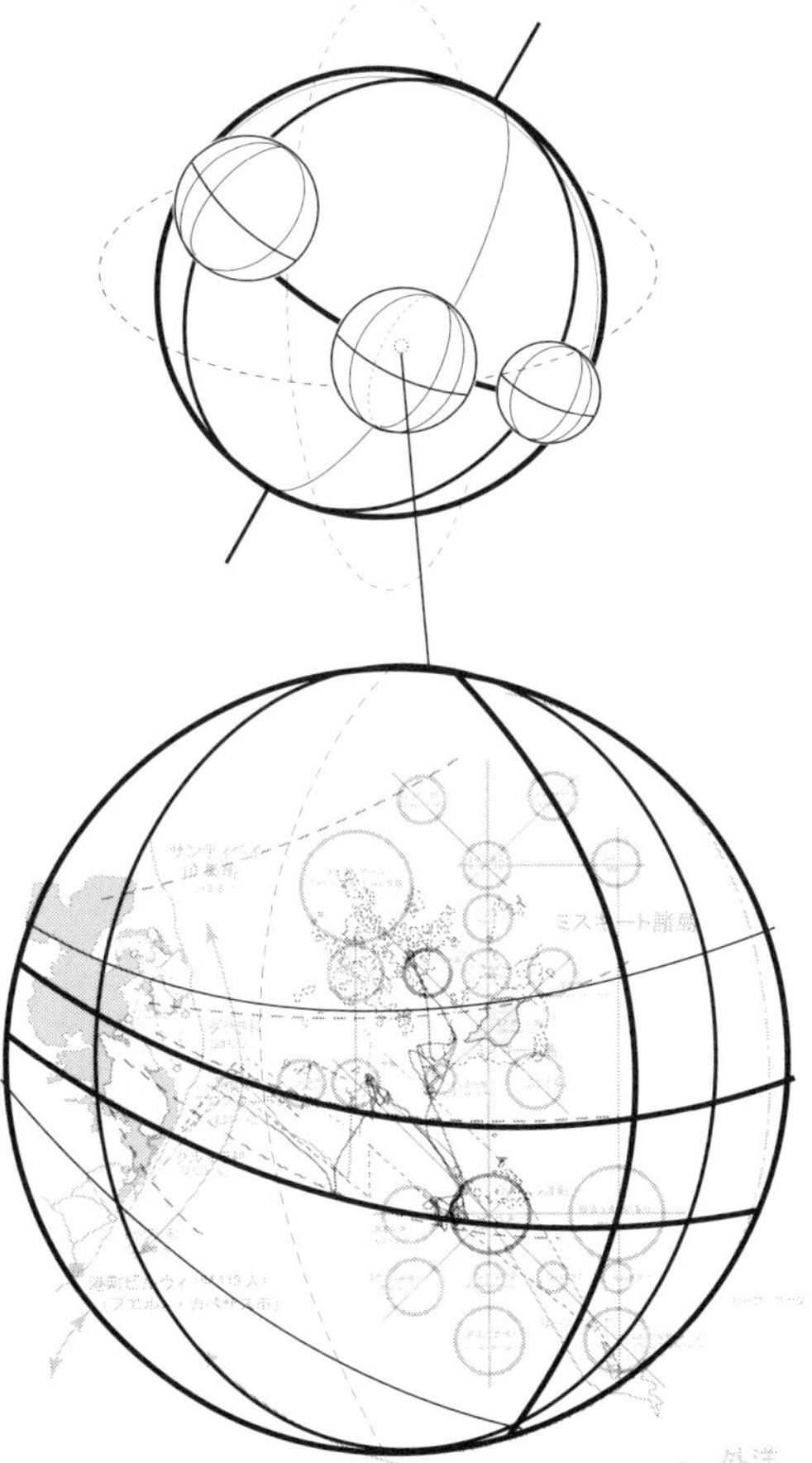

興味深い比較対象となる。そういったことが見えてきたのかもしれない。

「（アリスのように）目を閉じて、自分も不思議の国に来たんだと半分信じる気持ちになっていても、また目をあけさえすれば、すべてがつまらない現実にもどってしまうのだということが、お姉さんにはよくわかっていました――草は風に吹かれてかさこそいっているだけですし、池の水がぴしゃぴしゃというのはアシがそよぐからです――お茶のカップのかちゃかちゃは、羊の首の鈴の鳴る音になり、女王さまのかんだかい叫びは、羊飼いの男の子の声になります――赤ちゃんのくしゃみや、グリフォンの金切り声や、そのほかありとあらゆるへんてこな物音は、夕方の仕事でいそがしい農家の中庭から響いてくるごちゃごちゃといりまじった物音にかわってしまいます――そして、遠くでモウモウと鳴いている牛の声が、にせ海亀の激しいすすり泣きにとってかわるというわけです」（キャロル 2000『不思議の国のアリス』）。

ミスキート村落の人々は私たちのような大きな国家や、欧米社会のことを総じてネーションと呼ぶ。調査した東ニカラグアは、先住民の一自治州であり、先住民運動も盛んであるが、村では政治的な論議が熱くなった時などに、ミスキート・ネーションという言葉が発せられる。彼らにとってネーションというのは、彼らの持ちえない類の権力なのかもしれない。

滞在中、もう一つ気になったことがあった。それは私と話しているときにある村の船大工が他の村人に、「外国人が来ているのだぞ。また、戦争が来るかもしれないな」といったジョークであった。調査に入ったミスキート村落の人々が内戦を経験したのは、二〇年ほど前のことで、村の四〇～五〇代の男たちの一部は、兵士としてそれを経験していた。この村も戦火を免れなかったという。私たちネーションから人が来たということは、彼らにとってはまた大きな揉め事が始まる前兆ととらえられなくないのである。村で世話になった村の副長は、現地の先住民政党（YATAMA）の熱心な支援者であった。彼は父親がラテン系民族出身ということで、外の世界に明るかった。村の教師でもあり、好奇心が強く、一緒にラジオから流れてくるニュースに耳を傾けては、イスラエルのことから、日本の海外援助のことやメジャーリーグの松坂のことなどわからないことは何でも聞いてきた。彼らにとって私たちこそが不思議な人間なのである。

梅棹は自身の『文明の生態史観』の中で、自らの生態史観の思想を以下のように説明している（梅棹 1967）。「文化要素の系譜論は、森林で言えば、樹種の系統論である。生活様式論では、それが森林であるのかどうか、森林なら、どういう型の森林であるかが問題であるのであって、樹種はなんでもよい。もともと落葉広葉樹林とか照葉樹林とかいっても同じ種に属するものだけの純林などというものは、むしろすくない。まじりあいながら、しかも一つの生活様式や生活形共同体をつくっているところに、植物生態学が成立した。（中略）そして、一定の条件のもとでは、共同体の生活様式の発展が、一定の法則にしたがって進行する、というところに、サクセッション理論が成立した。人間と植物はちがうから、おなじようにゆくとはかぎらない。しかし、うまくゆくかもしれないからやってみようというのが、私の作業仮説である。（中略）いろいろな人間生態学が存在して、もうすこし哲学的に上等なのだって、できるわけだ。うまく成功すれば、それは一つの有力な歴史の見方、史観でありうる（梅棹 1967, pp.91-92）」という。梅棹がここで指摘するのは、ある条件下における人間共同体の生活様式の発展は、ある種植物のように、一定の法則にしたがって進行している可能性があり、梅棹はそれに対する一般化を希求している。

これは大変興味深い点であるが、しかし一体、私たちは今、どのような文明の中にいるというのか。私はむしろこの点に興味がある。引き続き考えていくこととしたい。

付録1　老漁師の話〈原文〉

これは調査に入った村のミスキート・インディアンの老漁師が話してくれたことの原文である。本書では分析資料として用いた。訳は付録2に記載した。

1). TUKTAN SIRPI KAIKRI WINA NANARA KAT. (NAHA KATI, LIH ANI WINA ALKISMA?). YANG BA PESKADOR ALMUK. TAIMU SAURA BA YANG MARAS RA MISKAIA. BA WINA DAIWAN ALKAIA. DIBOR BAKU. (SAKUNA DIA MUNI MARAS RA MISKISMA?) . LI BA BUTNI, LI BA TASKI. (NAHA MINUTE KATIKA NANISA, ANI PULEISUKA BA KAU LIH AILAL LUKISMA KABO LA?) MARAS.(WITISI SIN LIH AILAL?)

2). WITISI LIKA LIH BANKUKA. BARA WITIN KAU BAL DIMI TAKASUKI. BARA LIA LIA LUI KURI BAL SA. DIMI BAL. KURI DIMI AURA. KURI TAKI AURA BAKU. LIH WATLA. KAU YAPAIKA PAIN PIAIKA PAIN BA WITISI. WITISI WINE 15-16 MAIRU. (LIH NANI BA TITAN WINA DINAR KAT BA ANIRA TAKASUKISA?)

3). WITIN SIKA ENI AWAL, PIH DAUKI, PAIN, YAPAIA, KURI TAKI, KURI DIMI, YAWAN BAKU, BAN WAN TAIM. LIH BA, BIP DIAIA KAIKU BA, BARA YARPISA SWISISI BUKRA YAPI AURA. LIH BA SIN SINSKIRA. WITIN BA PLEISU BA KAMBIO MUNI YAPISA. NU SMA. NARA LIH PRIKI APU BARA LIH PRIKI AURA. LIH BA BARA YAPI SAITU SAITU SA. (LIH BA TUWI PISA, GLASU, LAITU?)

4). TUWI BA, AI YAPAIKA BA PARUTE, PIAIKA BA PARUTE. WITIN PIAIA, YAPISA PIAIA TAIMU MUHKA TAKI AUYA. NARA AUYA WALPA APU PULEISUKA RA, TUWI MAWANN AURA BA, YAPAIA TAIMU, KURI TAKI AUYA BAHA PIHI DAUKI, KAIKISMA? KAIKARAM. NAURA RA WAPAYA TAIMU TAN KAHABI SISI, (WITISI RA WALPA KUM KUM BA NINA BRISA?

5). AO. PAPUTA, KARIL, BUHNI TARA, PARITO, TURI LÁKU, WALPA KUM KUM, BAL TARA, DONI LAL, IL LUPIA, WITISI TARA, LORAL, KAHABAIKA WIAIA TAIMU, DIARA WALA WIAIA. LIHA ALKAIA PLEISU, MASANTO KAHABAIKA, DAKURA KAHABAIKA, LEMUSUTAN KAHABAIKA, DOREKISI KAHABAIKA. BARA WITIN NANI, NAHA NA WALPA SIKA, NAHA BA WALPA SAKUNA WITINI BA PASUTO KAHABANKA MIHTA, NINA RA WARUKU TAKISA. (MASANTO BAMAN YUSU MUNISA?). APIA, ENIBADI, UPLA SUT NU SA, ANI PLEISU KABA MASANTO KAHABAIKA BA. SINSKA WAL WARUKU TAKISA. KARIL RA KAHABAIKA WAN TAIM WAN DIARA ALKARAS, KIAPTEN WAL KIAPTEN. (KATI LAYA O KATI BAHWAN?)

6). WEL WITIN BA YAWAN KAIKISA, YAWAN TIHMIYA BA KAU, (?) ILIS BA SIKA LI MUHTA RA IWI AUYA BA MINA RA WALPA BA KARIRKA BA, /KATI TAIMU PIHINI SIKA WITIN BA KAIKI TAIMU PAT BARA AIKAINARA DIARA BARA WITIN BA NA YAK NA YAK SA. KUMI BA NAHA DAYURA BA ILIS WINA PLUKI PLAPAN DAYURA BA UN SA AI SINSKA UN SA BA BAHA NANI BA ILIS WINA NAKU KANBAN TAIMU TAWA NAKU/ KUNA ILIS

7). (...) DURI PLAPI TAIMU LIH KUM KUM MY KAIKI AUI SA, KUNA DIARA KAIKARAS DUKIA NANI BA PIN! PAT IWIWAN, PAT KAIKAN BA (?) KAIKARAS BA BAKU. SAIMU SAT. BA WAL KAIKISNA YANG NANI. WITIN DIARA KAIKARAS DUKIA BA (?) PAT KAIKAN TAIMU HIP PAT IWIWAN LI MUHTA RA KUNA PAT WITIN WAL KAIKI LAN BAIKAN WAKI KAPRAMU AWI LUWAN. TIHIMIYA LIKA LIH ALKISA AILAL LIH BA TIHIMIYA TAIMU DIARA KAIKARS YAWAN BAKU (SAUSU LAYA KARNA TAIMU LIH ALKARAS), BAHA SIN DIARA WALA KUM. BAHA BA KORANTO.

8). LI AUBRA SAURA. MEIBI NAHA WALPA. MANG NARA MANKARAM SIKA TAN NAKU, (NAHA WALPA. NAHA BA NORUTE,,, BARA NAHA BA/ NAHA WINA LI AUBRA BA NARA BAL IWI TAIMU LIH AILAL ALKISA TAN BA BA TAIMU BA IWISA/ WALPA PURA KATA AWISA ,,,,) LEHO RA NET RA TAKI AURA/ LI AUBRA SAURA BA/ NA MUNA HOPU MUNAMSA. WALPA RA BISI NAHA WINA AURA SAUTU RAYA AUBURA. SAUSU RAYA AURA TAIMU NAHA TANKA BA. HOPU MUNAN DUKIA BA. WALPA WINA LEHOS RA TAKI AUYA. NARA TAKI AUYA. LI BRISA WALPA NA, LIH BA BARA YAPISA AUBRA SAURA KUNA NAHA WINA MANKARAM TAIMU TAN BA AI MUHTA KAT WINA NA PURA KAT SA WALPA BA PURA KAT SA. LIH BA NARA YAPISI AURA TAIMU PLAKUPURA, DAN.. LI AUBRA TAIMU SAURA BA TANKA BA SIKA NAHA WINA HOPU MUNAN TAIMU/ NARA TAKI BARAN TAIMU (?) KAIKARAMU ILIS BA BAKU/ WALPA BA LI BRISA BA TAIMU DIARA ALKARAS. WALPA PURA RA KAT. LI AUBRA PAIN. NAKU. AI MUHTA KAT TAN NA PURA KAT TAIMU LIH BARA BALAN TAIMU LIHKA BA WARAS. ALKAISA. (TAN WAL BLAKWAIA SIKA). LIH SIKA NARA PURINA. TIHIMIYA TAIMU BA BILA KAT.

9). KEIMANS UPLIKA NAMI BA MISKAN, YAWAN MISKITO INDIAN NANI AIKUKI, RIA WARKU TAKAN. KUNA BAHA, KAU WAN ALMUKKA NANI KAINARA, YANG WAL BARA WARUKU TAKIKAN BA WITISI UPLA NU APU KAN. YANG BA PAST, PAST BA YANG. WITISI RA WAPI, WITISI BA LIH BANK KAKA, KAIMANS WINA BAL MISKIKAN, PESKAR TAKIKAN YA BA, BAHA BA WITISI RA WITIN RA NANI MISKIKAN BAH ABA LIH BANKKA, LIH WATLA.

10). BAHA WINA WALA KUMI BA SAUDIS RAKU, DINKAN WI BA SAUDIS RAKU, KAIKARAM, NORTE, ESTE, BA WINA NAHA, RALMA, NAHA WITISI NAHA, NAHA WITISI WINA NAHA KAT WITISI TARA, PAPUTA, NAHA LIH BANKU WALA, SUR WAUPASA, WALPA KUM KUM, NAHA WALPAYA, BUHNI TARA WINA KAU KAINARA BARA SA, BAHA LIH BANKUKA KUM, NAHA WINA PAPUTA./. PAPUTA WINA LIH BANKUKA KUMI NARA. BAHA WINA BA AISU TAYA, LIH BANKUKA KUM BA NARA, BAHA WINA NAHA RA WALPA NARA SA PAPUTA RALMAKA, BANK WALA KUM SA, WALPAYA, BAHA WINA WITISI TARA WINA NARA PALAPISA DINKANN RAKU. AL BA LIH BANKKA, BAHA WINA NAHA NARA, 3 MAIRU KUM OBINSOL? RONDON, LIH WAKPAIKA LIH WALPAYA BANKU KUM. BAWINA YAWAN KAIKI, WITISI BILARA, AUTO RA SIKA MISKITO WINA MEIBE 5 MAIRU (?) LAITA PIA? MISKITO KI WINA, AO, BAHA BA, MISKITO WINA LONDON REEF, KAU LEHORA 7 MAIRU BAHA WINA, BAHA WINA WITISI, WITISI WINA

BARA KUM BA, BANKU WARA KUM BA DIA WISA? BAL TARA, BANK KUM SA, BANKU WIRI TAIMU BA LIH RESUTO BURISA, NAHA BILAKA RA SUT TUWI BA RASA. BAHA LIH WATLA .FEROL HARD WALPAYA, TARABIL WALPAYA, WALPA KUM KUM WINA KAU BANK WALA. (?) . BAHA BA BANKU WALA ALFREDO KAHABAIKA, WALA KUM KUM PULAKU IWAIAIA, BAHA SIKA LAST WALPA, LIH BANKKA, KAU PULARA. DIKUWA NATA WIAIA NANI.

11). NINA NANI BA LAMA RA KAU IMPORTANTE. NAHA NANI BA BUHNI APIA, NAHA NANI BA, NAHA MAPARA LIKA MUMUHTARA CHUFU. BAHA LIH BANKUKA BARA YAPISA. LIH YAPAIKA. (WAHAMA NANI PULEISUKA. LIH MAIRIN NANI BAMAN) BARA TAKASUKISA (NINA RIKA MANKARAS?) AO BARA SA. 12MAIRUSU, BA WINA NARA RIKA WALPA AIRAL SA. BILA RA, YAWAN KAIKISA, LASUTU WALPAYA. TAKASUKAN BA WAN PURA RA, BAN URI AUYA BA. RAUNDO BAKU. BA WINA NAKU AURA TAIMU BA. (LIH APU, TANGUNI PATCHI TARA, SAKUNA LIH APU, WASI NANI BARA SA, LIH DIMARAS). NAHA WINA NAKU PURAPAN SA. NAKU BAKU LUWI SA. NARA BAL DIMI SA. (NAHA NANI BA TUWI TANGNI PATCHI BARA SA BILA RA ALKIYA BA, KUM KUM LASUTU WALPAYA NANI BA, LI SANGNI TAIMU ALKI YAWAN). NAHA BILA RA BAMAN BA LIH YAPAIKA BARA, NARA TAKUISA, KUNA PIH KURI DIMI AURA NARA. (WITIN NAKU NAKU NAKU AURA. WIPURIN) . NAHA WINA NARA BAL BA WIHIKA. NAHA WINA NARA BAL BA WIHIKA. NAHA BA MISKITO KI NARA BA. NAHA WINA BA, NARA AUYA BA. KANBARAS DUKIA NANI BA TAIMU TAWA NAKU KUNA ILIS KANBARAS DUKIA NANI BA PIT KANBAN TAIMU PALISA BA TAIMU KAU ISTI. WALA NANI BA SIKA, PAT ILIS WINA PULAPAN DAYURA NANI BA PAT UN SA, DIARA KUM BA DIMUYA BA. BA TAIMU TAWA DIMAN BA KAT TAWI BA MIHTA SAMUTAIMU WARAM TAIMU MY KAIKISI NAN TAWI (...) MAHKA AUYA BAKU WITIN NANI SUMATOKABA BRISA BA PAT WAL LAN BANGWISA. (...) YAWANKA WINA SIN DIARA KUM BA WARAM DIARA KUM MY ARKAN TAIMU KAIKISI BARA AURA WATCHIKAM

12). MISKITO KI NINA RA, NAHA SAITU LINBO REEF, ENJIN BARU, LIH BANKKA. NANARA NAHA BA, NAHA AURUMA TAIMU MISKITO KI NARA SUKURA, BAWINA BUHNI TARA KUM, DAIMANSU PAT, (DAKURA KI KA?) APIA SANDI BEI KI, BAHA WINA NARA AHYA LUPIA, BAHA BA SIN BUHNI, NAHA BA / MISKITO KI, BAWINA MARAS KI. NARA AURA, DIWAS RA. BAKU IWI AURA. BA WINA WIPLIN NARA AURA. NAKATU AURA, MUNA AURA, NAKUSA, MARASU WINA NAKU, AWASTARA AURA, NANARA YAWAN, NA WINA LIH BANKUKA KUM SA LINBO REEF, LASUTA, RIPU BAIWISA, NAKU RA SA, BAWINA NARA KUMU BA ENJIN BALU KA, LIH BANKUKA, BAHA SIN LIH BANKUKA, BAHA WINA NAKATU URI WAIA NOESTE BAKU, MILIF, LIH BANKUKA, BAHA WINA , NAHA IWI AURABA NAHA RAINKA IWI AUYA KA, (?). MILH WINA DINKAN BILALA NAHA LIH BANKUKA APU, WASI BAMAN, BARA KAIKISA, YANG PAT MISKURI, LIH APU, DURI 6 KAHABURI, LIH APU, NA WINA NARA DIMI AURA TAIMU, LIH BARASA. WALPA LIKA BARA SA, SAKUNA LIH APU.

13). (NAHA DIMI AUYA TAIMU MARASU KI NANI DIMISUMA?) AO, NAHA

WINA, MARAS BA, PASUTO TAIMU, YANG NANI WAHAMA LUHPIA TAIMU, MEIBI, 14 ANO BURI KATNA KAPURI TAIMU, YANG NANI, MISKI KAPRI, MARAS BA NARA. BAHA RIKA BILA, LIH AILAL, (?). SAKUNA LIH AILAL PULEISU KA. BA PAWI. NAHA UN APU. YANG NANI NAHA BILAKU BAMAN, YANG NANI DIMIKAPRI, YANG PASUTU TAKUWURI. PASUTU TAIMU ALMUKU NANI TAIMUKANA. NAHA BA TANKA BURI RAS KAN. KUNA NANARA, YANG WIH DIMI TAIMU WINA TANKA BURIN. NINI BURIKI IWI WAN. YANG NINI BURIKI URI WIH MUNI, BARA BAWINA MISKINA AL TAWAN. NAHA ALMUKU NANI BA SUT PLUWAN. SUT PLUWI LUWAN, KAU YANG BARA NAHA WINA AI BRIH SAKAN. MISKITO, MARAS WINA AIBURIFWAN. AL MISKAN PAT LIH KA LIKA BAN SA, TIWURAS, BAN SA MAN NARA WAMA TAIMU, DIA WISA? LINBO REEF, UPLA WIH BAN MISKARAS, KANBARAS, BAHA RA LIH, WITIN NANI LILIA SA, UPLA HANBUKU MUNARAS, TAIMU SAURA TAIMU BARA WARAS, TAIMU PAIN TAIMU BARA WISA. KU MAKAN BA. WITIN KAU LIH AILAL ALKAN (...).

14). MI MARIKISUNA, NA PULEISUKA BA LIH BA BAN SA. WITIN SIP DAN TAKARAS. AO BANSA, RAMA BILALA PAT UN SMA? YANG PASTU WIHKI, SAKURI TAIMU WITISI KA NAHA, WALPAIKA RAUNDUKA WITISIKA, BA WINA NAKU KAT, MEIBI, 1 MEIRUKA SIN APIA, AO MEDIO BAHA MUNA KUN, TIHMIYA KUMI BA 25 BA 20 MAHKA WAYA. NAHA WINA KAKU DUROPU TAKAN TAIMU BUHNI TARA, KAIKARAM WALPA KUM KUM NARASA, BARA BUHNI TARA, DRAPU LUHPIA TAKAN TAIMU BA, TIHIMIYA KUMI BA PLAPAYA LIH AILAL. BAWINA AHYA SANDIBEI, TASBA PAUNI, UPLIKA NANI BA, BARA BAL KAN, KANPANI LIH ALKI KAN, KAIMANS SIN ALKI KAN. YANG NANI BAL KAN, MISKITO KI BA BA KAT. UTLA BARA KAN. NARA SAITU BA. NAHKI WIAIA. LIMARUKA WINA BAPI. LI WAHTA BILARA. NAN BAL AUYA KAKUMA BA KAT. UTLA WAL BARA KAN. NAK (?) .KUM. BAL BOUTO BA LIH ALKI KAN. KAIMANS SLOUPU TAKI BAPI BURIH LUWI KAN KAIMANS RA. 5000 BAKU AHKI BRIFWIKAN SLOUPU RA AUBI KAN NAHA REIN WALA. NAHA REIN WALA BUK RA REIN WALA BA. AHBI KAN. BAKU BURIH LUWIKAN. KEIMANS WITIN NAKU SIKA PISOKA BURIKAN. BAHA WARA NANI. KAMPANI WAL KAN. KON AIRANDO AND BURU FIELUDO. BAHA SIN BAHA ALKI KAN. MANI KUM 5000. WARA BA KURI 5000. WITIN NANI BAL DIMI ALKI KUWAKI KAN. WITIN SERUPU SIN MISUKI KAN, WITIIN SERUPU SIN MISUKI TAKI KAN, FISINIG BOAT, YAWAN BAKU, SERUPU LULUKI KAN. MISUKITO WINA ALKI KUWAKIKAN. BA TAIMU YANG NANI, 4 MANKAN, AO APU KAN. DURI. AILAL APIA KAN. HISTORIA SIKA TARA. (...) WAHAMA NANI APU KAN, NAHA MINITU WAHAMA AILAL KAIKISMA. BAKU APIA KAN. PASTU KAU KAINA STURUKA. YANG 12 YEARS BRIKAPRI TAIMU MAHKA KABO RA WARUKU TAKURI. 12 YEARS WINA (...) 16 YEARS. 5 YEARS NAHKI WARUKU TAKAYA RA KABU RA. 65. AO. 50 MANI. WITIN BA NANI ALKAN BA WINA, KURI AILANDO RA KUAWHKAN, BULU FIELDRA. LAGUUN RA BILWI RA. SUT KUL

15). LIH MAIRIN BA WAHIKA BA KUMI WAL ALKUYA BA. BAHA TANKA WAN MAYAMUNISA BIP WINA KAIKAIA YAWAN BIP MAIRIN BA AILAL BA PULEISU KUM RA. WIHKA BA TAURA TAKI AUYA. TARA

BA WATCHI MAN. AO WATCHI MAN KA BURISA. WAHIKA KUM APU KAKA. WITIN YA KAIKAN. MAIRIN MAHKA BAL RESUTU BURISA. SUWAPI SA. MAHKA SWAPAN SIKA. BARA WAHIKA NANI BA SIKA, AUWI DAUKI PURA BARA DAUKI BAKU. MAIN KAIKISA. TAIMU YAWAN SAHKA RA YAWAN KAIKI SA BIP NANI BA, BIP KA TARA NANI BA KAINARA, AI KAIKISA, DIA AURA, LIMI AURA, BAKU LUKISUNA. LIH BA SEIMU SA, YAWAN MAN MARIKISA, LIU RA SEIMUSA.

16). YANG CREER MY WIAIA, LIH PINKA NANI BA ANI WINA BAL SA, COSTA RIKA NANI, MEXICO NANI, CUBA,,, YAWAN KAIKISA BAHA NANI TASBAYA LIKA PLUN APU. BAHA DAIWAN BA ANI WINA PLUN BARA BA PURIKISA. WITIN NANI MAHKA PLUN PAIN BA PIAIA BAKU. YANG NANI YAPAIKA SIN PAIN. WITIN NANI BA PURIKISA. BARA BA AURA TAIMU. MAN AWASTARA LAIKU TAKARAMU BA MITA BAL TAKARAN. RAITAPIA? BAKU SIKA DAIWAN NANI BA SIN (...) BARA LIH BA COSTA RIKA WINA BALAN TAIMU, PURUM PAIN KAIKISI, PIH WAPI DAUKISA (...).NAHA AWASTARA UHKI BIRA WINA KAU RIA NARA LAITU HAUSU. BA AUYA TAIMU. BARA LIH KA ALMUK TAIMU BARA BALAN. WITIN PASTU BA BARA BARAN. (BARA SAHAWI KAN). BARA YAPTIKA BARA KAN, LIH YAPTIKA BA BARA KAN. BAHA LIH NANI BA BARA BA YAPI UBA UPLA BA SAHWAN TAIMU. RALMANKA BA KULKARA. PLAPAIA KAN. COSTARIKA RA TAKASKAN. BARA LIH BA PIH DAUKI MUNI, KURI NARA AURA. AI WALPAYA NARANA. BARA AI DURUBISA. COSTA RIKA KURI AURA. WITISI RA AUNA. KUBA RIKA WIHIKA. SAKUNA BALAIA. PASTU TAIMU BA BARA DIMI KAN. BAHA MAN BUKKA KAIKARAM SIKA LIH APU PIH MARIANTE NANI PISA.

17). WITISI WINA OESTE SAITO SIKA BANK BASA RA, DAIMANSU, PATCHI KUMI, BANKU RIKA KAU RIA TAKIWAIA, NASA BANKKA. BAHA SIN TARA BURISA, DAIMANSU KI BA ANIRA BAIRA SA, DAIMANSU RIKA, MISKITU ULBANKA WINA, NAHA DAKURA SI, DAIMANSU NARA KAYA, SUKRA, DAIMANSU BARA BA, SUKURA WINA LAMARA SA DAIMANSU BARA UTLA BAR ASA 70 CASA. DAIMANS NANI WIPLIN NANI (WIPLIN BA DAKURA K ISA?) DAKURA BA KI APU, SANDI BE IBA SIN KI BA LEHORA. UPLA UBA AILAL. KAU SKUL DIMAN NANI APU. NAIWA YANG NANI KANBI. SANDI BE IBA. MARAS LALMA RA SANDIBEI TASBAYA TAKIBA. WITIN NANI BRIN. 15000 NANI ULI ANI RA IWAIA APU. MARAS KI LALMA WASI REIN K ARA WARKU TAKISA. WITISI RA WIHIKA. (?), LAITU HAUSU WINA , AWASTARA LEINKABA , LA BA HANBUKU TAKARAS, BARA AISAKANSA, WITISI RA LUWISA, APIA, WITISI TERENO BARA SA, KARAKOL BA RASA, SUT BA LIH BANK SA, KAU BANK TARA BURISA, NAHA RIKA YAPTIKA KOBREL BURISA MISKITO KUPIA. RAUNDO TAKI BAKU.

付録2　老漁師の話〈訳文〉

調査中、村のミスキート・インディアンの老漁師がケイマン時代のころの話をしてくれた。その話は本書の分析に大変役に立った。記録としても重要となるため、別途、記載しておく。この話者は村で約半世紀に渡ってアオウミガメ漁獲作業に携わってきた者（六五歳、サバド教会の神父）である。高齢であったため、漁師の息子と親類に補助を依頼した。氏には二〇一四年一二月と二〇一五年三月に一日ずつの計二日間、話を聞いた。博士論文の記録（高木 2016）には、最初にミスキート語を掲載し、その日本語訳をつぎに示している。本書でも同様に掲載した。文中の括弧は筆者が質問した箇所になる。長文なので幾つかの段落に区切って示してある。順序等の変動はなし。会話中で意味が不明であった箇所は空白のままにしてある。

本書の図15（77ページ）と図16（78ページ）は、この話者らと作成したアオウミガメ漁場の海図である。氏の話を理解するため便利なので、参照していただきたい。

⁂

老漁師「私はこれまで五〇年間この海で働いてきた。もう六五歳の年寄りです。今月は北の大集落（サンディベイ）の知人の潜水漁の小屋があるマーラスという名の島の近くで漁獲をした。私も（波が穏やかなため）村の他の老人のように北の海で漁獲をします。「マーラス島の近海はいかがですか。」他の海は水が濁っていて汚いですが、マーラス島の近海はきれいです。近くにはアオウミガメも沢山います。（38ページ、図5）」

老漁師「私たちの村の主漁場であるミスキート諸島の南洋の拠点（Witisi、ウィティシ）の近海は、アオウミガメたちの住処（Walpaya、ワルパヤと呼ばれる）の一つ。アオウミガメはここを中心にして、遠くへ泳いでいったりする。少し離れているときもありますが、またここに戻って来る。ここはアオウミガメの家です。寝るにも良く、食べるにも良い場所です。このウィティシ島（38ページ、図5）の近海を中心にして一五〜一六マイルはそういう場所が多い（図15）。」

老漁師「アオウミガメは腹が減ったら食事しに行き、食べて元気になると住処に戻る。この繰り返し。家から出て戻る。これを繰り返す。村の牛たちと同じ。牛を見ているとよくわかる。まず、あそこで寝て、そして草を食べ、次に向こうで寝る。さらに奥へ行って食べてまた寝る。アオウミガメも牛と同じ。非常に賢い動物。日々、寝ているところを変えて眠る。だから私たちもこっちを探していなければあっちへと探しにいく」

老漁師「彼らの餌がある草地とアオウミガメが寝る岩場は別。彼らは眠って、食べる時間になると急いで出かける。食事場所の草地は、住処の岩場がないところにある。海底には浜辺のような砂地もあれば、海草の原っぱもある。そこで食べて、寝る時間にはまた岩場に戻るというのを繰り返す。私たちはアオウミガメが海草を探しに移動している最中、住処の岩場をみつけ、そこに罠を仕掛ける」

老漁師「私たちの主漁場であるウィティシ島近海の岩場には、幾つか名前がついている（図15）。例えば「シュロの樹」や「サンゴ礁の小さな破片」、「天然パーマ」、「三つの岩」、「一つ一つの小さな岩」、「大きな砂洲」、「村人ドニの頭」、「小さな丘」、「大きなウィティシ」、「村人ロビンソンの頭」などがそう。他にも特定の村人の名前が入った網入れ場所もある。こういうときは「村民の名前＋網場（Kahabaika カハバイカ）」と呼ぶ。「村民の名前＋網場」は初めて網を入れた人の名前に由来する。皆、この村の出身。命名された人だけが網場の使用権を持つわけではなく、皆使う。皆、その網場がどこかくらいは知っている。名前がついているからといって、そこで捕まるとは限らない。頭を使わないといけない。例えば東の「小さな岩」ではなかなか捕まらない。いろんな船長が試した」

老漁師「私が思うに、アオウミガメはこちらをよく観察する。例えば満月などの夜、網のおもりであるサンゴ礁の破片は月の光を反射し、アオウミガメはそれを見た時、周りの変化を感じとる。一度、網から逃げ出したウミガメはよくそのことを知っている。だから網から逃げる。罠の存在には敏感。見てみなさい！　彼らは私たちを見るとすぐに逃げ出すだろ。彼らは非常に賢い。こちらの音を聞けば、何かあるのではないかと考え、監視しながら移動する」

老漁師「私が思うに、幾頭かのアオウミガメは警戒しながら移動する。彼らは海面に何か姿を見れば、すぐにでも海底に潜る。海ではそういった様子をよく見かける。［月に関してはどうですか。］私たちは夜にアオウミガメを沢山捕まえる。満月の日は別として、アオウミガメも私たちのように夜はあまりよく見えてない」

老漁師「［南からの海流があるときは捕まらないという話もあるが?］海流も考えなければいけないことの一つ」

老漁師「私たちは時折、「水を捕まえる（Li Alkan、リー・アルカン）」という。海には水の流れがある。（紙に図を描きながら）こう東西南北とあって、私たちはアオウミガメが眠る岩場のちょうど真上に網を仕掛ける。岩場の真ん中に網を仕掛けた時、アオウミガメが沢山捕まる。ちょうど真上に置くようにする。時折、遠くに網がいってしまう。それは悪い海流を捕まえてしまったとき。南からの海流がきたときなどがそう。おもりがサンゴ礁の岩場に絡まないと、網は翌朝までに遠くにいってしまう。アオウミガメは岩場で寝る。捕まらないのは網の仕掛けが悪い。網のおもりが海底の岩場にまで到達し、ピンと網が海面にまで張った状態が良い。もしアオウミガメがそこで寝れば海面に呼吸をしにいき、それで絡まる。アオウミガメは夜、この岩場で遊んでいる。夜のアオウミガメはこのサンゴ礁の岩場の淵までしかいけない」

老漁師「アオウミガメの雄は一頭、二頭で寝ることもある。こうした結果はアオウミガメの寝床での状況を教えてくれる。私たちは牛を見ます。雌牛は一つの場所に集まっている。監視役は人間を見て。何が来るのか、群れの後ろのほうで豹（Limi リーミ、ジャガーの意味）が来ると警戒している。そのように考えている。アオウミガメも同じ。海の中でも同じです」

⁂

老漁師「私たちの暮らすミスキート諸島の周辺海域では以前、ケイマン諸島から来た人々（Kaimans Uplika Nani）がアオウミガメをとっていた。私たちの村では、数人がそこで少し働いていた。だから私たちは今の村の拠点であるウィティィシ岩礁のことをよく知らなかった。私たちの世代がはじめて現在の拠点（ウィティィシ）へと行った。あそこはアオウミガメの家がある」

老漁師「（※漁場、南東部のアオウミガメについて）現在、私たちが攻めるのは拠点（ウィティィシ）だけではない。ウィティィシ岩礁から東に行くと「罪ほろぼしの場所（ディンカン）、または南の岩（Saudis rock、サウディス・ロック）」という名の場所に着く（図16）。

（紙を指さしながら）見てみなさい！　北・東・ウィティィシ岩礁から東。このウィティィシ岩礁からここまでがウィティィシ岩礁の漁場、そこから「シュロの樹（Paputa、パプタ）」、ここにもう一つアオウミガメの家。そこから南へ行くと「一つ一つの岩（Walpa Kum Kum ワルパクムクム）」。あそこもアオウミガメの家の一つ。シュロの樹からここにアオウミガメの家が一つ。そこから「氷の皮（Aisu taya、アイスターヤ」、これも漁場（Lih Bankka リヒバンクカ）の一つ。つまり、シュロの樹の右に漁場が一つ。そこからウィティィシ岩礁。そこから罪ほろぼしの場所に。すべて漁場。そこからここ三マイルほど行ったところ。オビンソールだったか？　そう、ロンドン礁ともいう。これもアオウミガメの漁場の一つ。（不明）。ミスキート諸島からロンドン礁は五〜七マイルほど行ったところ。そこからウィティシ岩礁。ウィティシ岩礁から西、何て名前だっけ」

息子「Bal Tara（バルターラ）」。

老漁師「そう大きな砂洲（Bal Tara バルターラ）。これも漁場の一つ。（紙を指さしながら）ウィティシ岩礁から東側（大陸棚の端）の漁場に行ったときは、こうした漁場で休みます。拠点のウィティシ岩礁ではありません。大陸棚の端は海草地帯です。他にもウィティシ岩礁から西にはフェロールという漁場がある。トラブル岩場（Traburu walpa トラブル ワルパ）ともいう。南の一つ一つの岩からもう一つのバンク、ここにもバンクが一つ、村人アルフレッドの網場（Alfred Kahbaika）とか鍋のふち（Dikwanata、ディクワナータ）とか最後の岩場（Lastu Walpa、ラストワルパ）とか言われている（図16）」

老漁師「（大陸棚の端について）私たちにとって漁場はウィティシ岩礁に近い漁場のほうがより重要。（幾つかウィティシ島の岩々の名称を指さし）これらは深くはなく、海底の寝床岩も見つけやすい。（「シュロの樹」を指して）反対にこれらは深い場所でもある。アオウミガメはここでも眠る。雌のアオウミガメだけがここら辺にいる。名前はついているのもある。ここはウィティシ岩礁から一二マイルくらい離れている。この辺は岩場（Walpa）がおおい。端っこの漁場です。そして、最後の岩場。（聞き取れず、不明）。（最も南の漁場から東の大陸棚の端を指さして）、ここから航海するには円を描くように進む。大陸棚の終わりのほうにはアオウミガメはあまりいない。お花畑が広がっている感じ。アオウミガメより海老とかのほうがいる。（地図を指して）ここからこのように航海する。草の花が咲いているところが最後。海が緑の時に捕まえる。この端っこにも岩場があってアオウミガメが眠る。しかし、食べて再び、海に入ってしまう。ここから西の島のほうへ行く（図16）」

老漁師「（漁場の北のアオウミガメについて）南のウィティシ岩礁だけでなく、北のミスキート諸島の近くにも漁場があります。例えばリンボー礁（Rinbo Leef）これもアオウミガメの漁場の一つです。（北部の島を指さして）そこに行くとするとミスキート諸島はここ。ここに行くのは遠い。ミスキート諸島はここ。ここからここに行くにはこう。ここから浅瀬が一つ。ダイマンス岩礁（Daimans Ki、Die mans?, 死人の島）。これは大集落（サンディ・ベイ）の集落の拠点。ここから小さな砂場（Ahya luhpi）、ここも漁場の一つ。（航路の説明）ミスキート島、それからマーラス島、ここまで行く。西側、そう。そこからウィプリン岩礁にはこうやっていく。（航路の説明）ここにアオウミガメの家が一つ。リンボー礁が最後、波がたつ。そこから一つ北に行くとエンジン洲（Enjin Baru）。アオウミガメのバンクの一つ。そこから北東にミリフ（Milih ミリフ、英語では、性的に魅力的な年上の女性という意味）。ここもアオウミガメの漁場の一つ。そこからこの大陸棚の終わりに沿っていく。ミリフから罪ほろぼしの場所まではアオウミガメのバンクはない。海老だけ。私はもうすでに試してみた。カメはいない。六艘の船で行ったのだから間違いない。岩場はあるだけどウミガメはいない（図16）」

::

老漁師「（半世紀前の漁について）昔、私たちが若かったころ、おそらく一四歳くらいのとき、私たちはこうした北部のマーラス島という名の島の近海でアオウミガメを捕まえていました。マーラス島はここ。この辺もアオウミガメは沢山いる。他にもナーサ岩礁とか。わたしたちは昔こうした場所を使って漁獲作業をした（図5）。昔はこういったウィティシ岩礁の岩場の配置などはよくわかってなかった（図15）。私は最初に行った村人の一人。名前なんかもつけていった。今の村のすべての人がそういった名前を使う。そうした老人たちは皆、死んでしまった。ミスキート島やマーラス島から私が連れていった。アオウミガメはそこにいた。アオウミガメは姿を消さない。そこにいる。ここは何て名前だっけ。リンボー礁、ここでは最近、私たちは罠を仕掛けない（図16）。ここではアオウミガメは幸せ。人間が彼らの邪魔をしない。ここには天気の悪い時にはいかない。天気がいい時にだけ行ける場所」

老漁師「ウィティシ岩礁にはいつもアオウミガメがいる。ここからいなくはならない。（不明）はじめてここに来たとき、おそらく現在の村の出づくり小屋から一マイルも行かないところ。その半分くらい。一晩で二〇頭近くをとった。そこから少し行ったところが大きな浅瀬（Buhni Tara）。見てみろ。一つ一つの岩（Walpa Kum Kum）がここ（図16）。ここからもう少し行ったところにアオウミガメが沢山いる。昔はそこからモスキート・コーストの南の小サンディベイ村やタスバパウニ村まで持っていって売ったりもしたことがある。

五〇年くらい前のミスキート諸島では（外国の）会社が捕まえていた。ケイマン諸島の漁師たち（Keimans Uplika Nani）も捕まえていた。私たちも捕まえていた。（不明）ここにその拠点の水上家屋があった。この場所は、どのように言ったらいいか、リマルカ島（図5）からミスキート島に向かった所にある。海底の底から海面まで柱をさした二つの家があって、そこがアオウミガメを捕まえる拠点だった。当時、ケイマン諸島民は五〇〇〇頭ほどを買ったり捕まえたりしていた。彼らは長い網を海に線になるように沢山張り、この線、この線というように罠を仕掛けてアオウミガメをとっていった。ケイマン諸島民の他にもアオウミガメを狙う会社は二つあった。コーン諸島とブルーフィールドに一つずつ。それぞれ一年で五〇〇〇頭くらいとっていったか。そう、もう一つの会社も五〇〇〇頭くらい。彼ら自身もフィッシングボートで捕まえたりしていた。私たち、ミスキート・インディアンからも買っていった。当時（アワスターラ村の）私たちは四艘しか船がなかった。そう、あまりなかった。今みたいな若い奴らが沢山というわけではなかった。今は若い奴らが多い。そうではなかった。

私は一二歳くらいになるとすぐに海で働いた。一二歳から一六歳まで五年間はどうやって海で働くか習った。それから六五歳だから五〇年ほど、働いてきた。（不明）その当時もアオウミガメはコーン諸島とかブルーフィールドとか港町のプエルト・カベサスとかに集められた」

：：

老漁師「（アオウミガメの回遊について）アオウミガメ（Lih）についている認証タグのピンはたまに見かける。コスタリカとかメキシコとか、キューバとかから来たと書いてある。つまり、こういった所には彼らが食する餌場や寝床がすくない。アオウミガメはどこに餌があるかをいつも探している。とにかく急いで良い食事をとろうと考えている。私たちの領域は寝るのも良い。そしてアオウミガメが来るとき、君もこの村が好きになったから来るようになったのでしょう。それと同じ。動物もどこに行こうともその場所を気に入ったから来る。そうでしょう。

ミスキート諸島のアオウミガメ（Lih）は、コスタリカから北上して来た時、とても良い餌場に出会う。以前はアワスターラ村の近くにも卵を産みにきていた。ただ村の人たちが沢山とるから、コスタリカのほうに卵を産みにいってしまって戻ってこなくなった。雌の親ガメも来ていた。安全なコスタリカで卵を産んでまたこっちに来る。彼らの家や寝床はこっちにあるわけだから。そこでわたしたちは罠をしかける。安全なコスタリカに再び行って卵を産んで、こっちの餌のある海へと戻ってくる。キューバは遠いけど、やっぱりここに来ないと食事がない。あの辺では海の中の鮫（iiiri、イリイリ）とか悪い奴らがアオウミガメを狙って食べてしまう。だからここに来る」

老漁師「（紙を指さしながら）そうそう言うのを忘れていたけど、ダイマンス岩礁の近くにパッチ状の漁場が一つ。漁場はそこから少し行ったところ、そこも大きい（図16）。ミスキート諸島がここだとすると、ここがダクラ村で、スクラ浅瀬がここで、ダイマンス岩礁はここ。近い。出づくり小屋もある。今は七〇ほどあるかな。いや、ダクラ村所有の島ではない。大集落（サンディベイ）も島が遠い。大集落には人も多い。学校行ってないやつも多い。今は、私たちが以前、使っていたマーラス島を使っている（図16）。マーラス島の近くでアオウミガメをとってもいる。今、大集落の村人は何人？　一万五〇〇〇人くらいか？　漁師だったら大集落の潜水漁の海域線とか、沿岸の海老の境界は尊重したほうがいい。アオウミガメは別にどこでとっても大丈夫。アワスターラ村の境界はライトハウス（砂浜のココナッツの生えている場所でダクラ村との境）（図10）からで、アオウミガメの漁場の境界については、だれもあまり怒ったりはしない。私たちのアワスターラ村から東に線を引いていくとウィティシ岩礁につく。そこには巻貝もいるし、ロブスターもいる。大きな漁場で、心臓。ここを中心に円を描くように漁場が広がっている」

付録3　大きな船の建造方法

調査中、村の船大工によるウミガメ漁船（大きな船）の造船作業を一ヵ月半ほど手伝うことになった。これまでの研究では、その詳細な記載は残されてはおらず、以下に、その構造や建材などについて記録を残しておくこととする。

一・船体構造

船の全長一二メートルで船縁の幅は二メートルほどあった。深さは、成人男性の腰の辺りまである（図45）。竜骨、船首、船尾材が船の中央にあり、竜骨の長さは一〇メートルほどである。肋骨は二四列あり、それぞれ二本で一対をなす。それぞれの肋骨には添え木がつけられている。外板の幅は四〇センチほどで六〜八列が張られる。村での呼び名はドゥーリ・ターラ（Dori Tara）である。これは丸木船を指すドゥーリという語に、大きいという意味を持つ形容語がついたものである。

ドゥーリ・ターラの帆柱は一〇メートルほどの半固定式である。帆柱は、船の前方四分の一のあたりにたてる。帆柱は、一度つけたら二、三人がかりでないとはずせない。航行時には帆柱には主帆がつき、ジブは舳先につく。海では船乗りの一人が中央辺りで前帆をあやつる紐を握り、もう一人が後方の舵で主帆の紐を操作する。重い主帆と前帆を同時に動かすには三人が必要である。

一度の航海を終えると、このドゥーリ・ターラは船着き場の岸にあげられ、補修修繕される。

村では漁撈用の丸木船カヌーと異なり、ドゥーリ・ターラは重たく、数人で運べるような代物ではないので、岸へと揚げる際には船乗りたちの協業が不可欠となる。

たいていの場合、船の岸揚げは朝におこなわれる。船着き場にいる十数人が駆り出される重労働である。村の実力者の船を手伝うのであれば、その手伝いに飴などが配られることが期待されている。時には若干の対価が支払われたりもした。それがないと手伝いに駆り出された村人たちから不満の声があがる。

二 建材

ドゥーリ・ターラは木材でできている。船の各部分に使われる木材の種類は若干異なり、内陸のスム・インディアンのドゥーリとも違いが見られる（McSweeney 2000）（図46）。

一）竜骨材は村でアワス・ピヒニ（Awas Pihini、白い松の意、種類の同定はできず）の名で呼ばれるものである。長さは一〇六〇センチあった。近隣の大集落からすでに直方体に成形されたものを村

図45. アオウミガメ漁獲作業用の木造船（大きな船）

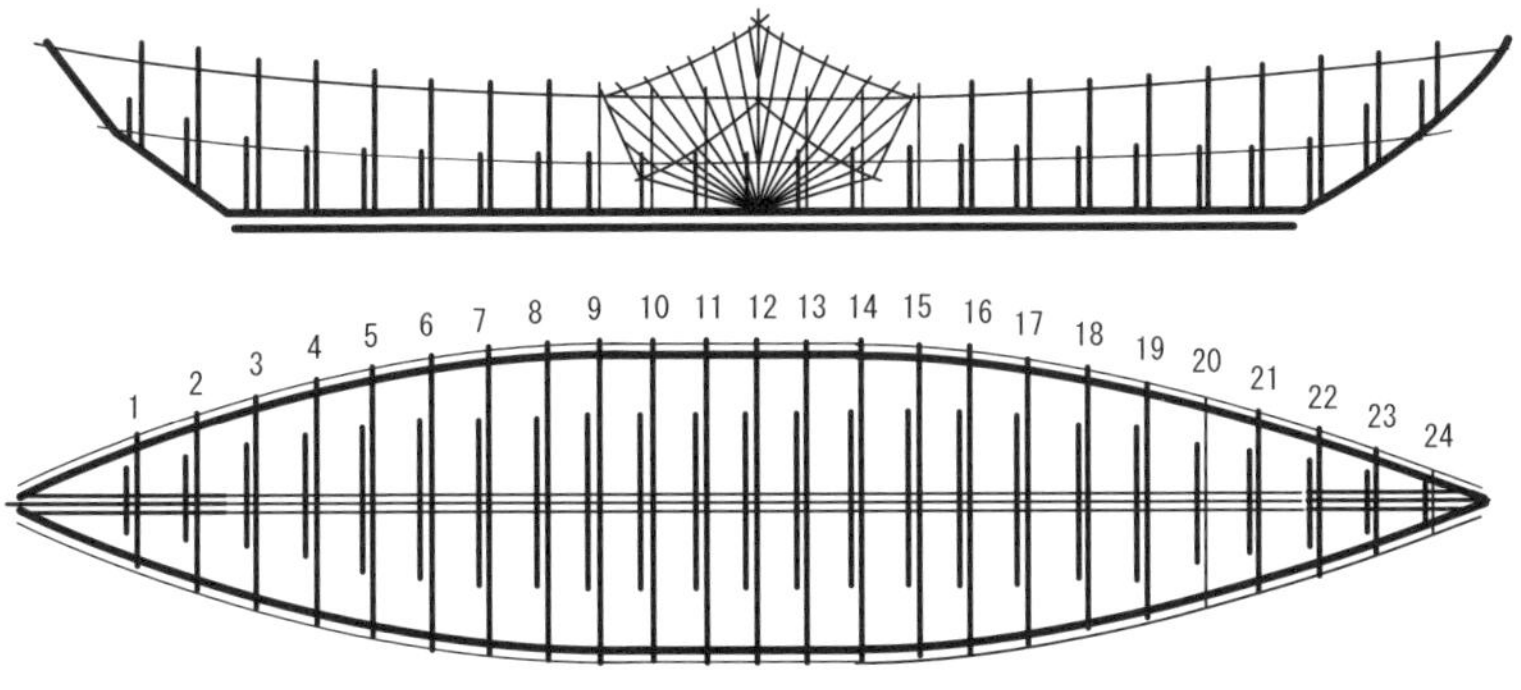

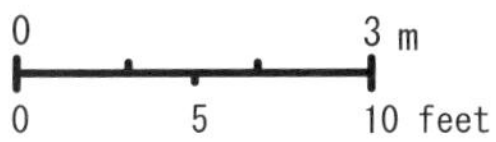

Miss Ivis2, Awastara, Nicaragua, GRAAN.
Built by Injot Dawns
Drawn by Author, November 2015

図 46. 建材（比較）

	Dori ホンジュラス、 内陸スム族※1	Catboat ケイマン諸島※2	Dori Tara 北海岸、 ミスキート族※3
竜骨 船尾 船首材		ニシインドチャンチン（現地：名 Cedro, センダン科） ・Cedrela odorata オーバマホガニー ・Switensia macrophylla	・現地名：awas pihni（白い松） ※学名不明 ・バルサ （現地名：mihimi、パンヤ科）
肋骨 添え木	ニシインドチャンチン（現地名：Cedro, センダン科） ・Cedrela ・Cedrela odorata オーバマホガニー ・Switensia macrophylla ＋ほか材木 （11 種類）※4	＋ほか材木（3 種）※5 （11 ～ 15 列）	・サンタマリア （現地名：krasa, オトギリソウ科） ・バルサ（現地名：mihimi、パンヤ科） ・リシェイラ （現地名：yahal ビワモドキ科 Curatella americana） ・ナンセ（現地名：krabo, キントラノオ科） ・?（現地名：ihinsa, シクンシ科） ・?（現地名：uspum） （24 列）
外板		・American Pine（?）	・サンタマリア （現地名：krasa, オトギリソウ科）

※1：すべて McSweeney（2000）に依拠。調査がおこなわれたのは 1990 年代。
※2：すべて Smith（1985）に依拠。船が使用されたのは 20 世紀中葉。
※3：筆者が記録したもの（2015 年）。木材の種類は Nietschman（1973）Appendix に依拠。
※4：荷物運搬用となる丸木船（村外に売却される）は 9 割が上記の 3 種類から。
※5：他にも pompero（Hypelate trifoliata），white wood（Tabebuia leucoxylon）。

へと運ぶ。購入した船主によると、この白い松は、大集落の奥の森からとってきたということであった。

二）肋骨・添え木材も同じ所に運ばれてくる。肋骨の形や重さは種々様々である。重いものは数十キロにもなり、屈強な漁師たちが背中に担いで運ぶのがやっとなほどでもある。形はすでに肋骨の形に近い「へ」の字型のものもあれば、直方体のものがある。長いものや短いものなど様々雑多である。大きいものが肋骨になり、小さいものは添え木になる。

肋骨の種類は、クラサ（Krasa、サンタマリア）、ミヒミ（Mihimi、バルサ）、ヤハル（Yahal、ビワモドキ科）、クラボ（Krabo、キントラノオ科）、イヒンサ（Ihinsa、シクニシ科）、ウスプム（Uspum、不明）などの材が混ざって構成されている。どれも港付近の砂の大湿地林やこの村の近くの森で見かける種類である（図46は近隣の木造船との比較結果）。

材木は、船主と船大工が北の集落にまで直接赴いて買いつける。船主は当初、船首・船尾材もこれら肋骨用の建材から成形する予定であったが、どれも長さが足りなかったため、村はずれの森からミヒミを切ってそれに当てた。

三）外板材は船主がプエルト・カベサス市で購入し、他のドゥーリ・ターラで取り寄せる。材の種類はクラサ（Krasa、サンタマリア）であった。普段は高床式家屋の床などに使われるものである。幅四〇センチ、長さ一二〇センチほどの板が四〇枚ほど使われた。

三　工具

造船作業時に船大工が使っていた工具及びそれに類するものは二六種類あった。中には依頼主から借りたものもある。釘やチェーンソー用の燃料などの消耗品は依頼主もちであった（図47）。日本のように鋸《のこぎり》だけでも豊富な種類があるのと比べるとかなり簡素な道具であるが、長ネジを尖らせてノミのように使用したり、一本の鉄筋で

図 47. 造船工具の目録

	ミスキート語	英語	日本語	備考
1	kulampu	clamp	万力	ドイツ製、米在住の親類より。2本使用。
2	amáru	hammer	金槌	外国製、同上の米在住の親類より。
3	kwiruku mihta	crowbar	バール	村での通称は豚の手。依頼主のもの。
4	motosierra	electric saw	チェーンソー	近郊の町で購入。
5	duri sáika (sika)	the chemical for keel	竜骨用薬剤	橙色。建造前に竜骨に何度も塗る。強烈な匂いなどなし。
6	peintu	empty paint cans & oil	空の缶・油	外装の直線をとるときに糸を浸ける。
7	silak 1	nail (6 inch)	釘（約 18cm）	材質不明。6インチ釘。
8	2	(5 inch)	釘（約 15cm）	5インチ釘。
9	3	(4 inch)	釘（約 12cm）	4インチ釘。
10	4	(3 inch)	釘（約 9cm）	3インチ釘。村で購入。
11	5	(2.5 inch)	釘（約 7.5cm）	2インチ半釘。村で購入。
12	6	(2 inch)	釘（約 6cm）	2インチ釘。
13	sanda 1	a file	金ヤスリ	山刀、鋸の刃を研ぐとき使用。
14	sisin	iron screw (chisel)	ノミ用擬ノミ	大きなネジの先端を成形。長さは 20 センチほど。
15	ispara	machete	山刀	簡単な木の成形用。
16	sá	saw	（片手用の）鋸	おもに外板と外板の重なりを切り落とす時に使用。
17	tako	a wooden mold	肋骨幅用木型	肋骨の幅をとる時などに使用。片手で持てるほどの大きさ。
18	amaru lal	hammer head	金槌の先端	凹に釘を打つ時の仕上げ用。
19	balia	rebar	鉄筋	肋骨の角度をとるときに使用。長さは2メートル強。
20	kiwa sirpi	a string	タコ糸	船首材、竜骨、船尾材の平行をとるときに使用。
21	dusa almukka nani	old timbers	廃木材	造船時の船体支え材。
22	kuku dusika	palm tree log	ココヤシ切株	造船時の竜骨を浮かせるための木材。
23	sanda	a file(electric)	電動ヤスリ	ー
24	pinsiru	pencil	鉛筆	木材に印をつける時などに使用。
25	ー	a plane	カンナ	ー
26	ー	a tape measure	巻尺	外板の幅、肋骨の間隔をとる時などに使用。

※ 2015 年 1 ～ 3 月に記録。記録者、筆者。大きな松材の一大工の道具類。造船作業中に確認できたものに限る。4. チェーンソーと 23. 電動ヤスリにはガソリンを使用。7 ～ 12 の釘、5. 竜骨用の薬剤は依頼主が購入したものを使用。

様々な角度をとったりと興味深い工夫も見られた。

四．建造方法

以下に建造工程の概要について順を追って示した（図48）。

一）竜骨

まず、直方体の竜骨材を二つの椰子の丸太のうえに置く。この竜骨材を上辺約二〇センチ、下辺一二～一三センチほどの台形に整える。端は台形の形のまま、途中から中央が窪むように凹凸をつけていった。この凹は肋骨をうちこむためのものである。これを二日ほどで仕上げる。その後、巻尺を使い、それぞれの肋骨木の位置を決める。竜骨を整えた後は、フジツボよけの薬剤を塗る。

二）船首・船尾材

一の竜骨成形後、船首・船尾材をとりつける。両材はすでに切られたものが運ばれる。まず、船首・船尾材を竜骨と一直線になるように仮止めし、廃材で支える。船首・船尾材に穴をあけ、糸を通して張る。横に張った糸から下の竜骨木に向かっても糸を三本張る。竜骨木と船首・船尾材が直線状にあるかがたしかめられると、五～六インチの釘を打ちこむ。

三）船中央部の肋骨

二で船首・船尾材をとりつけたあとは、船中央部の二列（二対、四本）の肋骨をとりつける。まず、バリア（Balia）と呼ばれる鉄筋を持って、船着き場に行き、それを他の船の同箇所の肋骨にあて、金槌でたたいて、船着き場にある肋骨と同じ角度をとる。それをそのまま造船場（船大工の家の庭）へと形を変えないように、気をつけて持って帰る。次に成形前の肋骨木の中でも大きなものを用意し、そこにその鉄筋を押しあて、それと同様の角度

図48. 建造工程

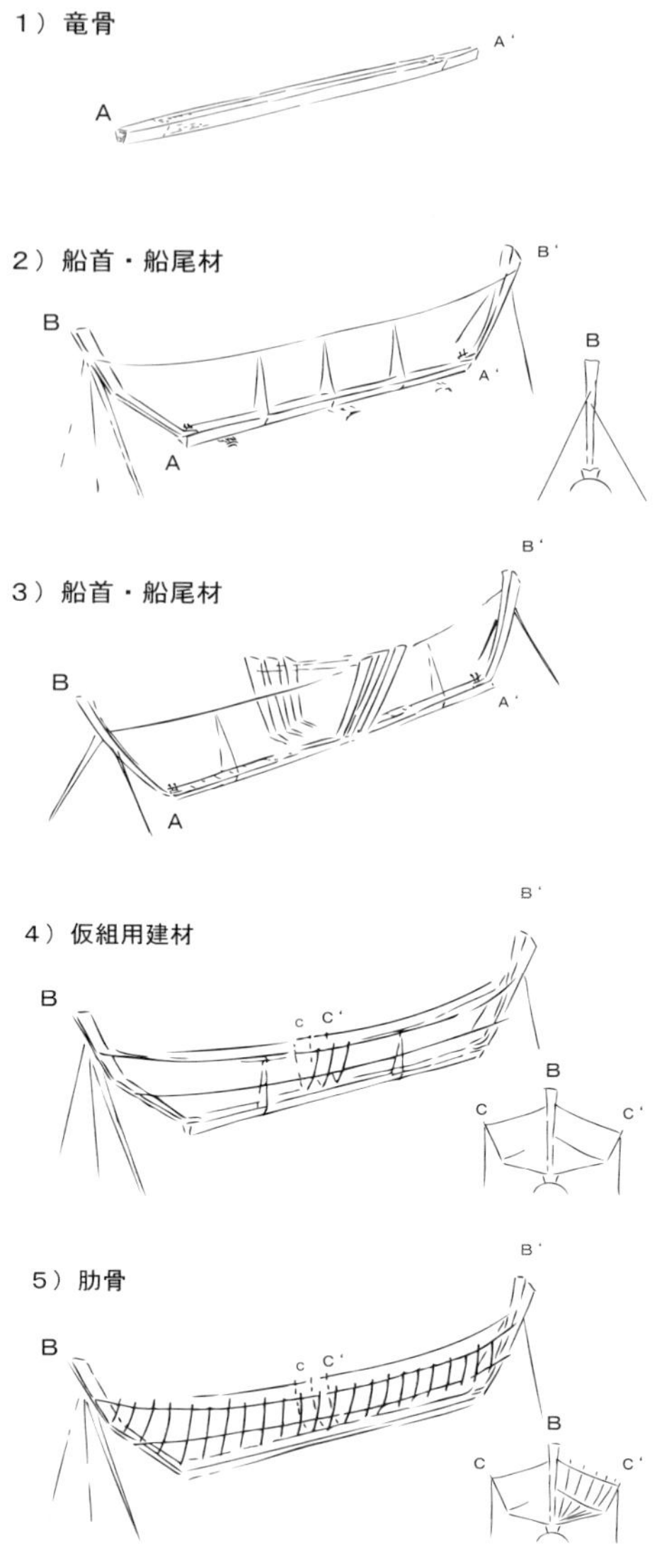

を鉛筆でひき、そのようにチェーンソーで切る。木型を使い一定幅をとれば一本の肋骨となる。これと同じものを三本つくる。四本の肋骨を仮止めし、船首・船尾材同様に糸を通す。糸と糸が直角になるように張られていることが確認できれば、四インチ釘を打つ。打ちこむ際は、それに見合った穴をあける。穴をあけるのに用いるのは、大ネジをノミのように尖らせたシシン（Sisin）と呼ばれる道具である。これをノミのように使って小さな穴をほる。

四）仮の外板

三のように中央部の肋骨四本を組み立て終わると、それらと船首・船尾材をとりかこむような仮の外板（四本）で巻く。その仮の外板材はその形状からズボンのベルトに例えられる。この仮組ベルトは普段、家の窓枠やベランダ装飾に使われるものである。長さは五～六メートル程度で、幅は一〇センチで薄さは二センチほどである。この

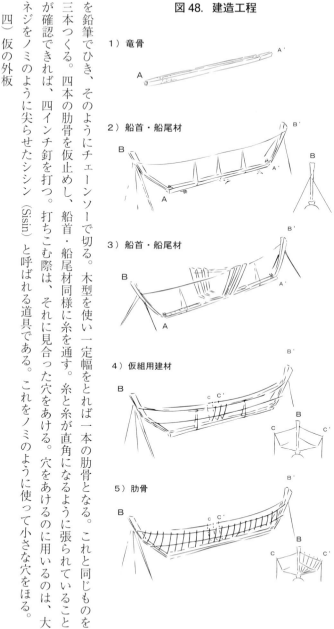

仮の外板は屈曲性にすぐれ、よく曲がる。この板を二枚と半分をつなげ船体にまく。船首材から、中央部の肋骨を経て、船尾までまく。船縁と船体横の二本ずつ、計四本まく（図49）。

五）肋骨

四で仮組のベルトをまいた後は、他の二二本の肋骨をとりつける。仮組したベルトが、二二列の肋骨の角度を示してくれるので、鉄筋をそれにあわせて、それぞれの肋骨の角度を慎重にとる。肋骨材の大きさや形は様々なので、その場所にみあうものを選びながら一本、一本成形していく（図50）。船首と船尾材に近づくと肋骨の角度は狭くなり、鋭くなるため、こうした先端の部分には建材の中でも特に枝分かれした二股のものを選び使う。すべての肋骨の組み立て作業には三週間ほどを要する（北の大集落の人々によれば、そこではもっと早く造船は終了可能であるとの事である）。

六）肋骨の添え木

五で二四列の肋骨木を取りつけた後は、さらに船を強化、補強するための添え木をとりつける。添え木には、肋骨材のあまりの材木をあてる。一本一本形の合うものを探しながらおこなう。成形方法は肋骨と異なる（図51）。まず、木型を用いて、竜骨の凹の形をとった。それを切りとって下辺をとる。肋骨の幅をとった同じ木型でそこから幅をとると、上辺を切り落とし、端を整えて、中央部に排水穴をとる。二四列の肋骨と同数の添え木をつける。中央部分の肋骨にはその両側に添え木をし、補強する。

図49. 竜骨（A-A'）と肋骨の直角（タコ糸 , B-B'・C-C'）

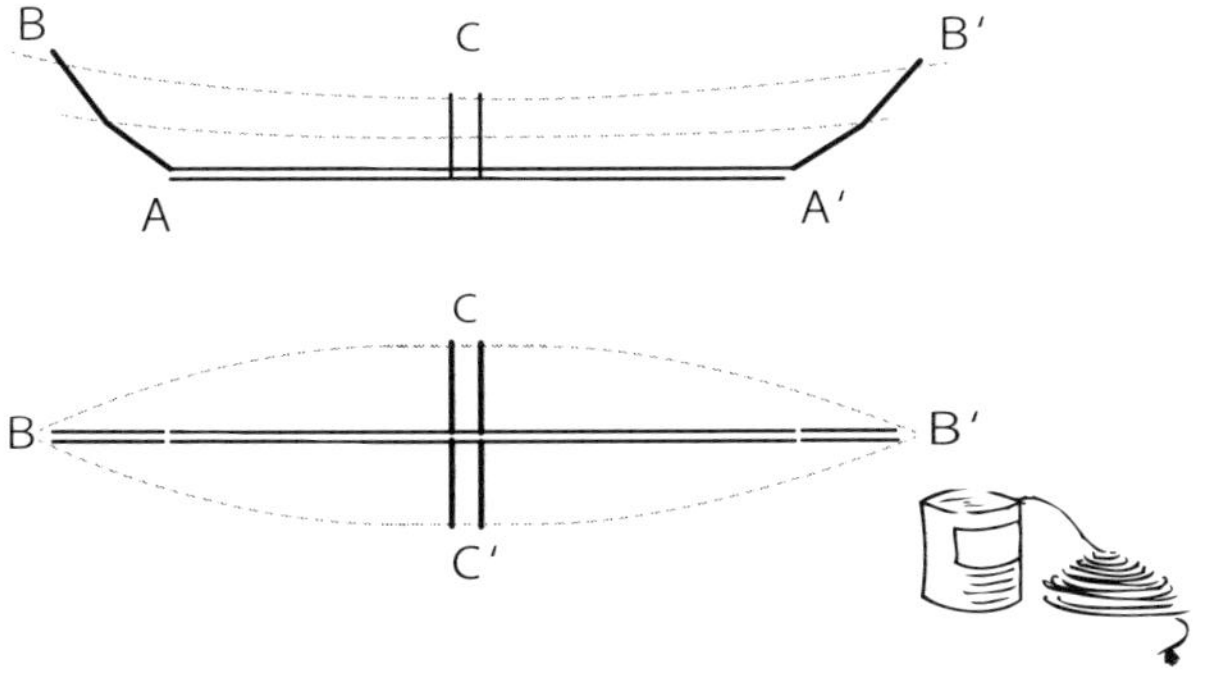

図 50. 肋骨の角度とその計測器具

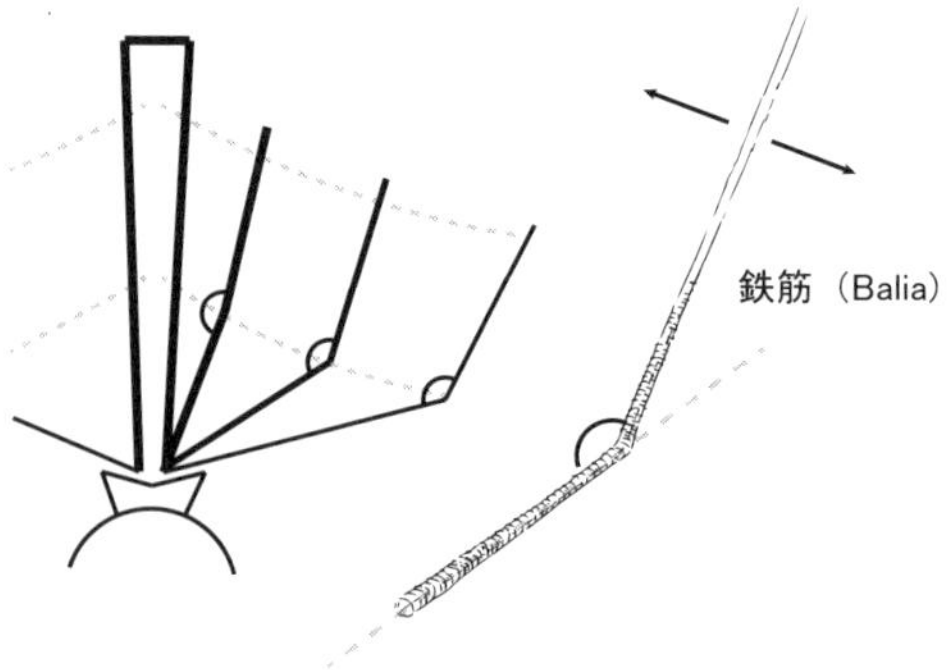

図 51. 添え木（量産品）と
木型（Tako）とチェーンソー

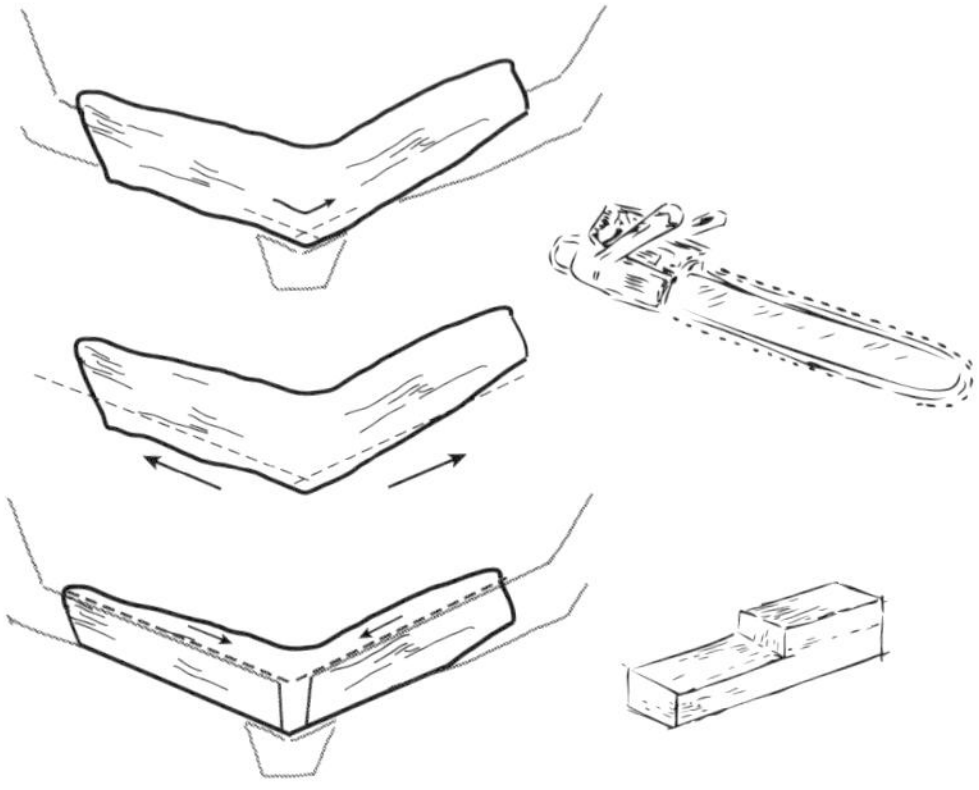

七）外板

六で肋骨添え木を終えると、外板をとりつける。ベルトを外し、完成時上から2段目で基準となる外板からとりつける。四人で板を持ち、肋骨ごとに三インチの釘を三本ずつ打ち込む。これを2枚半ほどはる。この基準となる外板の後は、その上、その下の順に貼りつけていく。四人がかりで板を基準の板の上に少しだけ重なるようにして曲げ、船内の内部から基準の板に沿って鉛筆で線をひいていく。それらを切りとって組み合わせていく。船体上部、両側の外板を張るのに二週間ほどかかる。その後、帆柱などの付属品をとりつける。

五. 近隣の船との違い

以上がおおまかな建造工程である。このドゥーリ・ターラの建造法について、二〇世紀初頭のケイマン諸島民のキャットボートと比較研究した結果、いくつかの違いが散見できる。現代のドゥーリ・ターラと比べ、二〇世紀初頭のキャットボートの建造法で大きく異なるのは、それが模型を再現するように建造する方法を取っている点である。記録では模型は一〇分の一スケールで彫刻されたという。このモデルはその船大工の経験を頼りにしてつくられ、肋骨などの角度はこのモデルの断面図をもとにしてつくられたという（Smith 1986）。

二〇世紀初頭のキャットボートに比べ、現在のモスキート・コーストでつくられているドゥーリ・ターラはより直線的なフォルムをしている。記録によるとキャットボートの建材は時折、この地域の卓越風を使い若木を曲げるなどしてつくられたという。また曲がった幹や枝、その付け根部分の特性（compass timber）を生かし、それを竜骨、船首、船尾材として使うということも一般的であったという。一方、現代のドゥーリ・ターラで、この曲げるという技法は見られない。曲がった幹や枝、その付け根部分の特性を用いる。船首には若干のカーブも見られるが、わざわざ若木を曲げるようなことをしてつくったものではない。

肋骨木の角度の取り方も異なる。キャットボートは一〇分の一スケールの模型の角度の類似を再現するのに対し、ドゥーリ・ターラ（大きな船）は、もとある他の船の中央部の肋骨の角度をまねし、そこからベルト木をまいて、そこにできる曲線がしめす角度をとる。ドゥーリ・ターラは、鉄筋コンクリートにも使われる歪曲する鉄筋（Balia）が使われる。それによって少しずつ角度の違う二四列の肋骨をつくる。また、鉄筋で肋骨の上辺を取った後には、材木片でつくった簡素な木型が用いられる。添え木もこの木型で成形された肋骨の幅と同幅がとられるので、その太さはほぼ同じなものができる。この木型を使い、一貫して同じ太さの肋骨木二四列（肋骨四八本・添え木五〇数本以上）が量産される。

調査時にはこのようにしてできた四五艘ほどのドゥーリ・ターラ（大きな船）が操業していた。

付録4　アオウミガメ漁獲作業の航路

ミスキート・インディアンによる現代のアオウミガメ漁獲作業の描写ついては、いくつかの研究論文の紙面でその素描については言及されるものの、その航海の詳細などについてはこれまで報告されたことはない。以下に参与した現代の漁獲作業での航路や海底の岩場（Walpa）の探索地を記録に残しておく。

図52は、ミスキート諸島におけるアオウミガメ漁獲作業の漁場の全体図である。調査に入ったアワスターラ村の中堅船長たちは、このうち南のウィティシと呼ばれる海域を拠点として漁獲作業をおこなうことが一般的である。

図中に示したアルファベットの場所が、漁師たちが罠となる網（Tan）を仕掛けた岩場（Walpa）にあたる。210ページより示した航路がジグザグの進路をとっているのは、海底にある見えにくい岩場を探しながら航海しているためである。好ましい岩場を見つけるとそこを中心的に攻めるような動きをし、そして、大きくまた航海する。その後、また好ましい岩場を見つけるとジグザグに帆の向きをかえて海底の岩場を探索する。

図 52. 漁場（アオウミガメ）と罠の場所

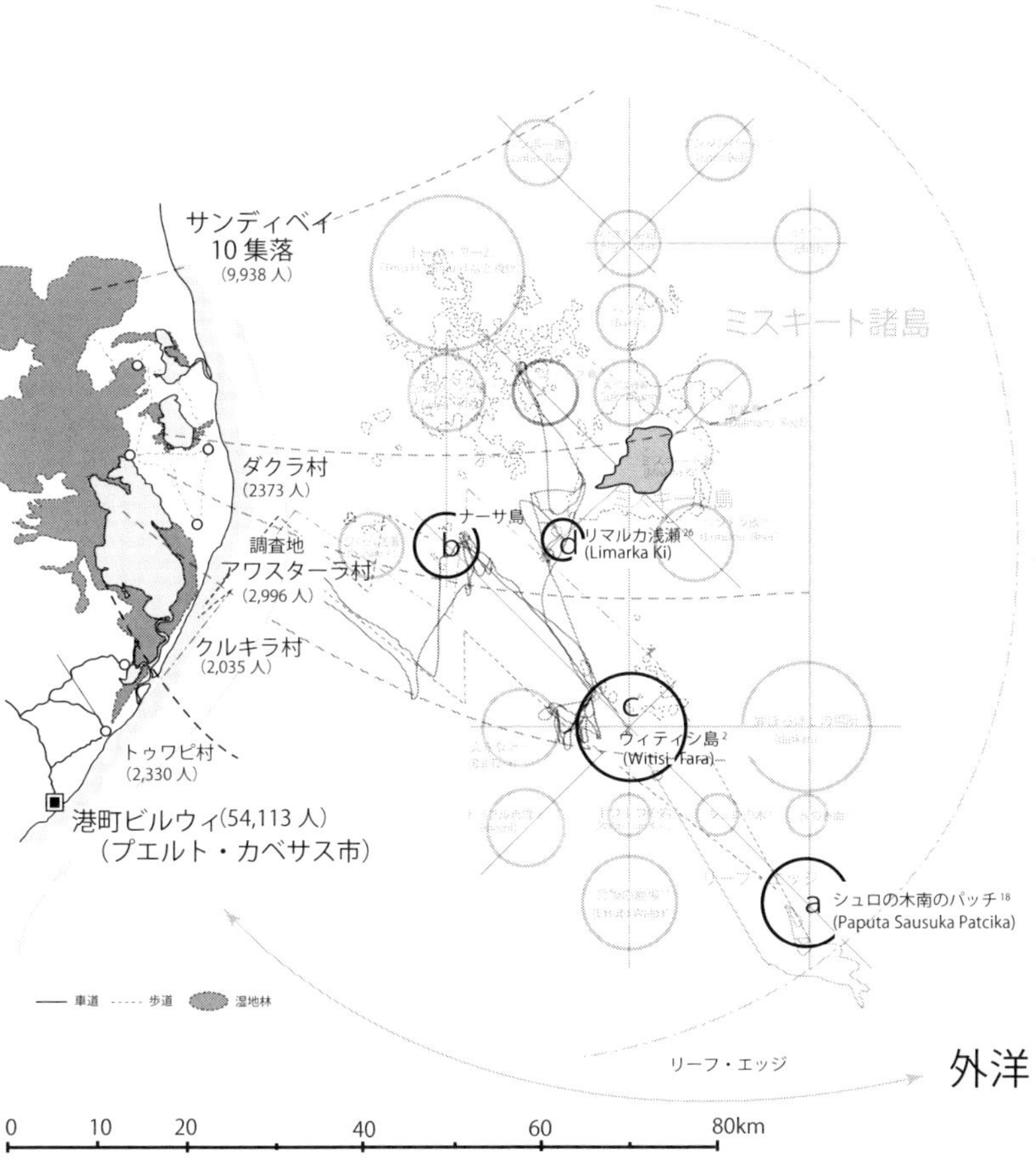

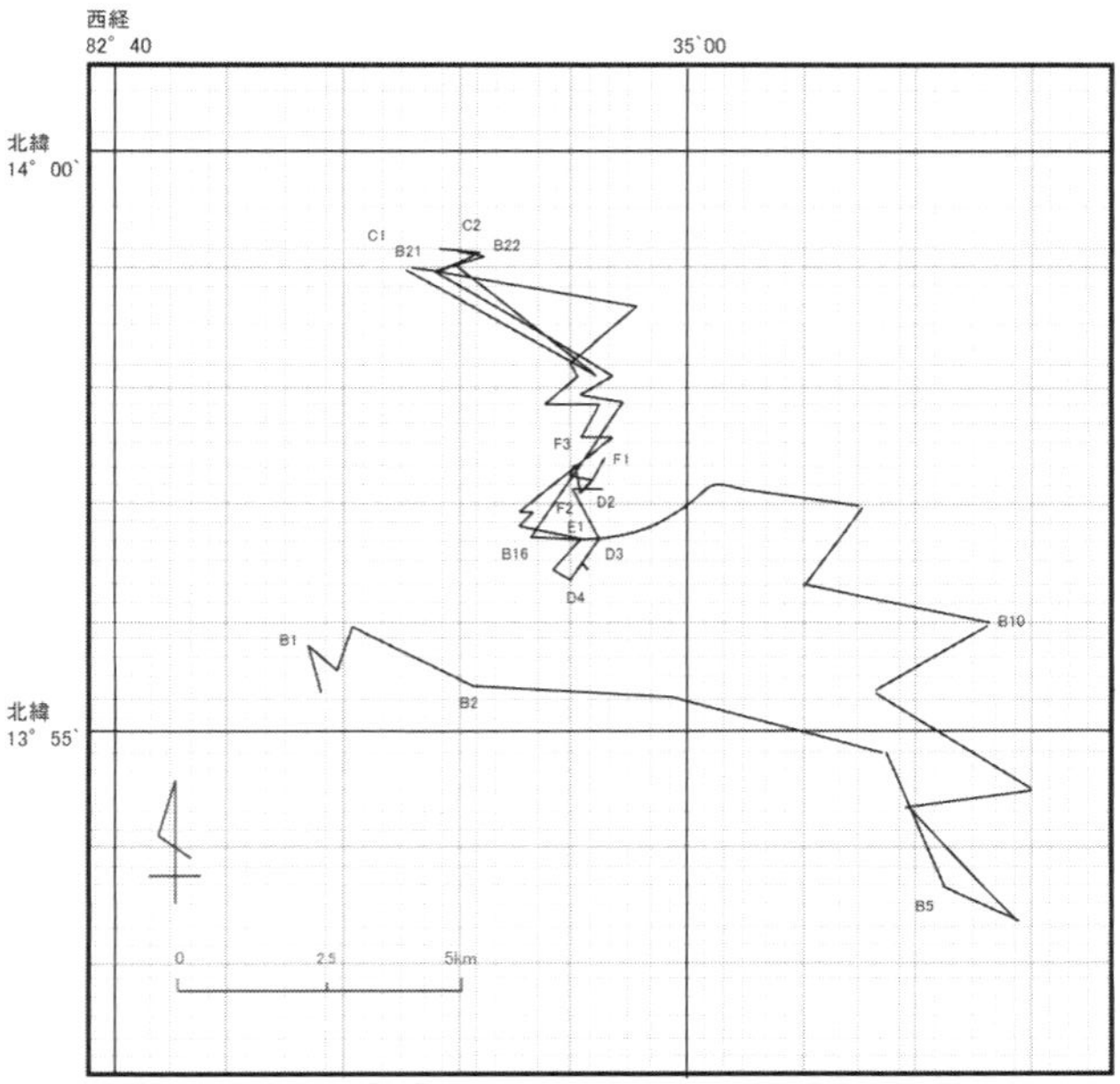

漁場名：シュロの木の南（Paputa Sauska），収集日：2012 年 8 月 24 日 − 8 月 27 日

場所	日付	緯度	経度
B0	8月24日	13° 55' 30	82° 38' 20
B1		55' 50	38' 10
B2		55' 20	37' 10
B3		55' 15	35' 30
B4		54' 50	33' 10
B5		53' 40	32' 40
B6		53' 30	32' 00
B7		54' 25	33' 00
B8		54' 30	31' 50
B9		55' 20	33' 30
B10		55' 55	32' 10
B11		56' 10	34' 00
B12		56' 50	33' 30
B13		57' 00	35' 00
B14		56' 55	35' 10
B15		56' 40	35' 50
B16		56' 35	37' 00
B17		57' 40	36' 00
B18		57' 40	36' 20
B19		57' 55	36' 00
B20		58' 20	36' 30
B21		58' 50	37' 30
B22		58' 50	37' 20
B23		58' 00	36' 10
B24		58' 50	37' 50
C1	8月25日	58' 50	37' 40
C2		58' 55	37' 20
D1	8月26日	58' 55	37' 30
D2		57' 00	36' 20
D3		56' 35	36' 00
D4		56' 15	36' 20
E1	8月27日	−	−
E2		57' 00	36' 20
E3		−	−
F1	8月28日	57' 10	36' 10
F2		57' 00	36' 20
F3		57' 55	37' 00

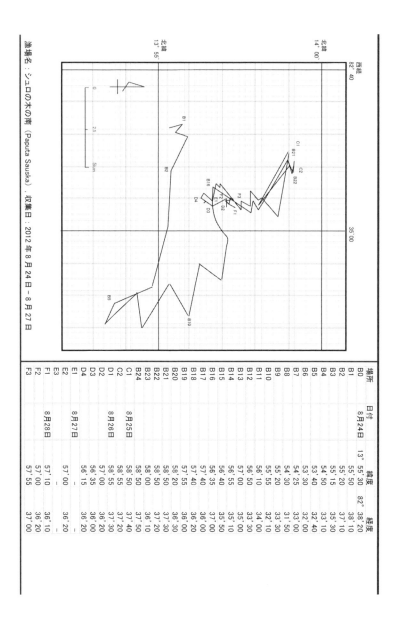

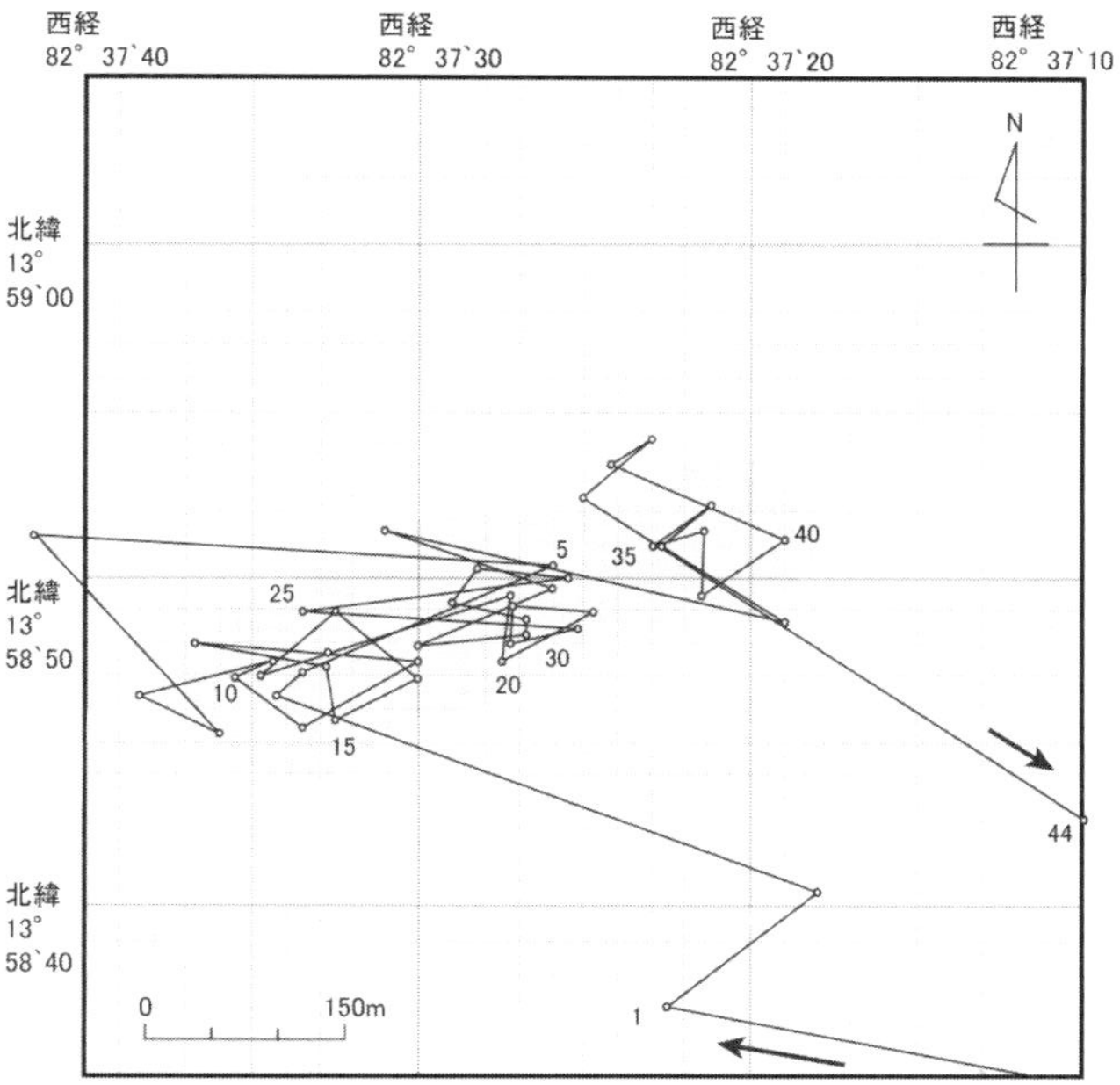

漁場名：シュロの木の南（Paputa Sauska），収集日：2012 年 8 月 24 日

場所	緯度	経度	場所	緯度	経度
B21・22-1	13° 58' 37"00	82° 37' 22"50	B21・22-39	13° 58' 49"50	82° 37' 21"50
B21・22-2	40' 50	18' 00	B21・22-40	51' 25	19' 00
B21・22-3	46' 45	34' 15	B21・22-41	53' 50	24' 25
B21・22-4	47' 15	33' 50	B21・22-42	54' 30	23' 00
B21・22-5	50' 45	26' 00	B21・22-43	52' 50	25' 00
B21・22-6	51' 45	41' 45	B21・22-44	42' 75	10' 45
B21・22-7	45' 45	36' 00			
B21・22-8	46' 50	38' 45			
B21・22-9	47' 50	34' 45			
B21・22-10	47' 00	35' 50			
B21・22-11	45' 50	33' 50			
B21・22-12	47' 50	30' 00			
B21・22-13	48' 00	36' 75			
B21・22-14	47' 75	32' 75			
B21・22-15	45' 75	32' 50			
B21・22-16	47' 00	30' 00			
B21・22-17	47' 00	32' 50			
B21・22-18	47' 00	34' 75			
B21・22-19	49' 50	27' 25			
B21・22-20	47' 50	27' 50			
B21・22-21	49' 00	24' 75			
B21・22-22	47' 25	27' 25			
B21・22-23	48' 00	27' 50			
B21・22-24	48' 50	25' 25			
B21・22-25	49' 00	33' 50			
B21・22-26	50' 00	25' 50			
B21・22-27	50' 25	28' 25			
B21・22-28	49' 25	29' 20			
B21・22-29	48' 75	26' 75			
B21・22-30	48' 25	26' 75			
B21・22-31	48' 00	30' 00			
B21・22-32	49' 75	26' 00			
B21・22-33	51' 50	31' 00			
B21・22-34	48' 75	19' 00			
B21・22-35	51' 00	22' 75			
B21・22-36	52' 25	21' 25			
B21・22-37	51' 00	23' 00			
B21・22-38	51' 50	21' 46			

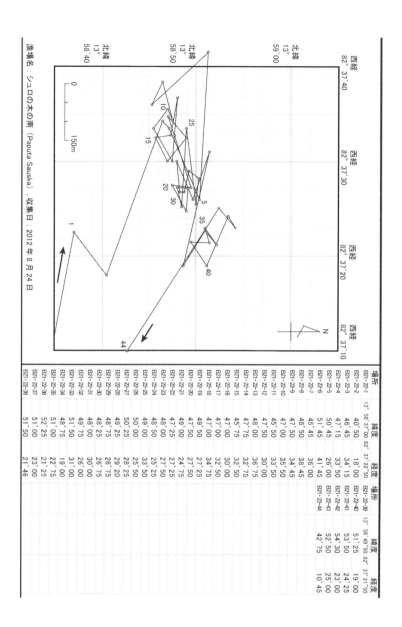

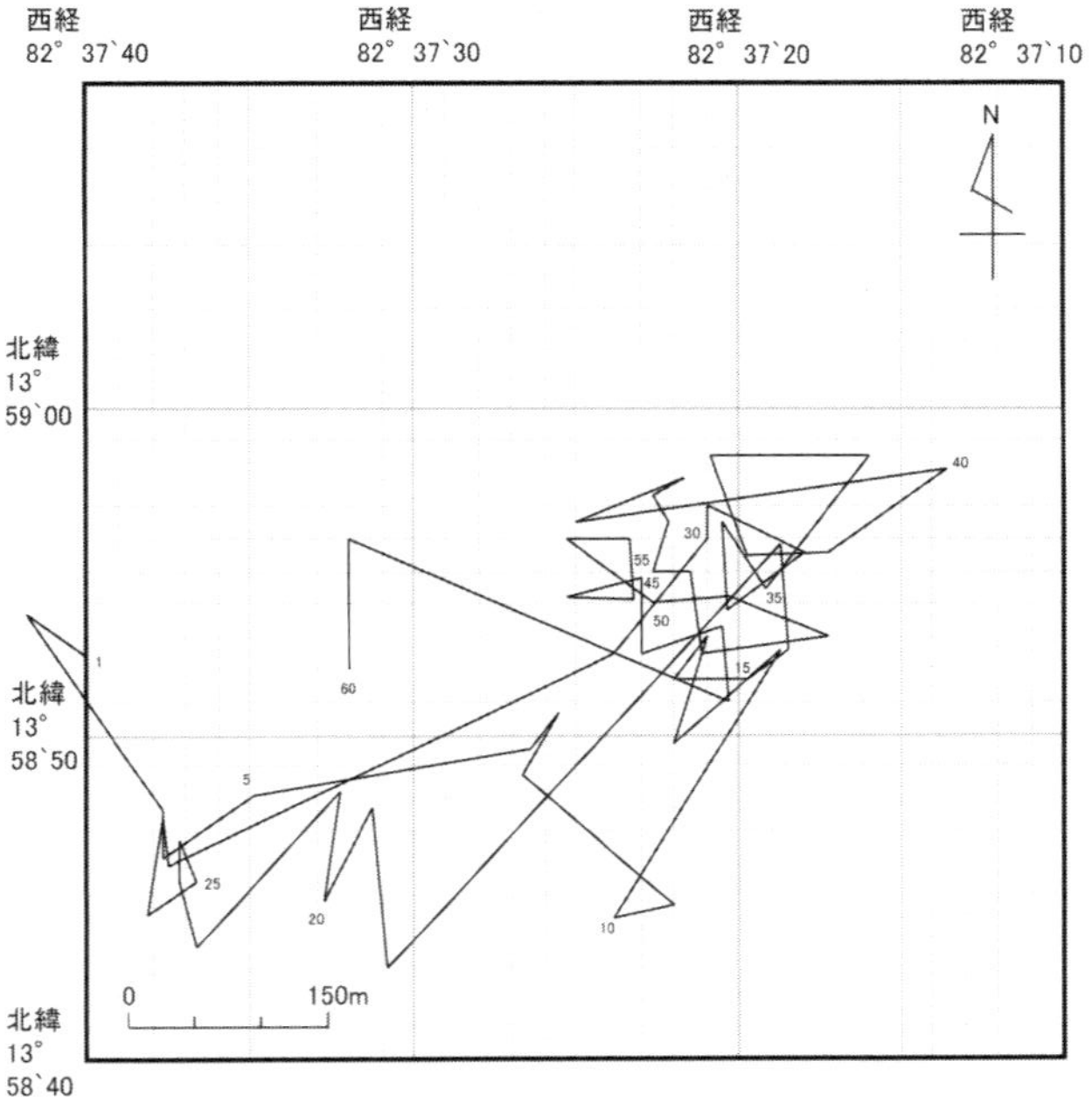

漁場名：シュロの木の南（Paputa Sauska），収集日：2012 年 8 月 25 日

場所	緯度	経度	場所	緯度	経度
C1-1	13° 58'52"50	82° 37'40"00	C1-36	13° 58'58"50	82° 37'15"75
C1-2	53'75	42'00	C1-37	58'50	20'50
C1-3	47'75	37'50	C1-38	55'50	19'50
C1-4	46'25	37'75	C1-39	55'50	17'00
C1-5	48'25	34'75	C1-40	58'00	13'25
C1-6	49'50	26'25	C1-41	56'50	24'75
C1-7	50'75	25'25	C1-42	57'75	21'50
C1-8	48'75	26'50	C1-43	57'25	22'50
C1-9	44'75	21'75	C1-44	56'50	22'00
C1-10	44'25	23'50	C1-45	55'00	22'50
C1-11	52'50	18'50	C1-46	55'00	21'25
C1-12	49'75	21'75	C1-47	52'50	20'75
C1-13	53'00	20'75	C1-48	53'00	17'00
C1-14	51'75	21'75	C1-49	54'25	20'00
C1-15	51'50	19'50	C1-50	54'00	22'50
C1-16	52'50	18'25	C1-51	56'00	25'00
C1-17	55'75	18'50	C1-52	56'00	23'25
C1-18	42'75	30'50	C1-53	54'25	23'00
C1-19	47'75	31'00	C1-54	54'25	25'00
C1-20	45'00	32'50	C1-55	54'75	22'75
C1-21	48'25	32'00	C1-56	52'50	22'75
C1-22	43'50	36'50	C1-57	53'25	20'25
C1-23	45'50	37'00	C1-58	51'00	20'00
C1-24	46'75	37'00	C1-59	56'00	31'75
C1-25	45'50	36'50	C1-60	52'00	31'75
C1-26	44'50	38'00			
C1-27	47'50	37'50			
C1-28	46'00	37'50			
C1-29	52'50	23'50			
C1-30	56'00	20'75			
C1-31	57'00	20'75			
C1-32	55'50	17'75			
C1-33	54'00	20'00			
C1-34	56'50	20'25			
C1-35	54'50	19'00			

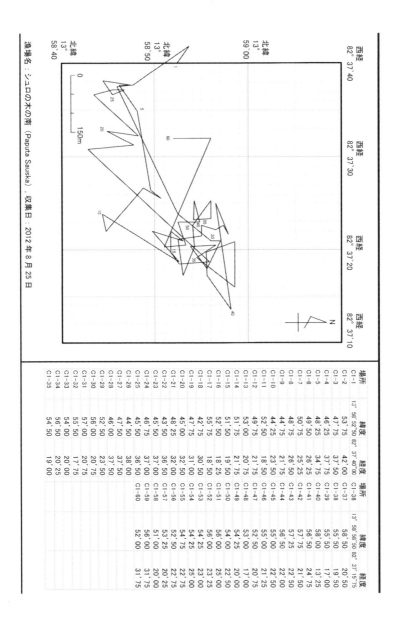

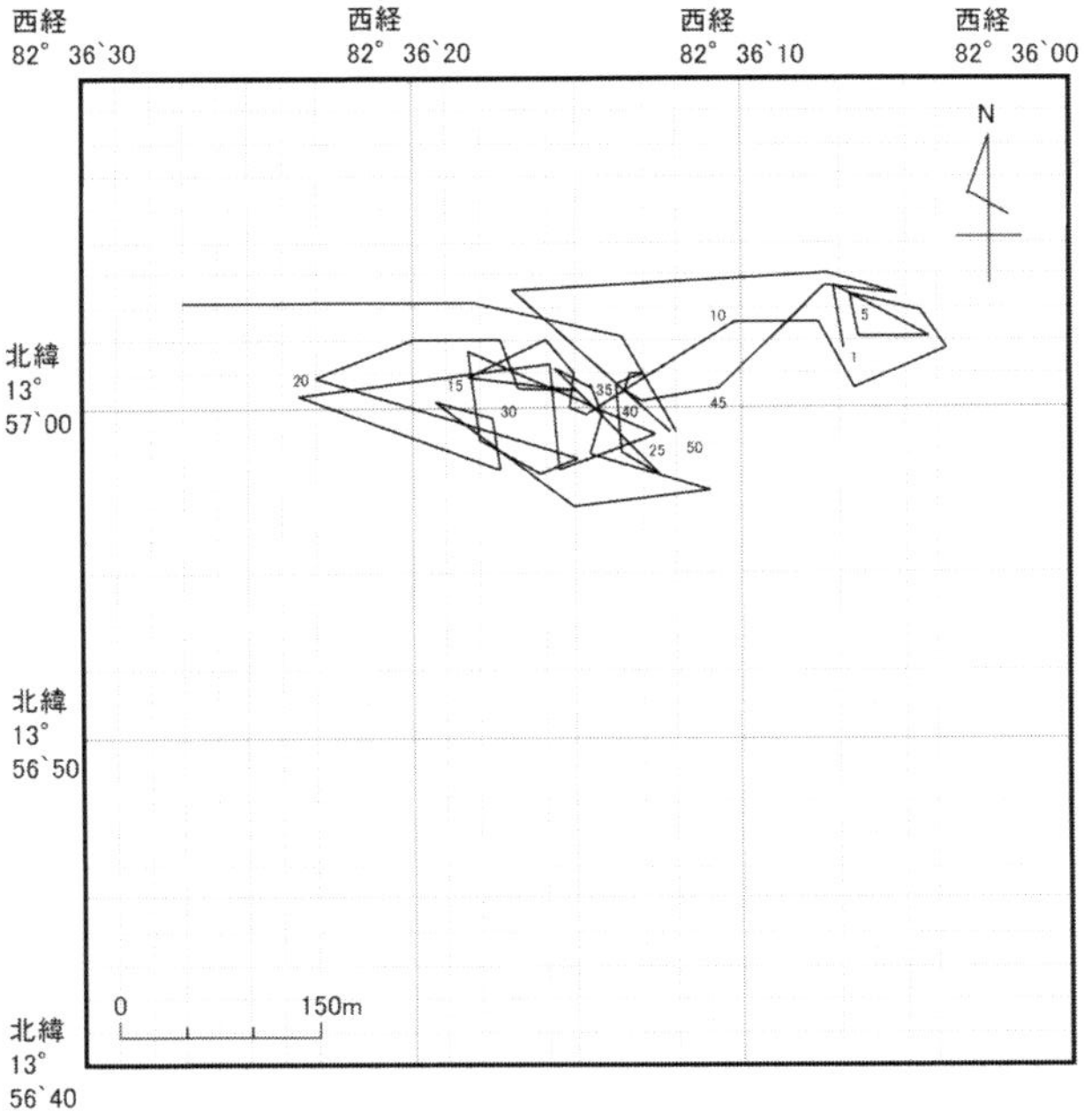

漁場名：シュロの木の南（Paputa Sauska），収集日：2012 年 8 月 26 日

場所	緯度	経度	場所	緯度	経度
C1-1	13° 57'01"75	82° 36'06"75	C1-36	13° 57'00"50	82° 36'14"50
C1-2	03'50	07'00	C1-37	01'25	15'75
C1-3	02'00	04'00	C1-38	58'00	12'50
C1-4	02'00	06'25	C1-39	58'75	13'50
C1-5	03'25	06'75	C1-40	00'50	13'75
C1-6	02'75	04'50	C1-41	01'00	12'75
C1-7	01'75	03'50	C1-42	01'00	13'25
C1-8	00'50	06'50	C1-43	00'50	13'50
C1-9	02'50	07'50	C1-44	00'25	13'00
C1-10	02'45	10'00	C1-45	00'50	10'75
C1-11	13° 56'59"75	14'50	C1-46	03'50	07'25
C1-12	13° 57'00"00	15'00	C1-47	03'25	05'25
C1-13	01'00	15'00	C1-48	04'00	07'25
C1-14	02'75	15'75	C1-49	03'50	17'00
C1-15	01'00	18'25	C1-50	59'25	12'00
C1-16	00'50	15'00	C1-51	02'25	13'50
C1-17	00'75	16'75	C1-52	03'25	18'00
C1-18	02'00	17'25	C1-53	03'25	27'00
C1-19	02'00	20'00	C1-54	07'25	27'00
C1-20	01'00	23'00			
C1-21	58'50	14'75			
C1-22	58'50	16'00			
C1-23	59'00	17'25			
C1-24	01'75	18'25			
C1-25	59'25	12'75			
C1-26	58'25	15'50			
C1-27	01'25	17'00			
C1-28	00'50	23'50			
C1-29	58'25	17'25			
C1-30	59'75	17'50			
C1-31	00'25	19'25			
C1-32	57'25	15'00			
C1-33	57'50	11'00			
C1-34	59'00	14'50			
C1-35	59'90	14'15			

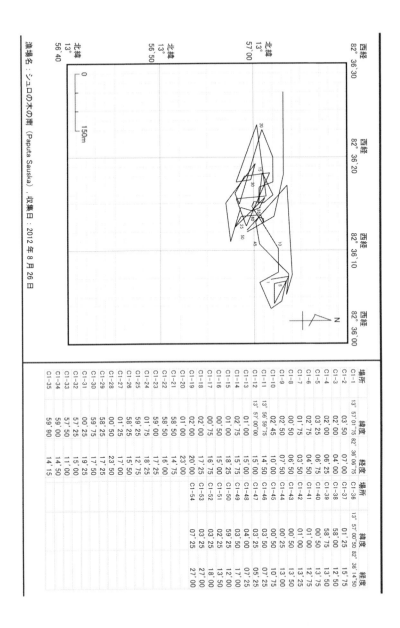

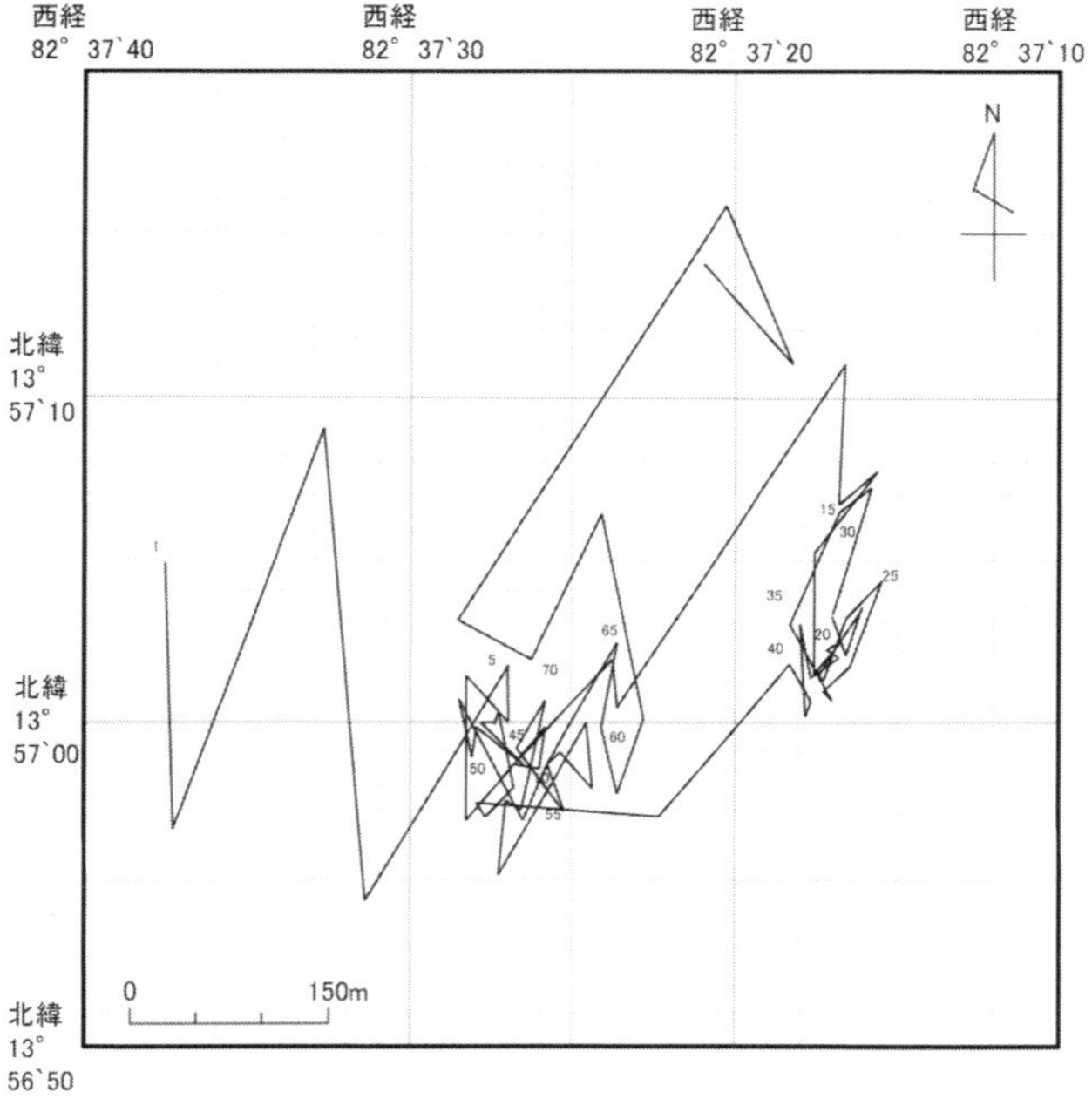

漁場名：シュロの木の南（Paputa Sauska），収集日：2012 年 8 月 27 日

場所	緯度	経度	場所	緯度	経度
E2-1	13° 57'05"00	82° 36'27"45	E2-36	13° 57'01"75	82° 36'07"00
E2-2	13° 56'56"75	27'00	E2-37	03'00	07'75
E2-3	09'00	22'50	E2-38	00'25	07'50
E2-4	54'50	21'03	E2-39	00'75	07'25
E2-5	01'75	16'75	E2-40	01'75	08'00
E2-6	00'00	16'75	E2-41	57'25	12'00
E2-7	01'50	18'00	E2-42	57'50	17'75
E2-8	57'00	18'00	E2-43	57'00	17'50
E2-9	00'05	15'50	E2-44	58'75	16'50
E2-10	58'50	15'75	E2-45	00'50	17'00
E2-11	58'75	16'25	E2-46	00'00	17'00
E2-12	02'00	13'50	E2-47	00'00	17'50
E2-13	00'50	13'25	E2-48	59'25	17'75
E2-14	11'00	06'25	E2-49	58'25	17'00
E2-15	06'75	06'50	E2-50	59'00	17'75
E2-16	07'75	05'25	E2-51	00'75	18'25
E2-17	05'25	07'25	E2-52	57'00	16'25
E2-18	01'50	07'25	E2-53	00'00	14'75
E2-19	02'00	06'50	E2-54	58'75	15'50
E2-20	02'25	07'00	E2-55	57'25	15'50
E2-21	02'25	06'75	E2-56	59'25	16'25
E2-22	02'00	07'25	E2-57	00'75	15'50
E2-23	01'50	07'00	E2-58	57'50	16'25
E2-24	03'00	06'25	E2-59	57'50	16'75
E2-25	04'25	05'00	E2-60	55'25	17'00
E2-26	01'75	06'25	E2-61	00'00	14'25
E2-27	01'50	07'00	E2-62	58'00	14'00
E2-28	00'75	06'75	E2-63	59'00	15'00
E2-29	03'00	08'00	E2-64	53'75	15'25
E2-30	06'50	06'50	E2-65	02'50	13'25
E2-31	07'25	05'56	E2-66	00'00	13'75
E2-32	03'25	06'75	E2-67	57'25	13'25
E2-33	02'10	06'25	E2-68	00'00	12'50
E2-34	03'50	05'75	E2-69	06'50	13'75
E2-35	02'50	06'75	E2-70	02'00	16'00

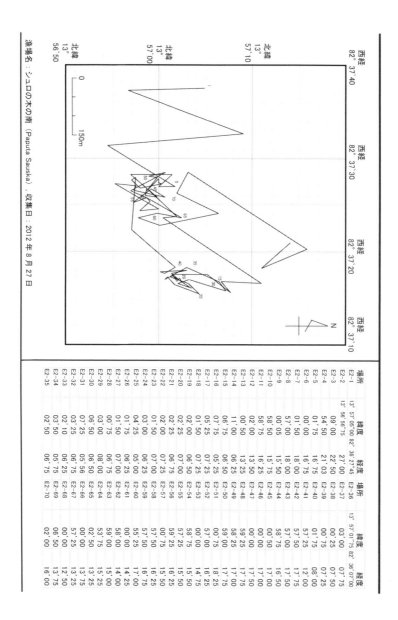

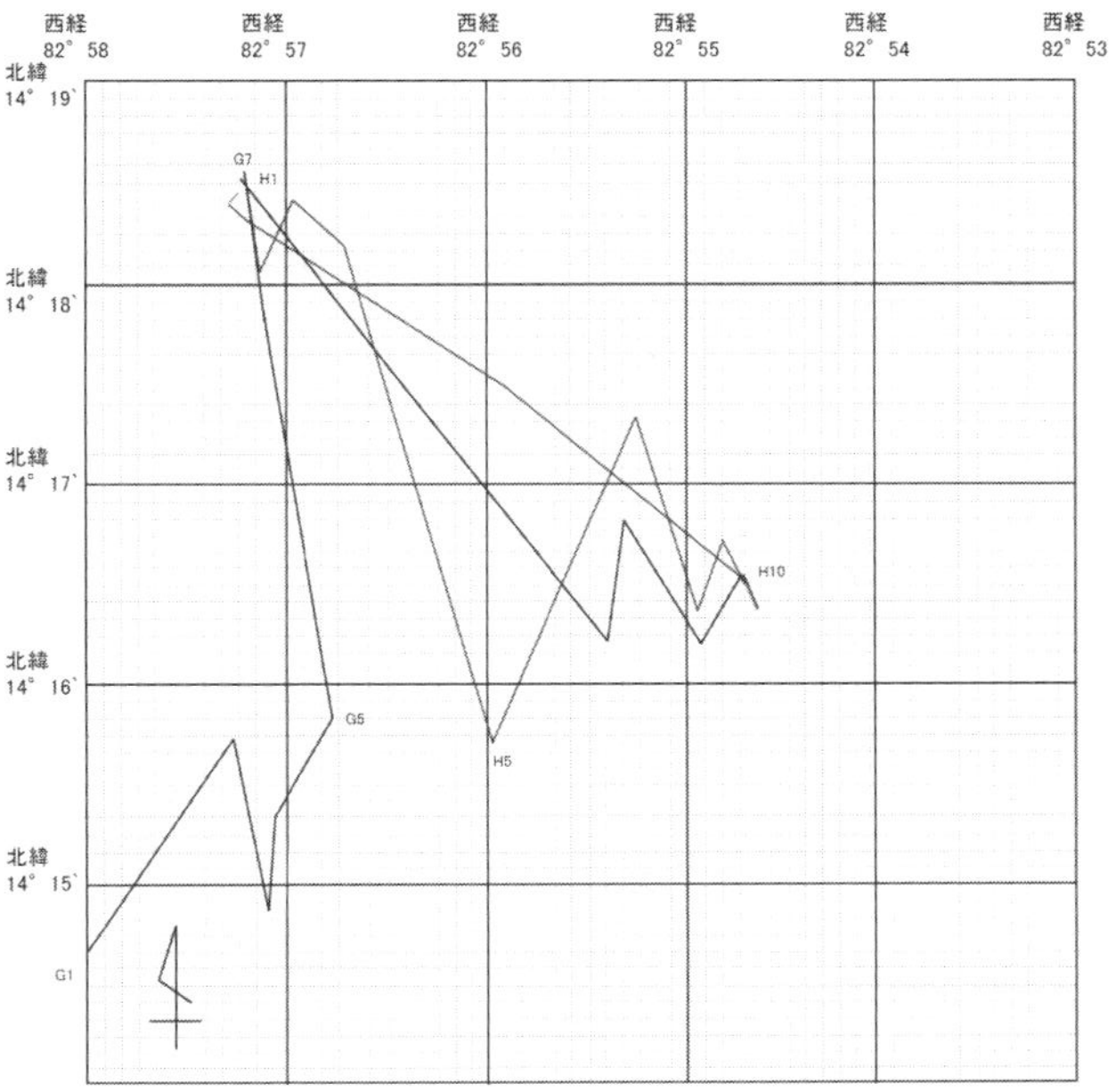

漁場名：ナーサ・キー（Nasa Ki），収集日：2012 年 9 月 5 日－9 月 6 日

場所	日付	緯度	経度
G1	9月5日	14° 14'40	81° 58'00
G2		15'50	57'10
G3		15'00	57'10
G4		15'30	57'00
G5		15'50	56'50
G6		17'50	57'10
G7		18'30	57'10
H1	9月6日	18'20	57'10
H2		18'00	57'10
H3		18'10	57'00
H4		15'40	56'40
H5		17'20	56'00
H6		16'20	55'20
H7		16'40	55'00
H8		16'40	54'50
H9		16'30	54'40
H10		16'30	54'50
H11		17'20	55'50
H12		18'10	57'10
H13		18'20	57'10
H14		18'20	57'10

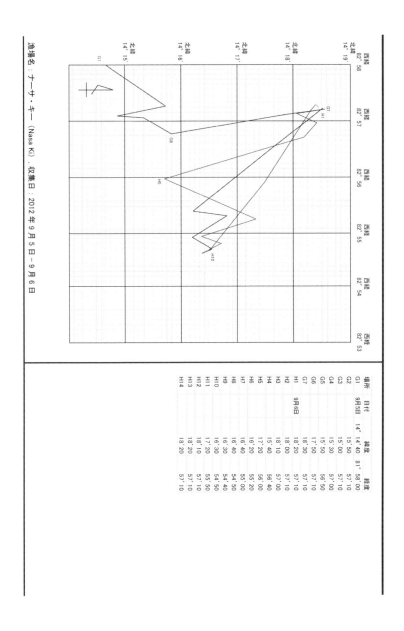

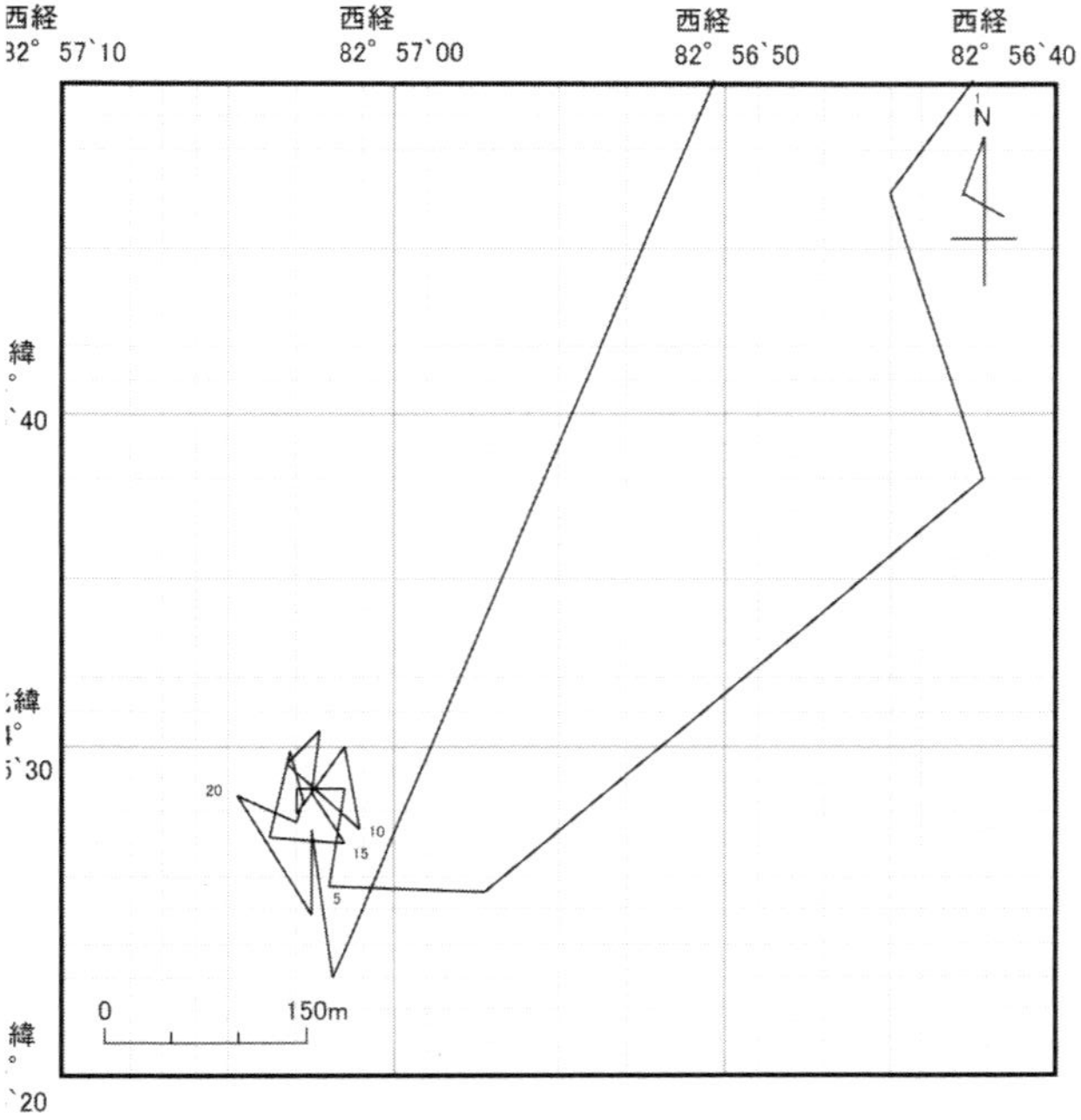

場名：ナーサ・キー（Nasa Ki），収集日：2012 年 9 月 5 日

場所	緯度	経度
G4-1	14° 15'50"00	81° 56'41"75
G4-2	46'75	44'50
G4-3	37'75	41'75
G4-4	25'50	57'00
G4-5	25'75	81° 56'01"75
G4-6	28'75	01'25
G4-7	28'75	02'75
G4-8	27'90	02'75
G4-9	30'00	01'25
G4-10	27'50	00'75
G4-11	28'75	02'40
G4-12	29'50	03'00
G4-13	31'00	02'00
G4-14	28'65	02'25
G4-15	27'00	01'20
G4-16	27'40	03'50
G4-17	29'75	03'00
G4-18	28'40	02'50
G4-19	28'00	02'65
G4-20	28'56	04'50
G4-21	25'00	02'25
G4-22	27'50	02'30
G4-23	23'00	01'50
G4-24	50'50	50'00

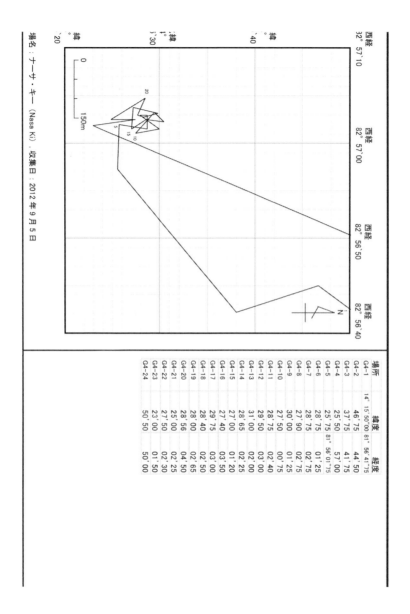

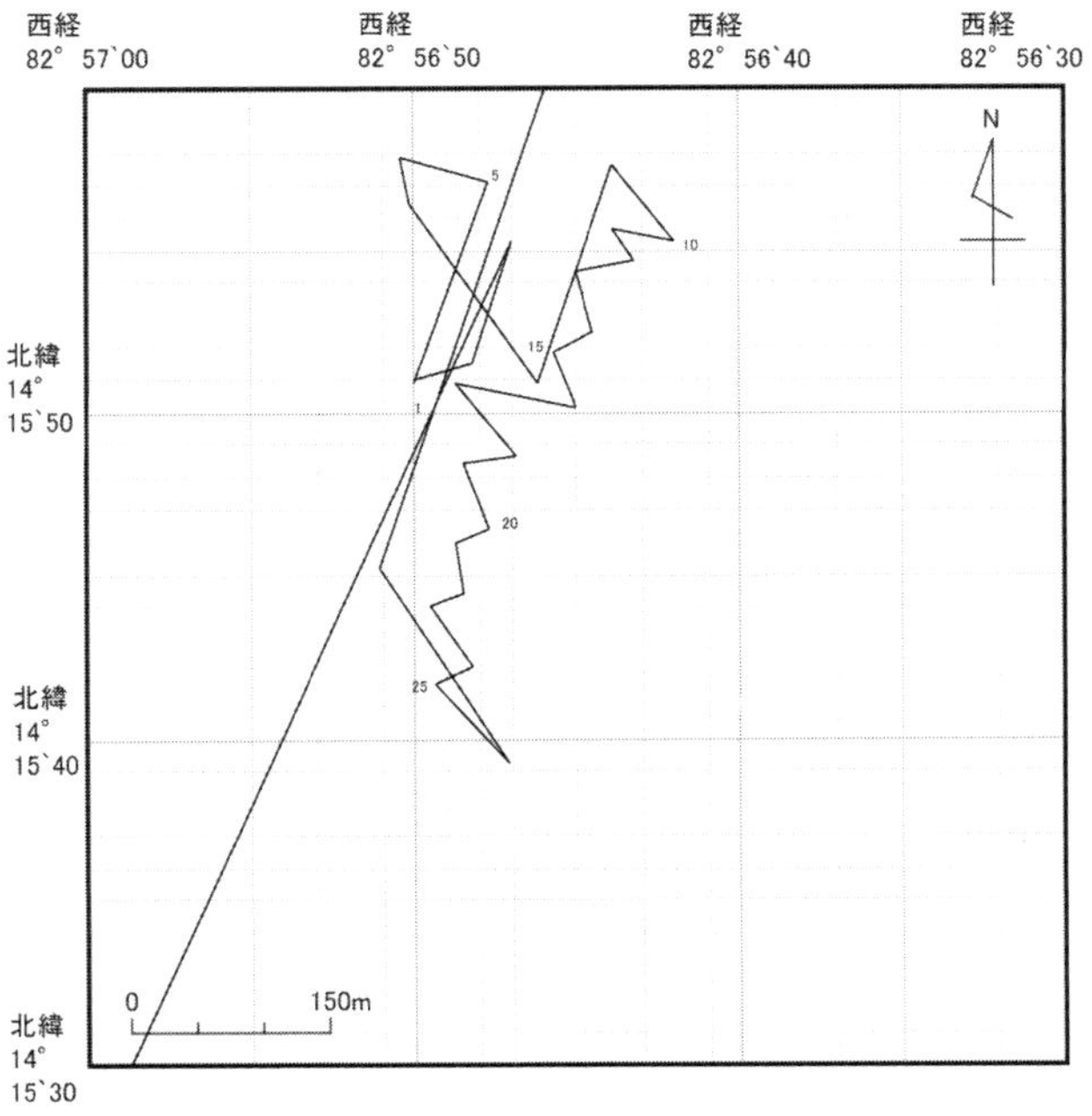

漁場名：ナーサ・キー（Nasa Ki），収集日：2012 年 9 月 5 日

G5-0	14° 15'30"00	81° 56'58"70
G5-1	14° 15'49"25	81° 56'50"00
G5-2	55'25	47'00
G5-3	51'50	48'25
G5-4	51'00	50'00
G5-5	57'25	47'75
G5-6	58'00	50'50
G5-7	56'50	50'25
G5-8	51'00	46'25
G5-9	57'75	44'00
G5-10	55'25	42'00
G5-11	55'75	44'00
G5-12	54'75	43'25
G5-13	54'50	45'00
G5-14	52'50	44'50
G5-15	52'00	45'75
G5-16	50'25	45'00
G5-17	51'00	48'75
G5-18	48'75	47'00
G5-19	48'50	48'50
G5-20	46'50	47'75
G5-21	46'00	48'75
G5-22	44'50	48'50
G5-23	44'00	49'50
G5-24	42'25	48'25
G5-25	41'75	49'25
G5-26	39'25	47'00
G5-27	51'00	45'40
G5-28	00'00	46'00

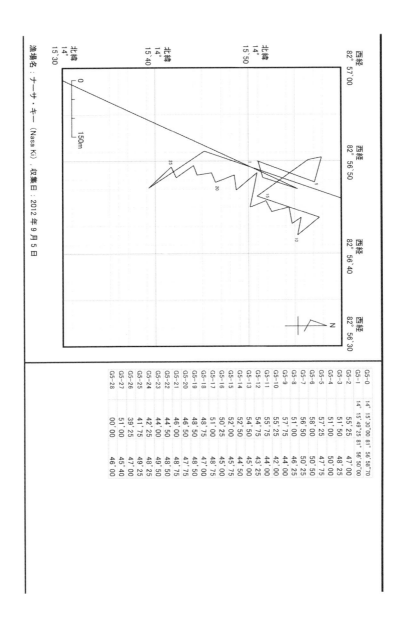

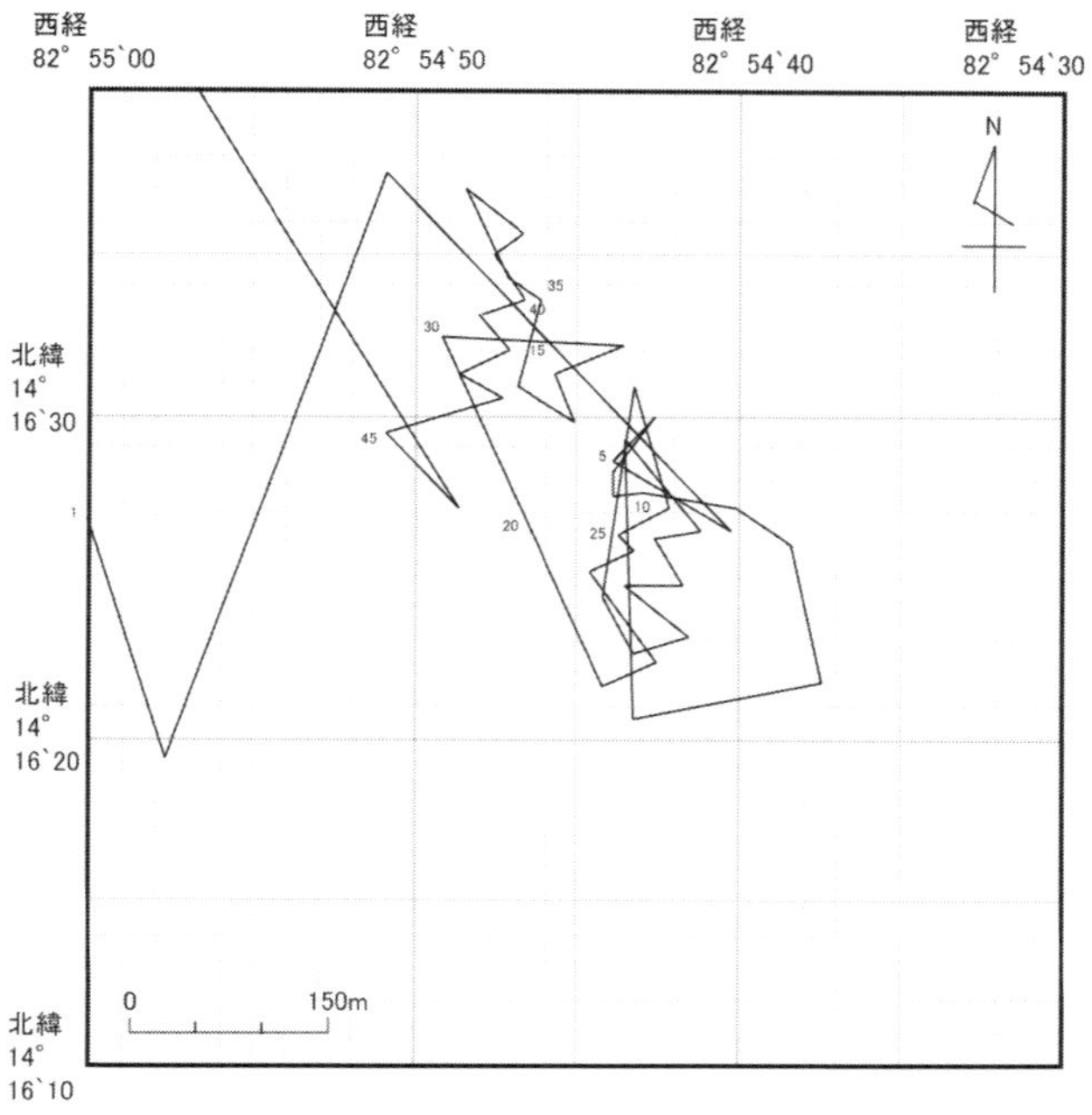

漁場名：ナーサ・キー（Nasa Ki），収集日：2012 年 9 月 6 日

場所	緯度	経度	場所	緯度	経度
H9, 10-1	14° 16'27"00	81° 55'00"00	H9, 10-36	14° 16'34"25	81° 56'47"00
H9, 10-2	19'25	81° 54'57"50	H9, 10-37	36'75	48'50
H9, 10-3	37'50	50'75	H9, 10-38	35'50	46'50
H9, 10-4	26'50	40'00	H9, 10-39	35'00	47'50
H9, 10-5	28'50	43'75	H9, 10-40	33'50	46'50
H9, 10-6	29'75	42'50	H9, 10-41	33'00	48'00
H9, 10-7	28'25	43'75	H9, 10-42	32'00	47'00
H9, 10-8	27'90	43'60	H9, 10-43	31'25	48'50
H9, 10-9	27'75	43'75	H9, 10-44	30'50	47'25
H9, 10-10	27'50	42'25	H9, 10-45	29'50	50'75
H9, 10-11	27'00	39'75	H9, 10-46	27'00	48'50
H9, 10-12	25'75	38'25	H9, 10-47	40'00	56'75
H9, 10-13	21'50	37'25			
H9, 10-14	20'50	43'00			
H9, 10-15	28'75	43'15			
H9, 10-16	26'25	41'00			
H9, 10-17	26'15	42'50			
H9, 10-18	24'75	41'50			
H9, 10-19	24'60	43'24			
H9, 10-20	23'00	41'25			
H9, 10-21	22'50	43'00			
H9, 10-22	24'25	44'00			
H9, 10-23	30'75	43'00			
H9, 10-24	27'00	42'00			
H9, 10-25	26'25	43'50			
H9, 10-26	25'75	43'00			
H9, 10-27	25'00	44'00			
H9, 10-28	22'25	42'25			
H9, 10-29	21'50	44'00			
H9, 10-30	32'25	49'00			
H9, 10-31	32'00	43'50			
H9, 10-32	31'25	45'50			
H9, 10-33	29'75	45'00			
H9, 10-34	30'75	46'75			
H9, 10-35	33'50	46'00			

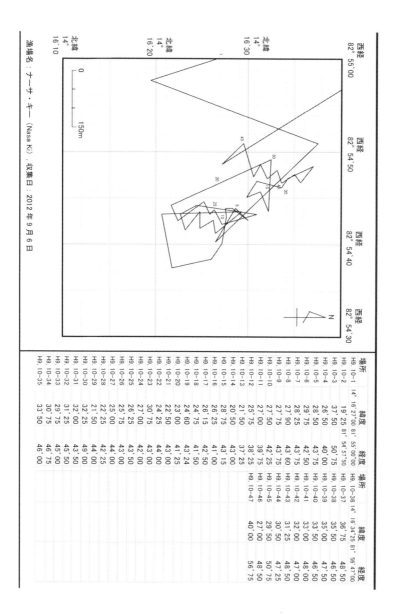

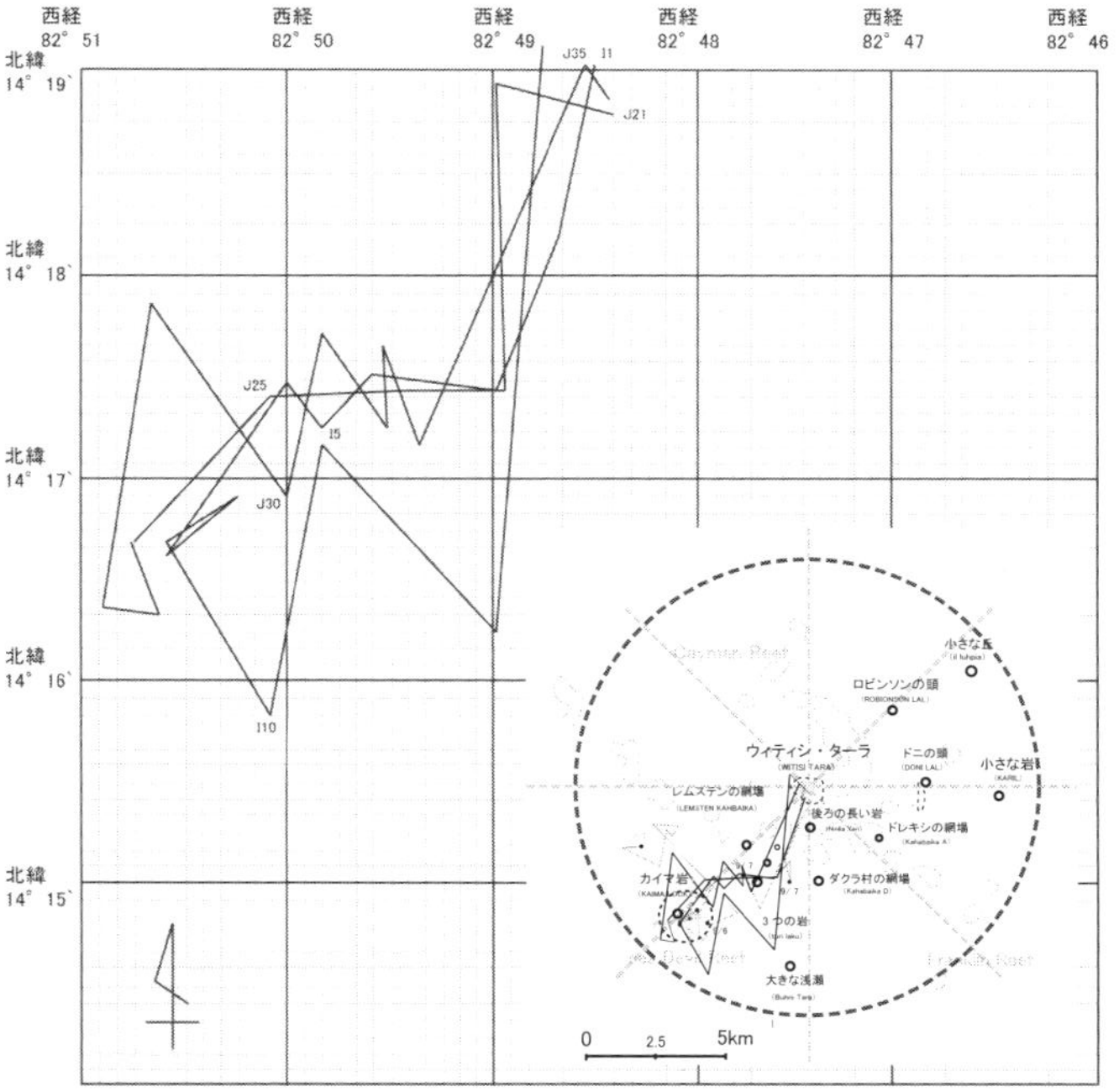

漁場名：ウィティシ・キー（Witisi Ki），収集日：2012年9月7日－9月8日

場所	日付	緯度	経度	場所	日付	緯度	経度
I1	9/7	14° 10'00	82° 48'30	J21	9/5	14° 09'45	82° 48'25
I2		09'10	48'40	J22		09'55	49'00
I3		08'25	49'00	J23		08'25	48'59
I4		08'30	49'35	J24		08'25	49'25
I5		08'15	49'50	J25		08'24	50'06
I6		08'26	50'00	J26		07'42	50'45
I7		07'38	50'35	J27		07'20	50'38
I8		07'55	50'15	J28	9/6	07'22	50'54
I9		07'38	50'35	J29		08'50	50'40
I10		06'50	50'05	J30		07'55	50'00
I11		08'10	49'50	J31		08'43	49'50
I12		07'15	49'00	J32		08'15	49'30
I13		10'06	48'47	J33		08'38	49'32
J1	9/8	09'52	48'25	J34		08'10	49'22
J2		08'55	48'40	J35		10'00	48'32
J3		08'28	49'15	J36		09'50	48'27
J4		08'12	50'10				
J5		07'37	50'36				
J6		07'35	50'35				
J7		07'37	50'30				
J8		07'40	50'35				
J9		07'40	50'31				
J10		07'41	50'35				
J11		07'40	50'35				
J12		07'49	50'45				
J13		07'54	50'11				
J14		07'57	50'17				
J15		07'57	50'11				
J16		08'01	50'17				
J17		07'28	48'36				
J18		08'35	48'57				
J19		09'25	48'33				
J20		09'46	48'26				

図中省略（J1–J20）

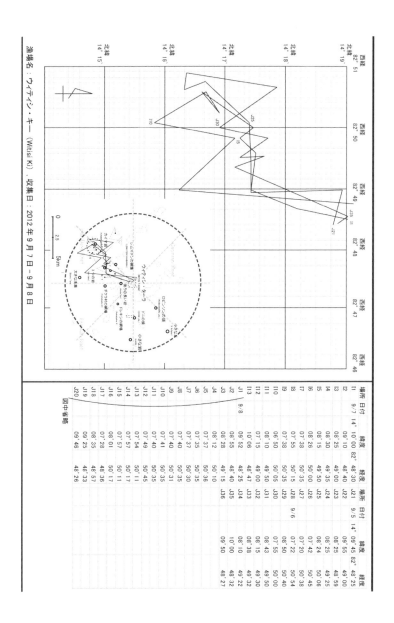

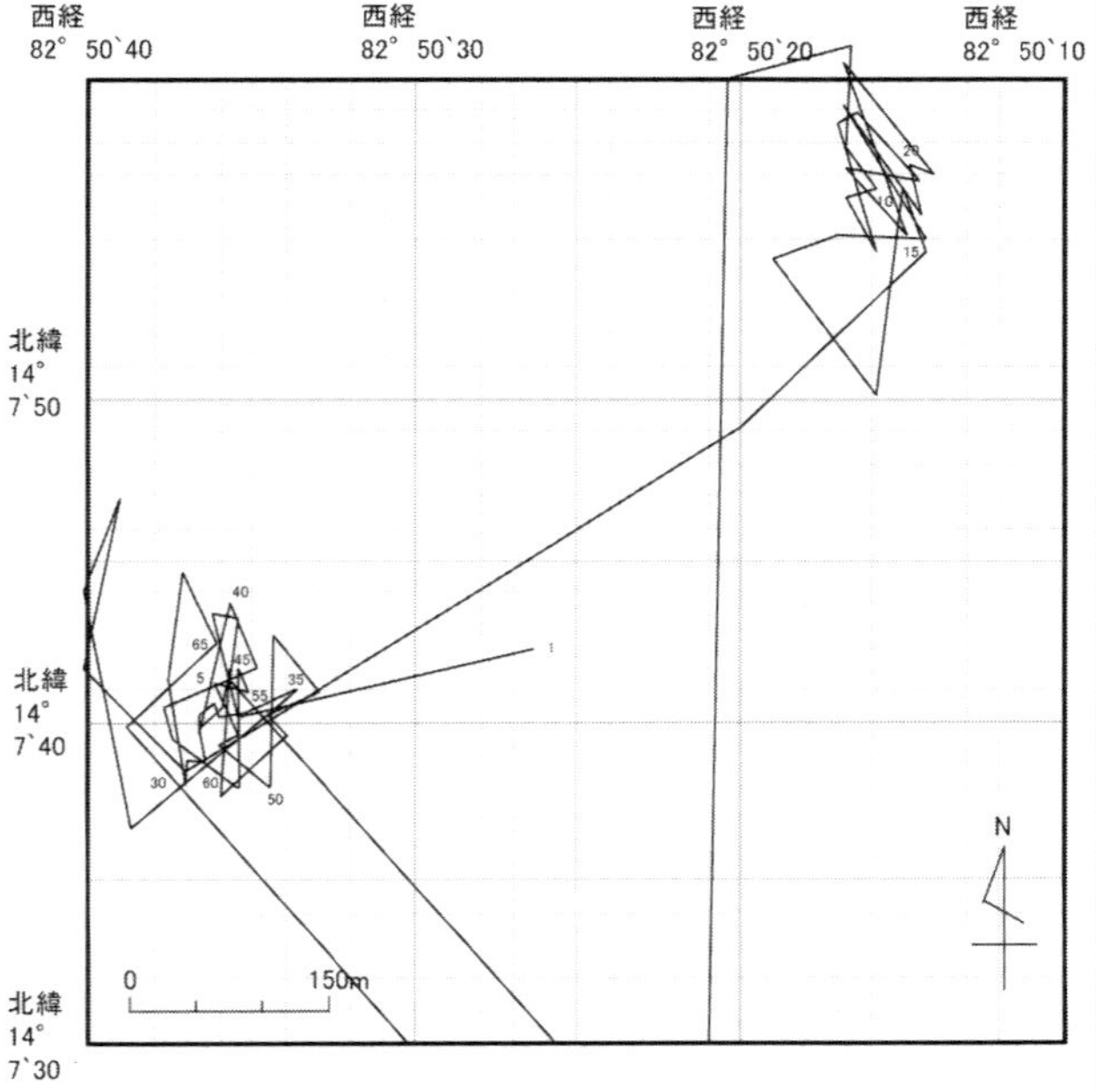

漁場名：ウィティシ・キー（Witsi Ki），収集日：2012 年 9 月 7 日

場所	緯度	経度	場所	緯度	経度
17. 8-1	14° 07' 42"25	82° 48' 26"25	17. 8-36	14° 07' 40"35	82° 48' 35"25
17. 8-2	40' 27	35' 90	17. 8-37	40' 60	36' 00
17. 8-3	43' 50	36' 15	17. 8-38	40' 25	36' 50
17. 8-4	43' 40	35' 40	17. 8-39	39' 50	36' 50
17. 8-5	41' 20	21' 00	17. 8-40	43' 75	35' 50
17. 8-6	25' 00	20' 00	17. 8-41	41' 75	34' 75
17. 8-7	08' 00	20' 00	17. 8-42	40' 50	37' 50
17. 8-8	01' 01	16' 35	17. 8-43	39' 50	37' 25
17. 8-9	57' 75	16' 50	17. 8-44	38' 00	35' 25
17. 8-10	56' 30	15' 50	17. 8-45	41' 75	35' 25
17. 8-11	56' 15	16' 50	17. 8-46	41' 00	35' 00
17. 8-12	54' 50	15' 50	17. 8-47	40' 75	36' 00
17. 8-13	58' 50	16' 75	17. 8-48	39' 75	35' 25
17. 8-14	58' 75	16' 25	17. 8-49	39' 40	35' 60
17. 8-15	57' 25	14' 30	17. 8-50	38' 00	34' 25
17. 8-16	57' 00	16' 50	17. 8-51	42' 75	34' 25
17. 8-17	55' 00	14' 60	17. 8-52	41' 00	32' 75
17. 8-18	00' 50	16' 50	17. 8-53	40' 20	34' 50
17. 8-19	57' 00	13' 75	17. 8-54	39' 75	33' 75
17. 8-20	57' 10	14' 50	17. 8-55	37' 75	35' 75
17. 8-21	55' 75	14' 00	17. 8-56	41' 35	35' 90
17. 8-22	59' 00	16' 50	17. 8-57	41' 50	35' 50
17. 8-23	55' 00	14' 00	17. 8-58	40' 50	35' 75
17. 8-24	55' 00	16' 75	17. 8-59	39' 90	36' 45
17. 8-25	54' 25	18' 75	17. 8-60	38' 75	36' 25
17. 8-26	50' 00	15' 25	17. 8-61	38' 75	36' 75
17. 8-27	56' 50	14' 75	17. 8-62	38' 20	36' 90
17. 8-28	54' 50	13' 50	17. 8-63	41' 00	37' 00
17. 8-29	49' 00	19' 75	17. 8-64	44' 75	36' 00
17. 8-30	38' 50	36' 75	17. 8-65	42' 50	38' 75
17. 8-31	41' 75	40' 00	17. 8-66	40' 00	30' 00
17. 8-32	47' 00	39' 00	17. 8-67	30' 00	30' 00
17. 8-33	44' 25	40' 00			
17. 8-34	36' 75	38' 50			
17. 8-35	41' 00	33' 50			

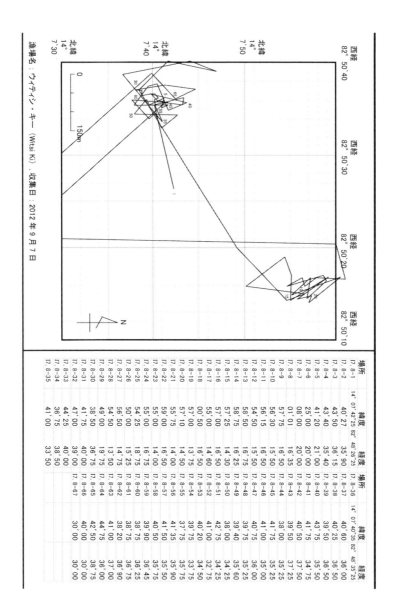

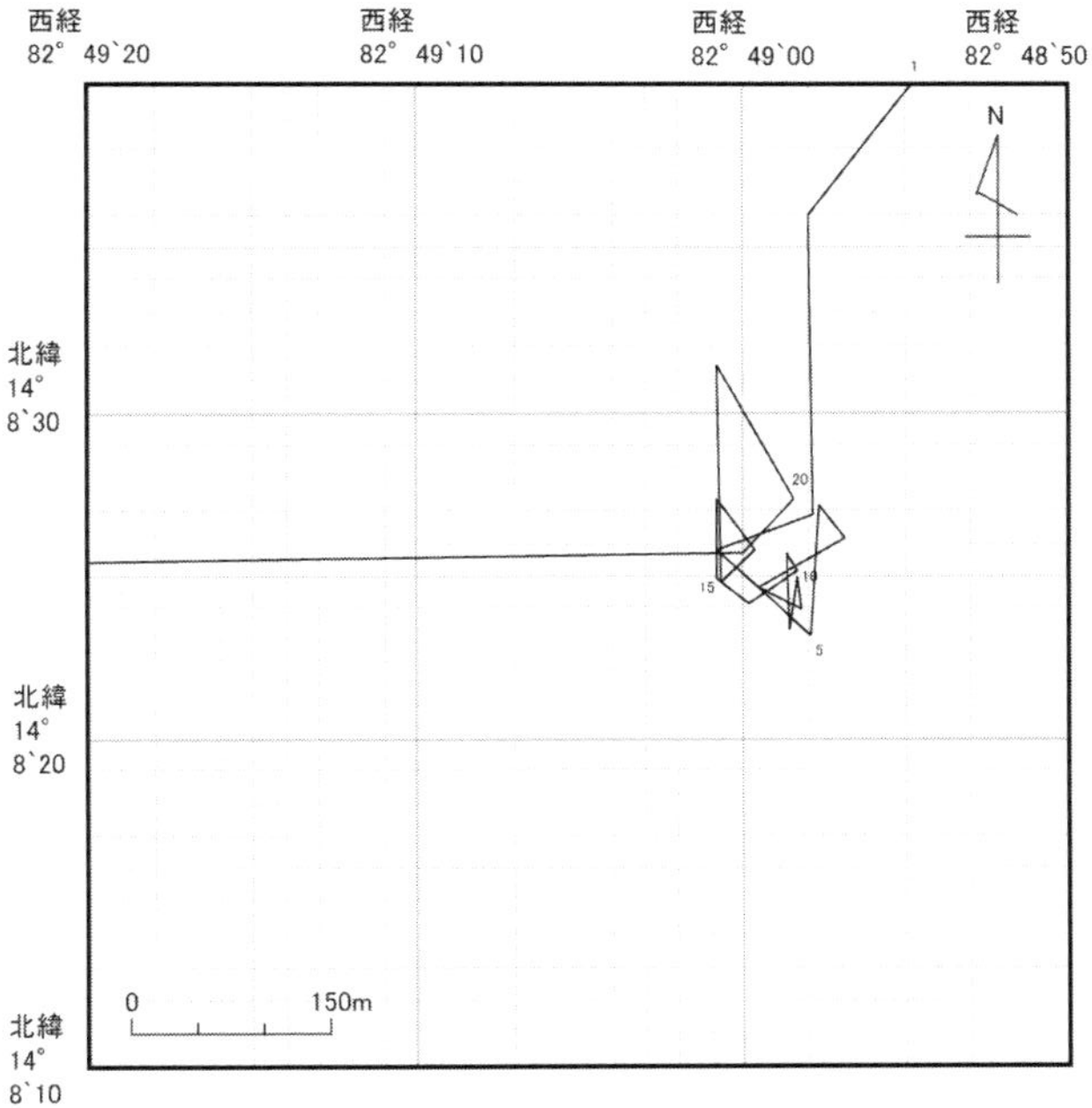

漁場名：ウィティシ・キー（Witisi Ki），収集日：2012 年 9 月 8 日

場所	緯度	経度
J23-1	14° 08'40"00	81° 48'54"50
J23-2	35'75	57'75
J23-3	26'75	57'75
J23-4	25'75	00'75
J23-5	23'00	57'75
J23-6	27'00	57'60
J23-7	26'00	56'75
J23-8	24'50	59'25
J23-9	23'90	58'10
J23-10	24'75	58'00
J23-11	23'25	58'50
J23-12	25'50	58'50
J23-13	25'00	58'40
J23-14	24'00	59'75
J23-15	24'75	00'75
J23-16	27'25	00'75
J23-17	25'75	59'50
J23-18	24'75	00'50
J23-19	31'25	00'75
J23-20	27'25	58'25
J23-21	25'50	59'75
J23-22	25'50	49'20

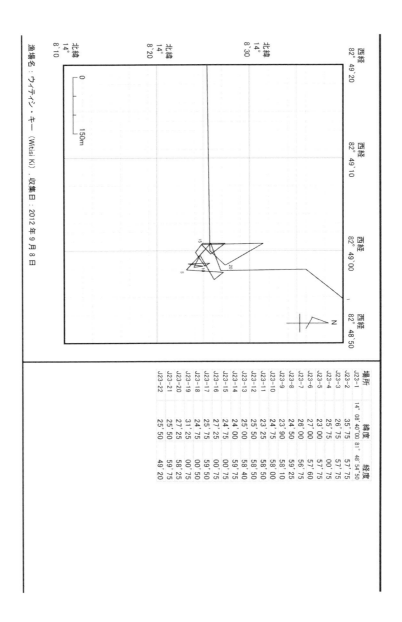

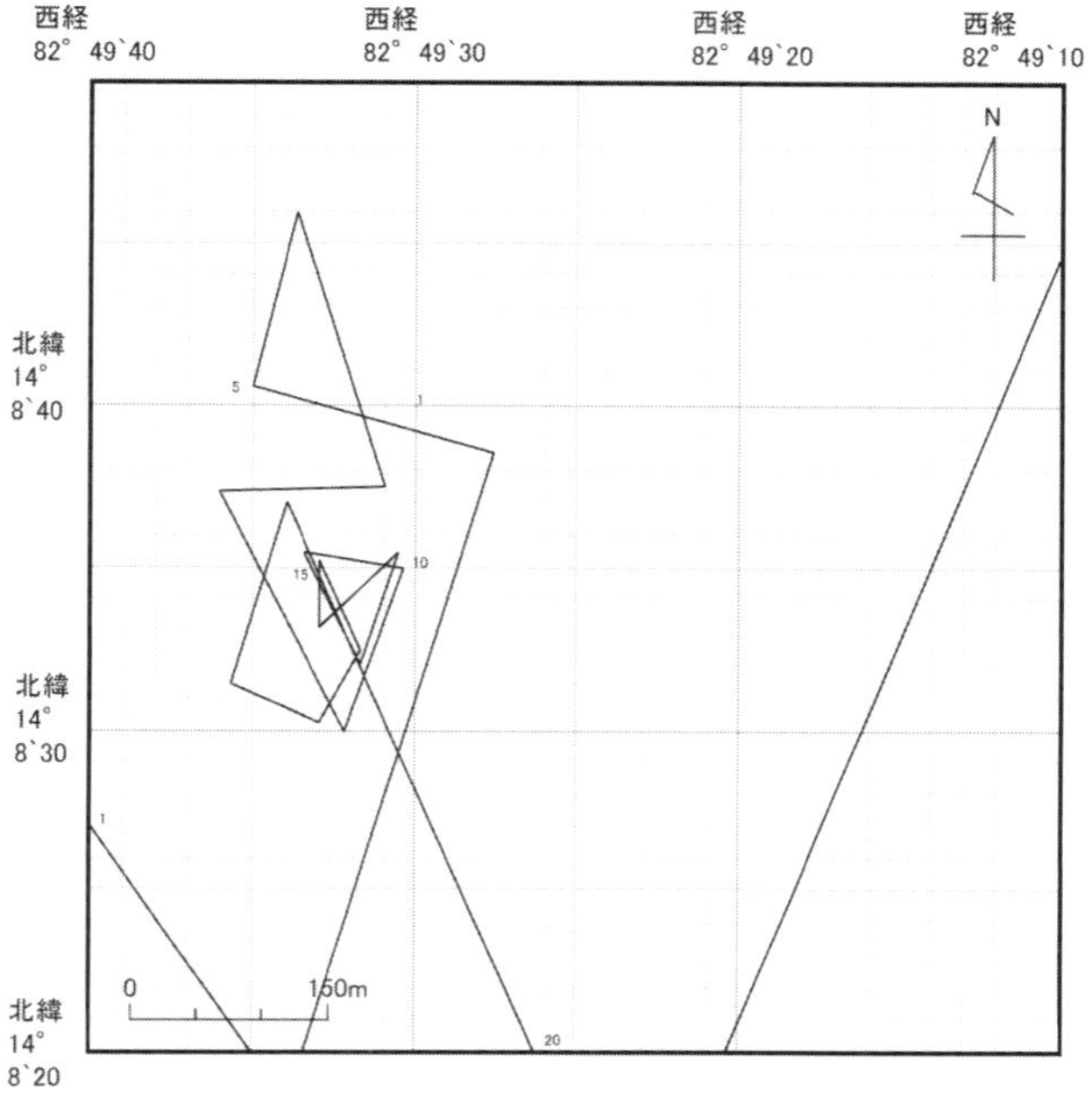

漁場名：ウィティシ・キー（Witisi Ki），収集日：2012 年 9 月 8 日

場所	緯度	経度
J33-1	14° 08' 27"25	81° 49' 40"00
J33-2	20' 20	34' 75
J33-3	20' 00	33' 25
J33-4	38' 50	27' 50
J33-5	40' 50	35' 00
J33-6	45' 75	33' 50
J33-7	37' 50	30' 75
J33-8	37' 50	36' 00
J33-9	30' 00	32' 00
J33-10	35' 00	30' 25
J33-11	35' 50	33' 25
J33-12	32' 00	31' 50
J33-13	35' 25	30' 50
J33-14	33' 50	32' 75
J33-15	35' 40	33' 00
J33-16	32' 25	31' 750
J33-17	30' 25	33' 00
J33-18	31' 75	35' 50
J33-19	37' 00	33' 75
J33-20	20' 00	26' 25
J33-21	20' 00	20' 00
J33-22	44' 00	10' 00

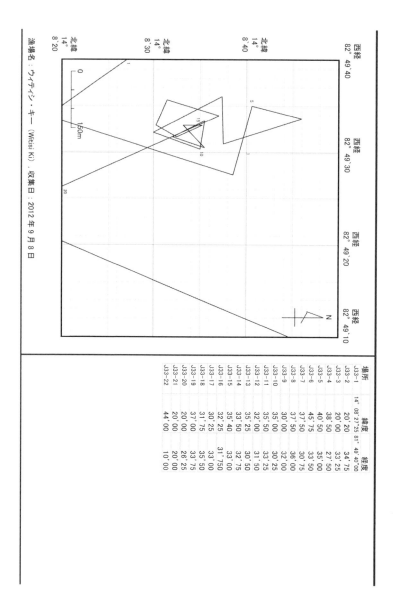

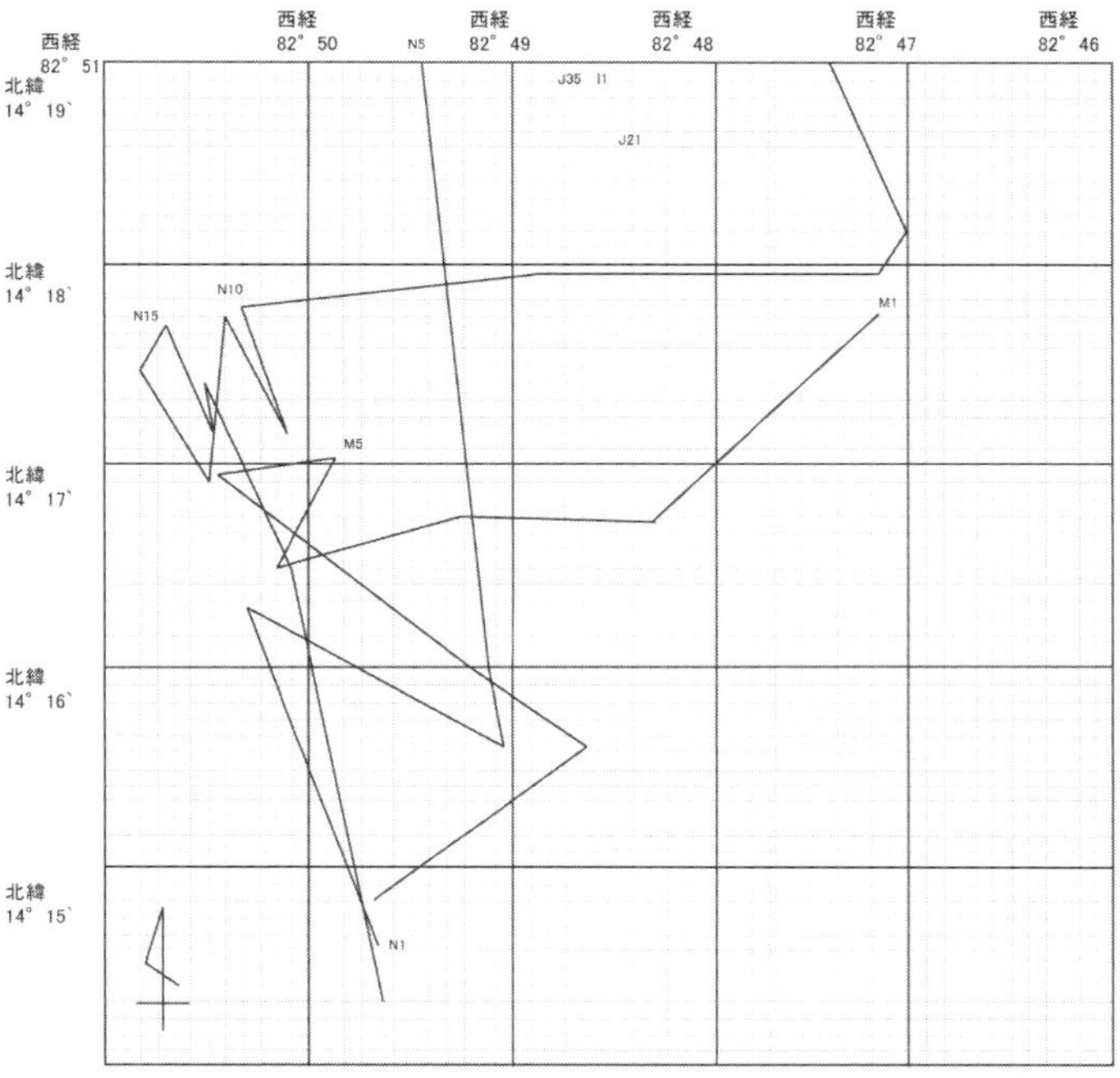

漁場名：リマルカ・キー（Limarka Ki），収集日：2012 年 9 月 9 日 - 9 月 10 日

場所	日付	緯度	経度
M1	9月9日	14° 20'45	82° 49'09
M2		19'43	50'16
M3		19'45	51'14
M4		19'30	52'10
M5		20'02	51'53
M6		19'58	52'26
M7		19'01	51'12
M8		18'37	50'37
M9		17'52	51'40
N1	9月10日	17'37	51'38
N2		19'19	52'18
N3		18'37	51'03
N4		19'00	51'11
N5		22'00	51'26
N6		22'00	49'25
N7		21'08	49'00
N8		20'56	49'08
N9		20'56	50'53
N10		20'47	52'26
N11		20'11	52'07
N12		20'45	52'25
N13		19'58	52'30
N14		20'27	52'49
N15		20'42	52'43
N16		20'11	52'08
N17		20'21	52'23
N18		19'30	52'04
N19		17'22	51'36

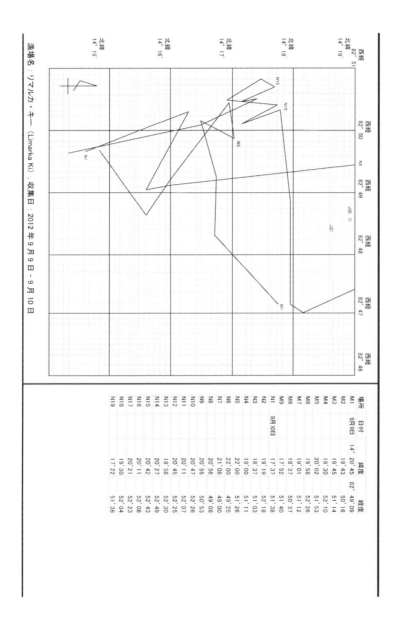

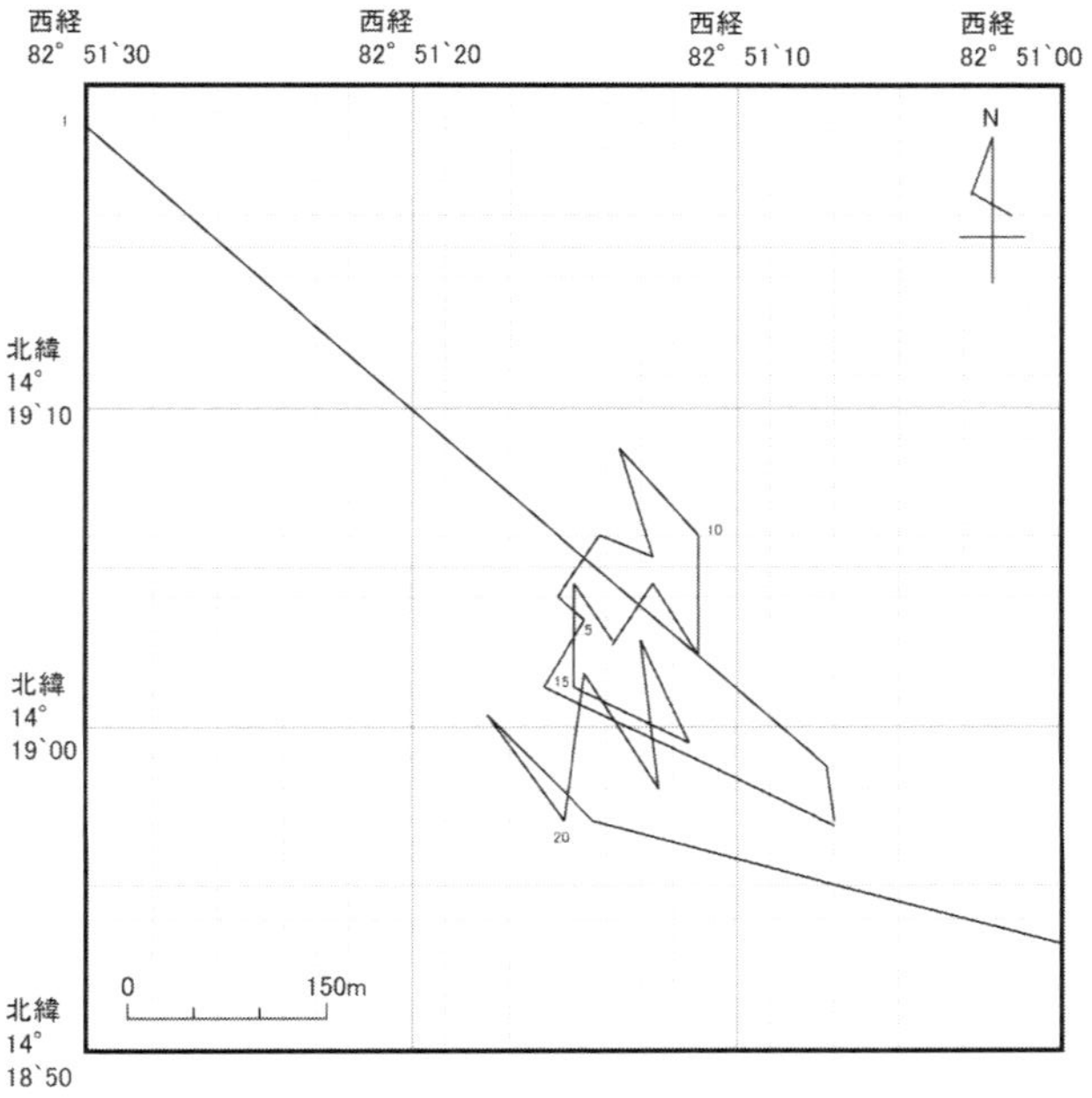

漁場名：リマルカ・キー（Limarka Ki），収集日：2012 年 9 月 9 日

場所	緯度	経度
M7-1	14° 19' 00"00	81° 51' 30"00
M7-2	59' 50	07' 00
M7-3	57' 00	06' 75
M7-4	01' 25	15' 75
M7-5	03' 50	14' 50
M7-6	04' 25	15' 25
M7-7	06' 00	14' 00
M7-8	05' 50	12' 50
M7-9	08' 50	13' 25
M7-10	06' 00	11' 00
M7-11	02' 25	11' 00
M7-12	04' 75	12' 50
M7-13	02' 75	13' 50
M7-14	04' 50	14' 75
M7-15	01' 25	14' 75
M7-16	50' 50	11' 25
M7-17	02' 75	12' 75
M7-18	58' 25	12' 25
M7-19	01' 75	14' 50
M7-20	57' 25	15' 00
M7-21	00' 50	17' 50
M7-22	57' 25	14' 25
M7-23	53' 25	51' 00

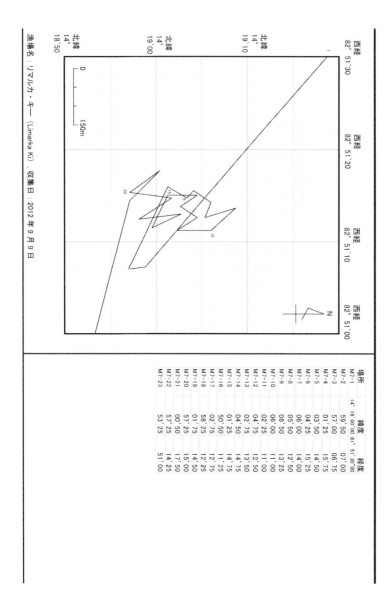

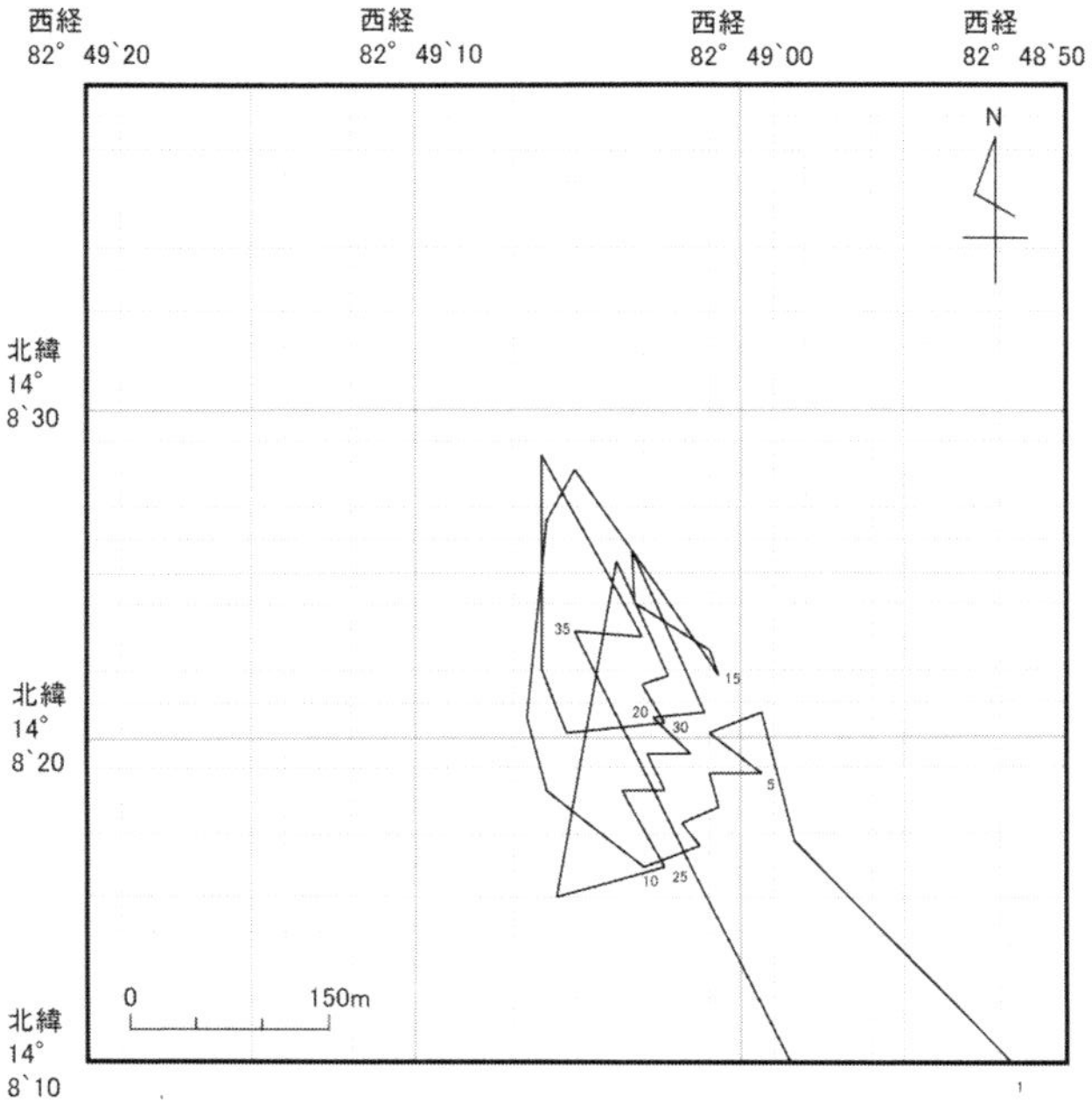

漁場名：リマルカ・キー（Limarka Ki），収集日：2012 年 9 月 10 日

場所	緯度	経度	場所	緯度	経度
N17-1	14° 20'10"00	81° 51'21"75	N17-35	10'00	28'50
N17-2	16'75	28'25			
N17-3	20'50	29'25			
N17-4	20'00	30'75			
N17-5	18'75	29'25			
N17-6	18'75	30'75			
N17-7	17'75	30'50			
N17-8	17'25	31'75			
N17-9	16'50	31'00			
N17-10	16'00	32'75			
N17-11	18'25	35'75			
N17-12	20'50	36'50			
N17-13	26'50	36'00			
N17-14	28'00	35'00			
N17-15	21'75	30'50			
N17-16	22'50	30'75			
N17-17	24'00	33'10			
N17-18	25'50	33'25			
N17-19	20'50	31'00			
N17-20	20'25	32'25			
N17-21	19'25	31'50			
N17-22	19'25	32'75			
N17-23	18'25	32'25			
N17-24	18'25	33'50			
N17-25	16'00	32'25			
N17-26	15'00	35'50			
N17-27	25'25	33'75			
N17-28	21'90	32'10			
N17-29	21'50	33'00			
N17-30	20'50	32'50			
N17-31	20'00	35'25			
N17-32	22'00	36'00			
N17-33	28'50	36'00			
N17-34	23'25	33'00			
N17-35	21'50	35'00			

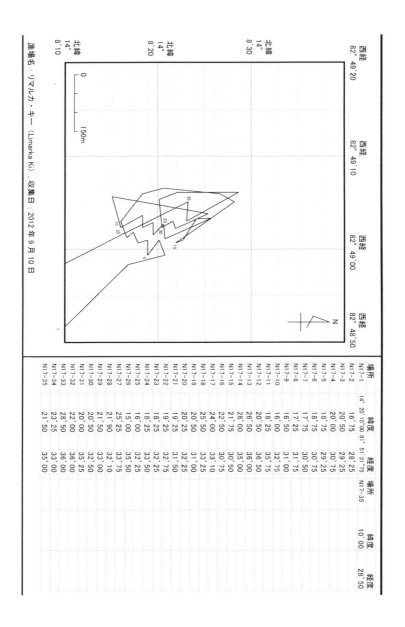

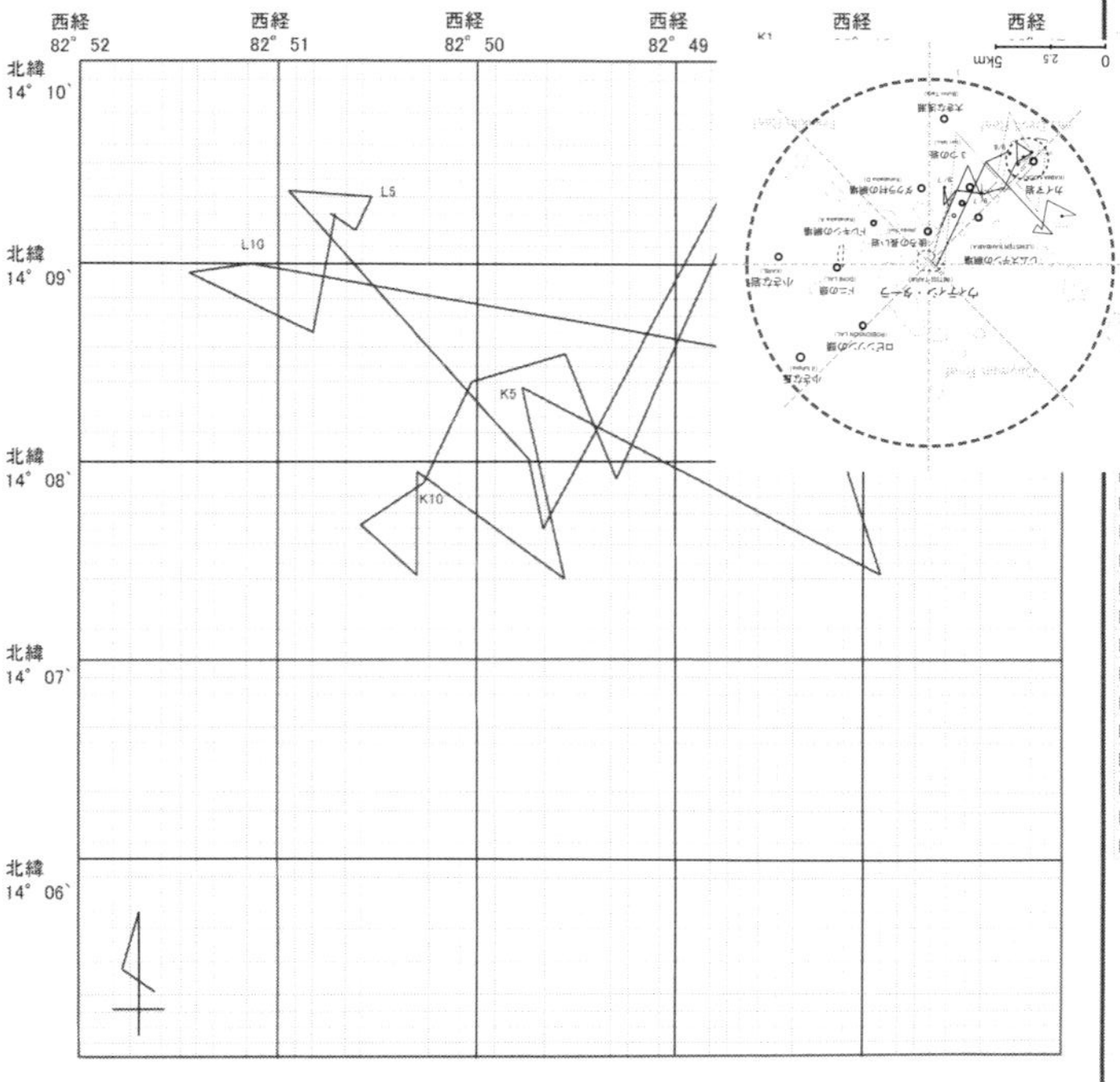

漁場名：ウィティシ・キー（Witisi Ki），収集日：2012 年 9 月 11 日－9 月 12 日

	日付	緯度	経度
	9月11日	14° 10'00	82° 48'32
		09'50	48'23
		09'56	48'47
		07'26	47'55
		08'20	49'45
		07'25	49'32
		07'57	50'17
		07'27	50'16
		07'40	50'35
		07'53	50'15
		08'21	50'02
		08'31	49'32
		07'56	49'16
		09'12	48'41
K15		09'45	48'25
L1	9月12日	09'47	48'26
L2		07'40	50'40
L3		08'00	49'43
L4		09'20	50'56
L5		09'18	50'31
L6		09'08	50'37
L7		09'15	50'43
L8		08'38	50'50
L9		08'57	51'26
L10		08'59	51'08
L11		08'24	47'50
L12		09'58	48'45
L13		09'51	48'25

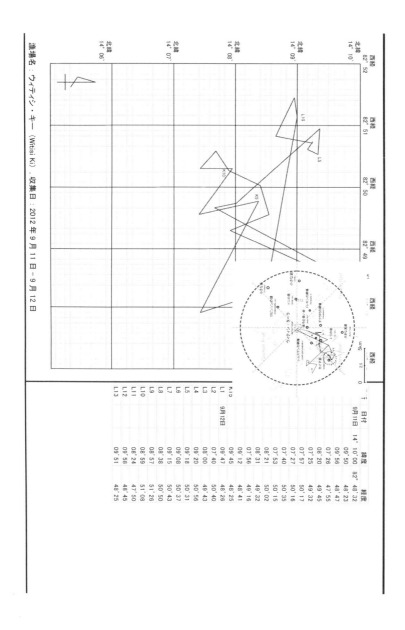

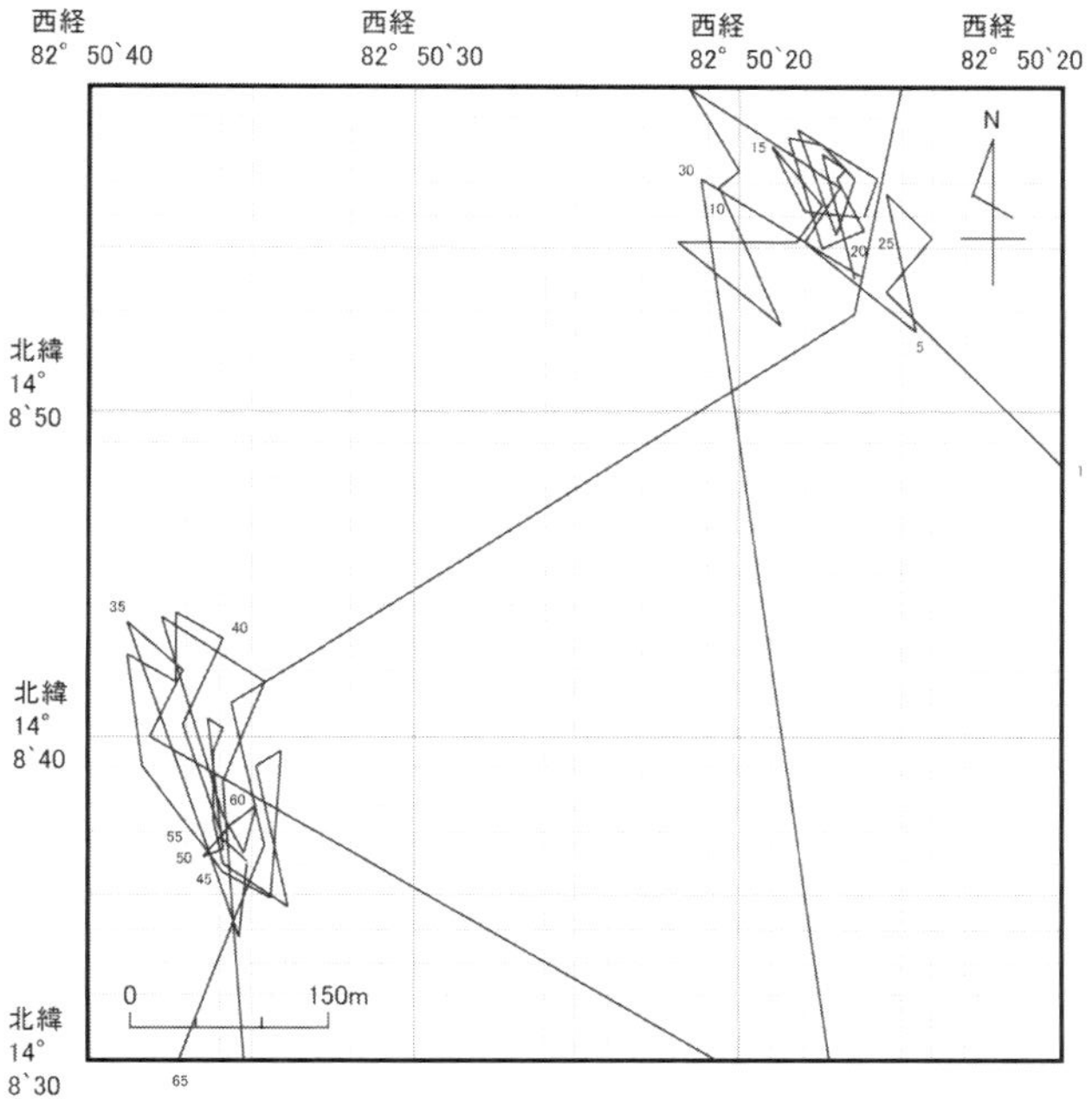

漁場名：ウィティシ・キー（Witisi Ki），収集日：2012年9月11日

場所	緯度	経度	場所	緯度	経度
K7, 9-1	14° 08' 48"25	82° 50' 10"00	K7, 9-36	33' 75	35' 25
K7, 9-2	53' 50	15' 25	K7, 9-37	36' 00	35' 00
K7, 9-3	55' 50	13' 75	K7, 9-38	36' 75	35' 75
K7, 9-4	56' 50	15' 25	K7, 9-39	40' 25	37' 00
K7, 9-5	52' 25	14' 25	K7, 9-40	43' 00	35' 75
K7, 9-6	55' 00	17' 75	K7, 9-41	43' 75	37' 25
K7, 9-7	56' 75	16' 75	K7, 9-42	41' 75	37' 25
K7, 9-8	59' 75	20' 75	K7, 9-43	42' 50	38' 75
K7, 9-9	57' 25	19' 75	K7, 9-44	39' 00	38' 30
K7, 9-10	56' 75	20' 50	K7, 9-45	35' 75	35' 75
K7, 9-11	52' 50	18' 50	K7, 9-46	35' 00	34' 25
K7, 9-12	55' 00	21' 75	K7, 9-47	39' 50	34' 00
K7, 9-13	55' 00	18' 00	K7, 9-48	39' 00	34' 75
K7, 9-14	56' 25	17' 25	K7, 9-49	34' 75	33' 75
K7, 9-15	58' 00	18' 75	K7, 9-50	36' 00	35' 75
K7, 9-16	56' 00	17' 75	K7, 9-51	37' 25	36' 00
K7, 9-17	55' 75	16' 00	K7, 9-52	39' 50	36' 00
K7, 9-18	57' 00	15' 30	K7, 9-53	40' 25	35' 75
K7, 9-19	58' 50	18' 00	K7, 9-54	40' 50	36' 25
K7, 9-20	55' 50	16' 75	K7, 9-55	36' 50	35' 75
K7, 9-21	57' 00	16' 25	K7, 9-56	36' 25	35' 25
K7, 9-22	58' 00	17' 25	K7, 9-57	37' 25	35' 50
K7, 9-23	58' 25	18' 25	K7, 9-58	37' 75	34' 75
K7, 9-24	54' 75	17' 25	K7, 9-59	36' 50	35' 00
K7, 9-25	55' 50	16' 00	K7, 9-60	37' 50	35' 75
K7, 9-26	57' 00	16' 75	K7, 9-61	43' 75	37' 75
K7, 9-27	57' 25	16' 50	K7, 9-62	41' 75	34' 50
K7, 9-28	57' 75	17' 25	K7, 9-63	38' 50	35' 75
K7, 9-29	54' 00	16' 25	K7, 9-64	30' 00	35' 22
K7, 9-30	57' 00	21' 00	K7, 9-65	30' 00	37' 00
K7, 9-31	30' 00	17' 00	K7, 9-66	36' 50	34' 50
K7, 9-32	30' 00	21' 00	K7, 9-67	41' 00	35' 50
K7, 9-33	40' 00	38' 00	K7, 9-68	53' 00	15' 75
K7, 9-34	42' 00	37' 00	K7, 9-69	00' 00	14' 75
K7, 9-35	43' 50	38' 75			

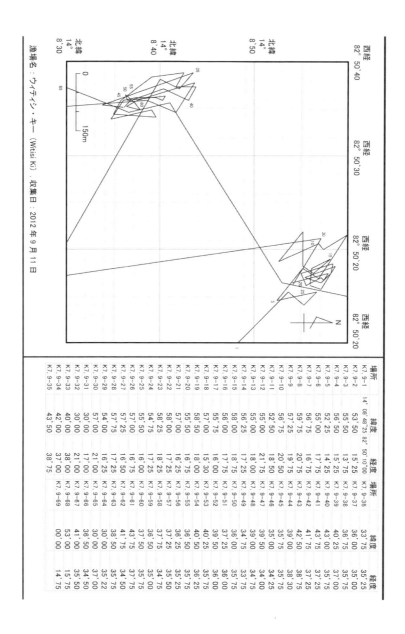

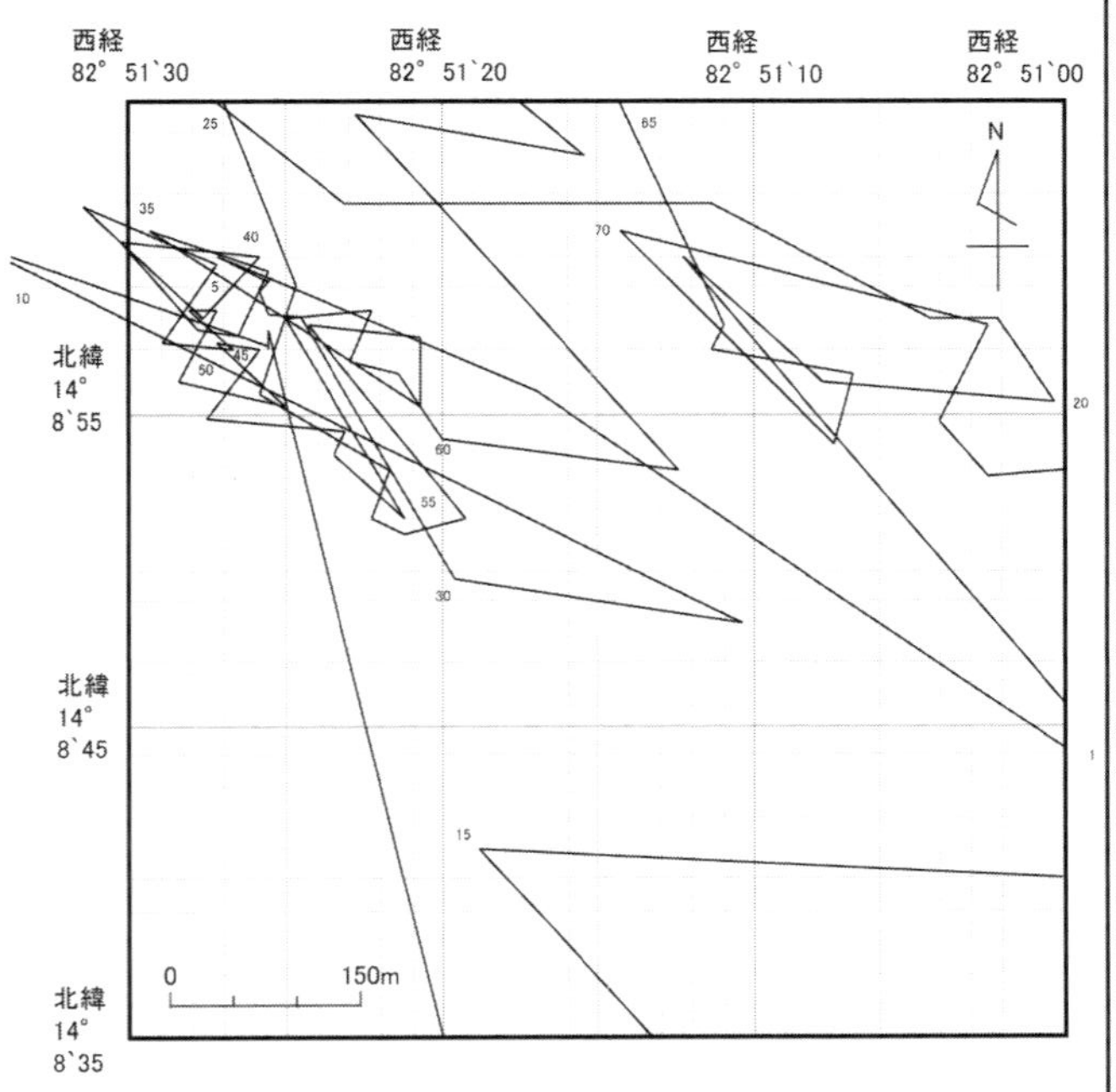

漁場名：ウィティシ・キー（Witisi Ki），収集日：2012 年 9 月 12 日

場所	緯度	経度	場所	緯度	経度
L9-1	14° 08' 44"25	81° 51' 00"00	L9-38	14° 08' 57"75	81° 51' 27"75
L9-2	55' 75	17' 00	L9-39	00' 50	30' 25
L9-3	00' 00	27' 00	L9-40	00' 00	25' 75
L9-4	59' 50	25' 50	L9-41	58' 00	27' 75
L9-5	58' 75	25' 75	L9-42	01' 50	31' 25
L9-6	58' 25	25' 50	L9-43	59' 75	27' 25
L9-7	58' 00	24' 50	L9-44	57' 25	28' 75
L9-8	49' 75	19' 50	L9-45	57' 00	26' 75
L9-9	48' 25	10' 25	L9-46	58' 40	28' 25
L9-10	00' 25	36' 00	L9-47	58' 25	27' 25
L9-11	57' 75	25' 50	L9-48	56' 00	28' 50
L9-12	56' 50	23' 75	L9-49	55' 25	25' 00
L9-13	35' 00	20' 00	L9-50	57' 25	27' 25
L9-14	35' 00	13' 25	L9-51	57' 25	25' 75
L9-15	41' 00	18' 75	L9-52	55' 00	27' 50
L9-16	40' 00	00' 00	L9-53	54' 50	23' 25
L9-17	45' 75	00' 00	L9-54	53' 75	23' 50
L9-18	00' 00	12' 25	L9-55	51' 75	21' 00
L9-19	56' 00	07' 50	L9-56	58' 00	25' 00
L9-20	55' 25	00' 25	L9-57	58' 75	22' 25
L9-21	58' 00	02' 00	L9-58	56' 75	23' 00
L9-22	58' 00	04' 25	L9-59	56' 25	21' 25
L9-23	01' 50	11' 25	L9-60	54' 25	20' 20
L9-24	01' 75	23' 25	L9-61	53' 25	12' 50
L9-25	04' 75	27' 25	L9-62	04' 50	22' 75
L9-26	59' 00	24' 75	L9-63	03' 25	15' 50
L9-27	56' 00	25' 75	L9-64	05' 00	17' 00
L9-28	53' 25	21' 75	L9-65	05' 00	14' 25
L9-29	51' 75	22' 25	L9-66	57' 75	11' 00
L9-30	51' 25	21' 00	L9-67	57' 00	11' 20
L9-31	51' 75	19' 25	L9-68	56' 25	06' 75
L9-32	57' 75	24' 25	L9-69	54' 00	07' 50
L9-33	57' 25	20' 75	L9-70	00' 75	14' 25
L9-34	55' 25	20' 75	L9-71	57' 25	02' 00
L9-35	00' 75	29' 25	L9-72	54' 75	03' 75
L9-36	59' 15	25' 50	L9-73	53' 00	02' 00
L9-37	57' 50	26' 50	L9-74	53' 00	00' 50

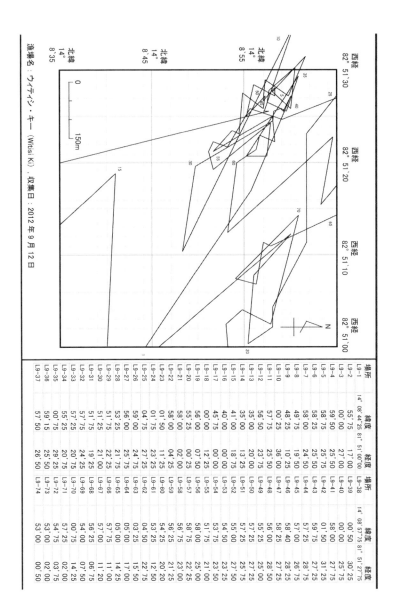

付録5　港町（Bilwi）や近郊の漁村での流通・消費に関するデータ

モスキート・コーストでは海辺のミスキート・インディアンの各村落や港町でアオウミガメが流通している。調査中、それらの幾つかの散らばった場所でデータ収集をおこなった。そのデータ等は、これまでの研究にも残されてはいないため、以下に、その調査記録を残しておくこととする。

図53は、同行した五事例の流通先（上図）と、主な流通先となった港町（上図のA）の詳細地図である。図54は、港町の桟橋（A－a）で取引されたアオウミガメの寸法と価格帯のデータである。図55は、港町の桟橋（A－a）へとウミガメを運んだ漁師らの現金での稼ぎ（計算値）を算出するためのデータである。図56は、港町の桟橋（A－a）で購入されたアオウミガメの行先である。図57は、港町のサンルイス地区（A－b）の住人による手売り販売の経路を示したものである。図58は、同行した五事例の流通先（上図）と、主な流通先となった村（上図のB）の周辺地図である。図59は、村の居住地の地図（B－b）とその村での二〇一三年一二月三〇日～翌年一月一九日

までに流通したアオウミガメ、合計六七頭の所有者の位置を示したものである。図60は、村の居住地（B－a）での屠殺解体の流れと商品となる部位を図示したものである。図61は村落のある居住地区（B－a－A）で、アオウミガメの流通や消費動向を調査した三世帯の位置と、その家屋とキッチンの外観を示したものである。図62は村落のある居住地区の一世帯（B－a－1、A）の肉魚類（Wupan）の調理方法を示したものであるでる。図63はその芋類版（Tama）である。図64は調査した三世帯の一週間の献立を図表にしたものである。図65と66は村落のある居住地区の一世帯（B－a－1、A）の肉魚類や芋類の消費量やカロリー・たんぱく質などの計算用に作ったデータ集である。

図 53. ミスキート諸島近海での流通

X. ミスキート諸島の流通（大）

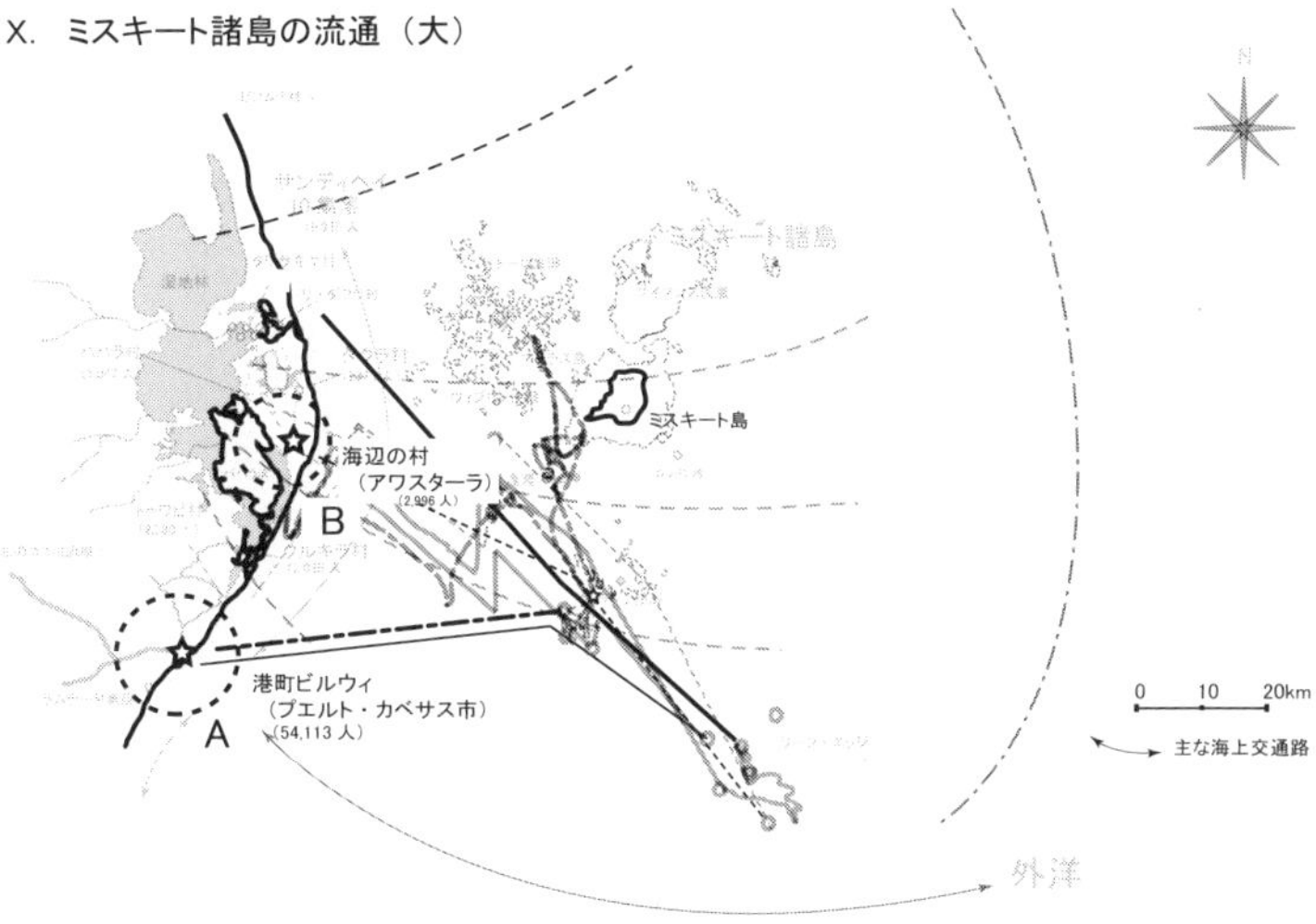

出典：原図、プエルトカベサス地方 250,000 分の一地図（Joint Operation Program Air 作）を改編して使用。

A（港町地図）

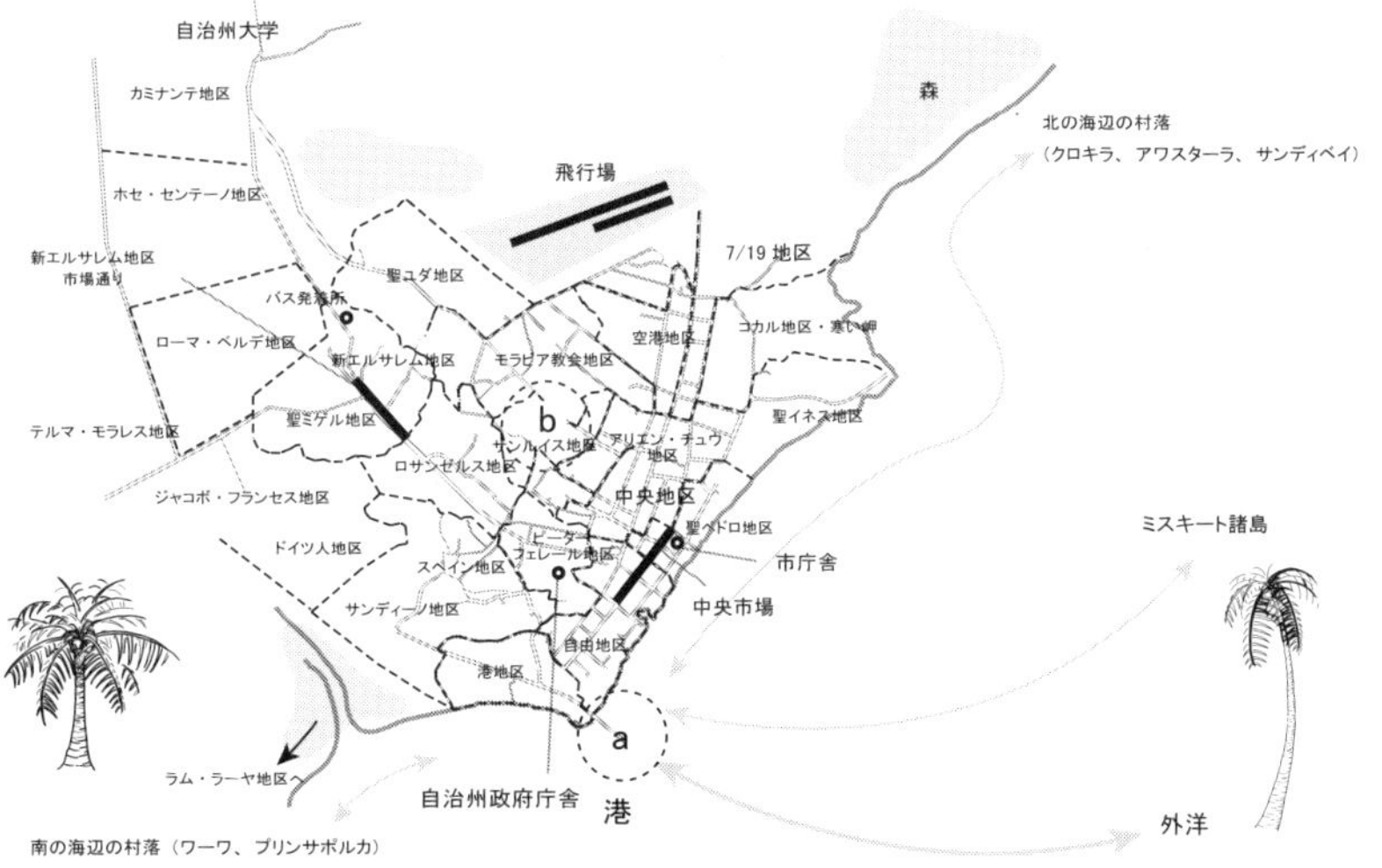

図 54（A-a）．桟橋で取引されたアオウミガメの寸法と価格帯

メス

日付	船舶数	全頭数	値段判明（雌）	0-67 頭	0-67 合計	0-67 平均	68-70 頭	68-70 合計	68-70 平均	71-73 頭	71-73 合計	71-73 平均	74-76 頭	74-76 合計	74-76 平均	77-79 頭	77-79 合計	77-79 平均	80-82 頭	80-82 合計	80-82 平均	83-85 頭	83-85 合計	83-85 平均	86- 頭	86- 合計	86- 平均
2/13	1	12	0																								
2/14	1	13	3										1	1,500	1,500				1	1,400	1,400	1	2,000	2,000			
2/15	1	17	3	1	1,000	1,000										1	1,500	1,500	1	1,800	1,800						
2/16	1	4	1																1	1,800	1,800						
2/17	3	30	7																4	4,600	1,150	2	2,600	1,300	1	1,000	1,000
2/18	2	24	14				1	500	500				2	2,000	1,000	1	1,100	1,100	5	5,500	1,100	3	3,400	1,133	2	2,500	1,250
2/19	1	15	8							1	1,200	1,200	2	2,000	1,000	1	1,200	1,200	2	2,600	1,300				2	3,300	1,650
2/20	1	9	5				1	1,000	1,000				1	1,400	1,400	2	2,800	1,400	1	1,700	1,700						
2/21	1	11	4										1	1,300	1,300	1	1,100	1,100	2	3,000	1,500						
2/22	0	0	0																								
2/23	3	28	12				1	700	700	1	700	700	3	2,700	900	2	2,000	1,000	1	1,000	1,000	3	3,700	1,233	1	1,500	1,500
2/24	2	23	2										1	1,000	1,000				1	900	900						
2/25	3	30	4													1	1,000	1,000	2	2,000	1,000	1	1,000	1,000			
2/26	2	25	5	1	600	600				2	1,500	750	1	800	800				1	600	600						
2/27	3	38	8													3	3,000	1,000	2	2,400	1,200	2	2,000	1,000	1	1,100	1,100
2/28	6	55	5													2	1,900	950	1	1,200	1,200	1	1,400	1,400	1	1,400	1,400
3/1	0	0	0																								

オス

日付	船舶数	頭数	値段判明（雄）	0-67 頭	0-67 合計	0-67 平均	68-70 頭	68-70 合計	68-70 平均	71-73 頭	71-73 合計	71-73 平均	74-76 頭	74-76 合計	74-76 平均	77-79 頭	77-79 合計	77-79 平均	80-82 頭	80-82 合計	80-82 平均	83-85 頭	83-85 合計	83-85 平均	86- 頭	86- 合計	86- 平均
2/13	1	12	0																								
2/14	1	13	1	1	1,200	1,200																					
2/15	1	17	2										1	1,300	1,300	1	1,200	1,200									
2/16	1	4	3				1	1,000	1,000							2	2,900	1,450									
2/17	3	30	8							2	1,400	700	2	1,500	750	3	2,900	967	1	1,300	1,300						
2/18	2	24	1							1	800	800															
2/19	1	15	6							1	900	900	3	3,100	1,033	1	1,200	1,200	1	1,400	1,400						
2/20	1	9	2							1	1,400	1,400				1	1,300	1,300									
2/21	1	11	7							1	1,100	1,100	5	5,950	1,190	1	1,500	1,500									
2/22	0	0	0																								
2/23	3	28	4				1	900	900	1	800	800	2	1,900	950												
2/24	2	23	0																								
2/25	3	25	1													1	1,000	1,000									
2/26	2	25	5							1	700	700	2	1,200	600										2	1,400	700
2/27	3	38	1													1	1,000	1,000									
2/28	6	55	0																								
3/1	0	0	0																								

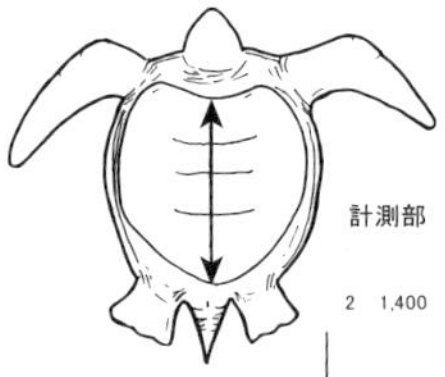

図 55（A-a）．村の漁師一人当たりの取り分の金額（計算値）

日付	識別	値段判明（頭）	値段不明（頭）	値段分布（C $）																		合計（C $）	補正値（頭＊千C$）	補正後合計（C$）	1人当たり（C$）
				500	600	700	800	900	1,000	1,100	1,200	1,300	1,400	1,500	1,600	1,700	1,800	1,900	2,000	2,100	2,200				
2/13	A-2	12	12																			—	—	—	—
2/14	D-1	13	2			1					2	4	1	1			1		1			15,000	2,000	17,000	2,500
2/15	?	17	10						1		1	1		3			1					—	—	—	—
2/16	B-2	4	0						1				1	1			1					5,700	0	5,700	950
2/17	R	10	3			1	1	4					1									6,500	3,000	9,500	1,583
	A-1	8	4						1		3											4,600	4,000	8,600	1,433
	?	11	8						2			1										—	—	—	—
2/18	R	15	2	1					7	1	2	1		1								13,800	2,000	15,800	2,633
	S-1	9	4				1				1			1	1							—	—	—	—
2/19	S-2	15	1					2	3		4	2	1		1	1						16,900	1,000	17,900	2,983
2/20	R	9	3								1	1	2		1	1						8,600	2,000	10,600	1,767
2/21	?	11	0							5		2		4								14,100	0	14,100	2,350
2/22																						—	—	—	—
2/23	I	11	5				1	1	1		1	1										—	—	—	—
	?	9	3			2		2	1					1								5,700	3,000	8,700	1,450
	F	8	3				1		2		2											5,200	3,000	8,200	1,367
2/24	E	10	8					1	1													—	—	—	—
	E	13	13																			—	—	—	—
2/25	G	11	8						3													—	—	—	—
	D	5	5																			—	—	—	—
	?	15	15																			—	—	—	—
2/26	E	10	0		4	4	2															6,800	0	6,800	1,133
	E	10	10																			—	—	—	—
2/27	C	14	9					7	1			1										—	—	—	—
	B	10	5						1	3			1									—	—	—	—
	?	14	10						4													—	—	—	—
2/28	6艘	-	-																			—	—	—	—

注：1 人当たりの収入の算出差異は、補正値の範囲が 0-4,000 コルドバのもののみを使用。それ以上は採用していない。

図 56（A-a）．桟橋で取引されたアオウミガメの購買先
（2014 年 2 月 13 日～ 3 日 1 日）

日付 頭数 バリオ(識別番号)		2/13 13	2/14 12	2/15 17	2/16 4	2/17 30	2/18 24	2/19 15	2/20 15	2/21 11	2/22 0	2/23 28	2/24 23	2/25 25	2/26 20	2/27 39	2/28 55	3/1 0	合計
ローマ・ベルデ地区	a	6	3	3		2		1		1		3				7			
	b	2				1		1								5			
	c							1								5			
	d																		
小計		8	3	3		3		3		1		3				17			41
港地区	a	1	1		1	6	2			3					6	2	7		
		1			1	1	1									4	4		
					1	4											5		
																	2		
				1		1		2				1							
小計		2	1	1	3	12	3	2		3		1			6	6	18		58
聖ルイス地区	a		3	2		4	1	3	2			2				4	4		
	b							3				2							
	c											4							
	d											2							
小計			3	2		4	1	6	2			10				4	4		36
コカル地区	a		1					3		2		2			7	5			
	b		1																
	c		1																
	d		2																
小計			5					3		2		2			7	5			24
自由地区	a			2	1	2			1			4					10		20
新エルサレム地区	a			1						4			3		2	3			
	b			1															
小計				2						4			3		2	3			14
サンディーノ地区	a									1					5	4			10
ドイツ人地区	a						5					3							8
他	a	1				1		1											
	b					1													
	c					1													
小計		1				3		1											5

図 57（A-a）．訪問販売経路

1

2

図 58. ミスキート諸島近海での流通 2

X. ミスキート諸島の流通（大）

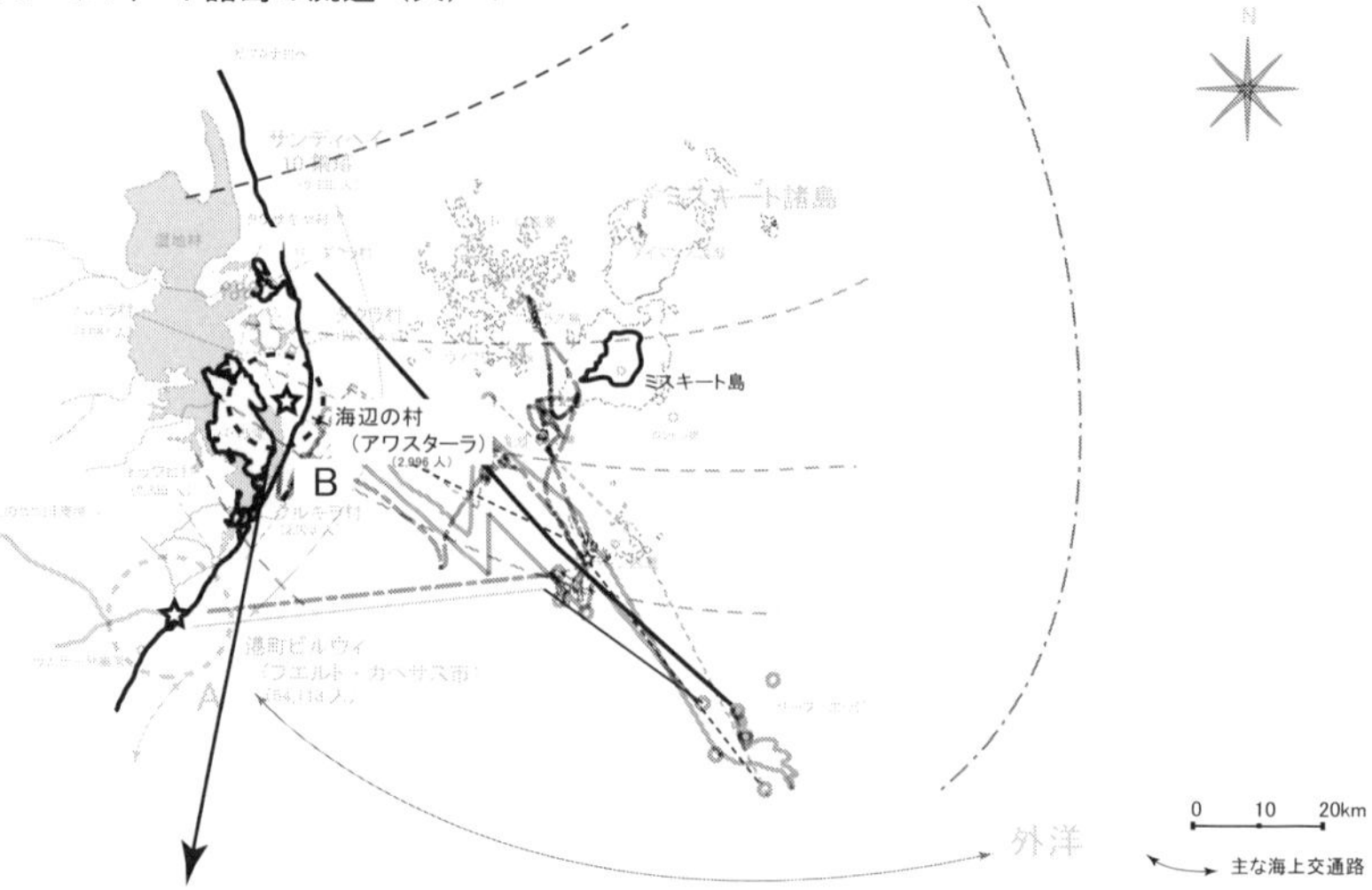

B. 村の地図

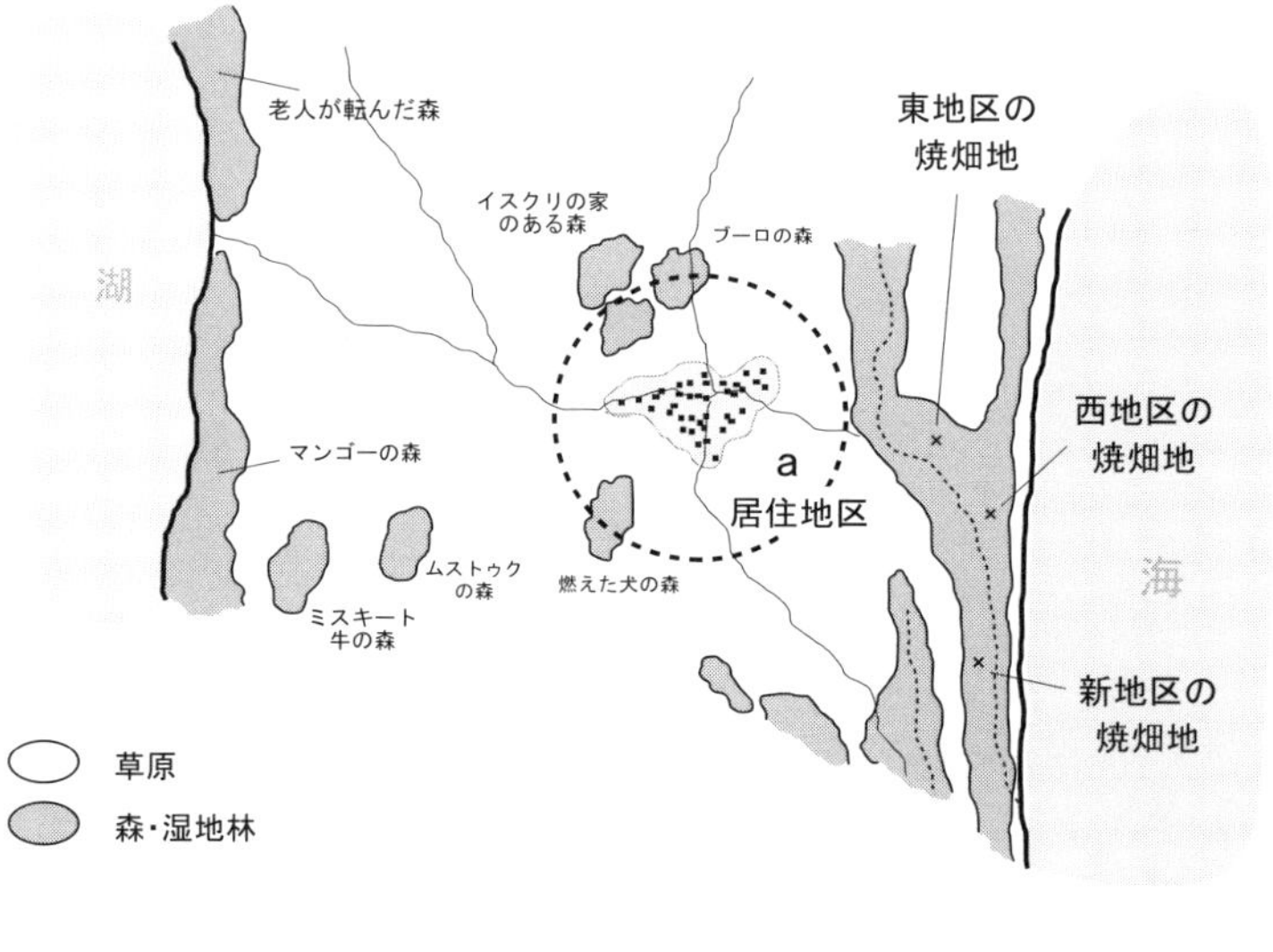

図 59. ミスキート・インディアン村落でのアオウミガメ（Lih）の所有者

B-a. 居住地区の地図

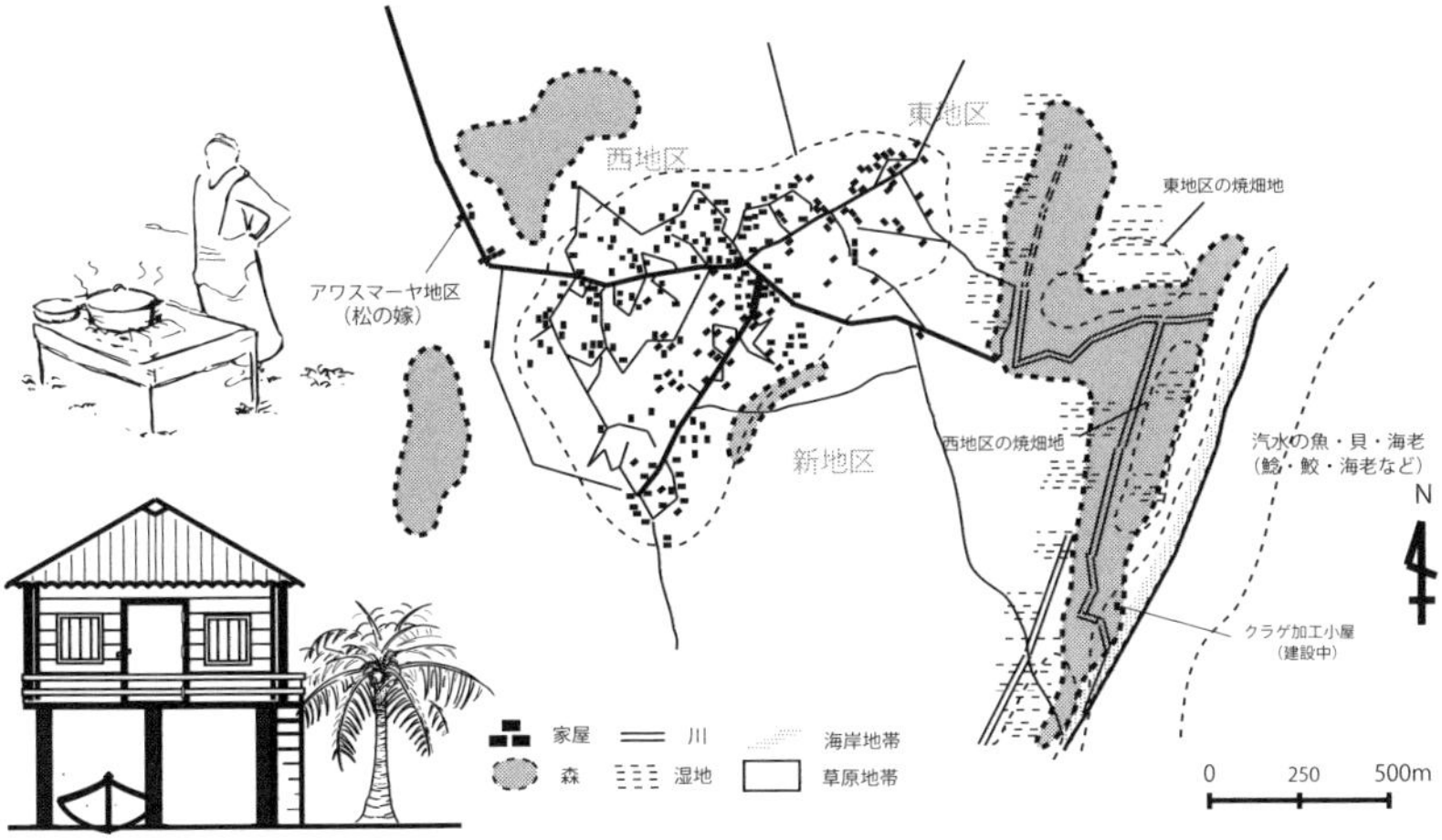

B-a. 村落内での所有者分布（2013 年 12 月 30 日～翌年 1 月 19 日、合計 67 頭）

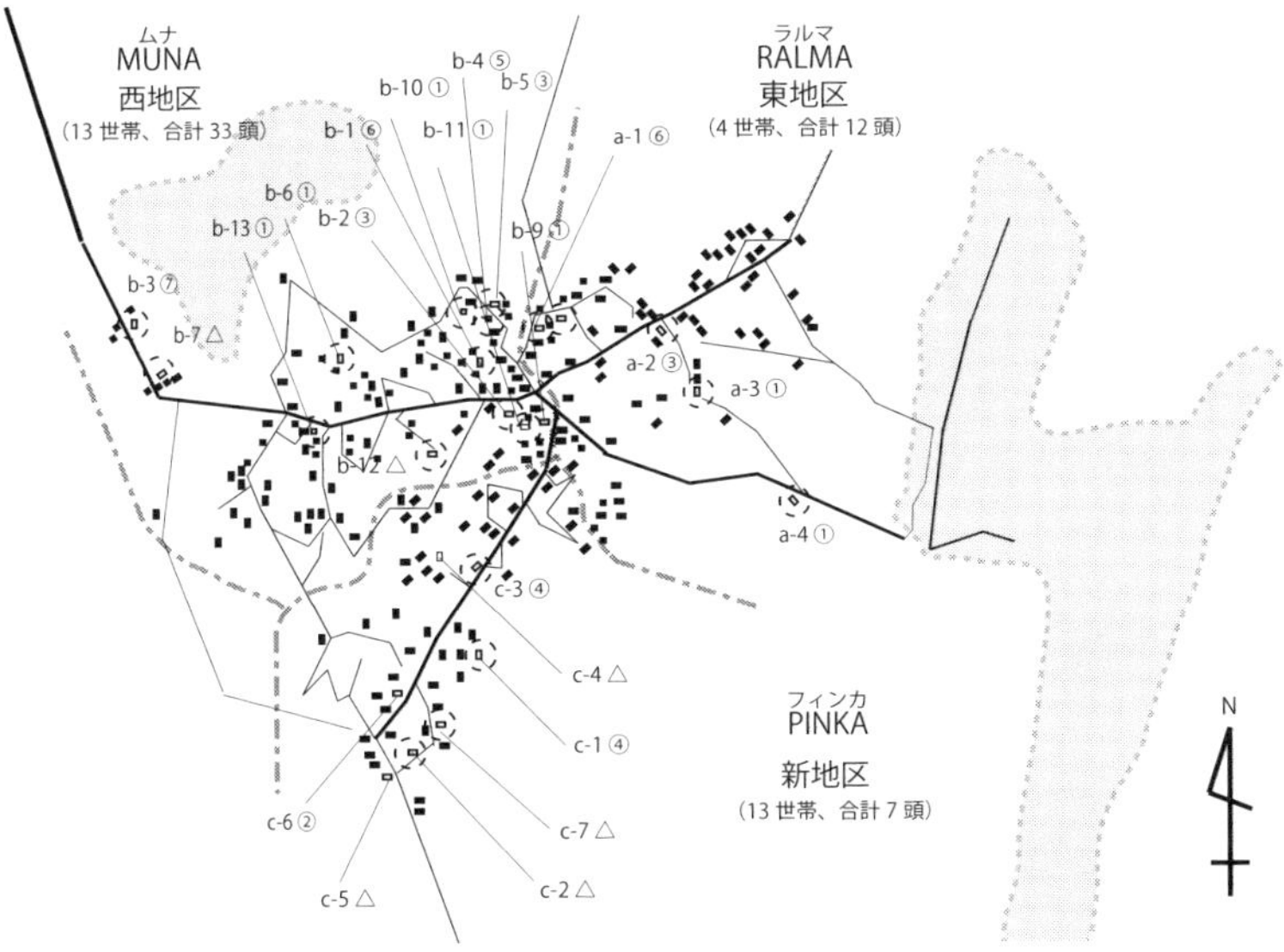

図 60. 屠殺解体と商品化の例

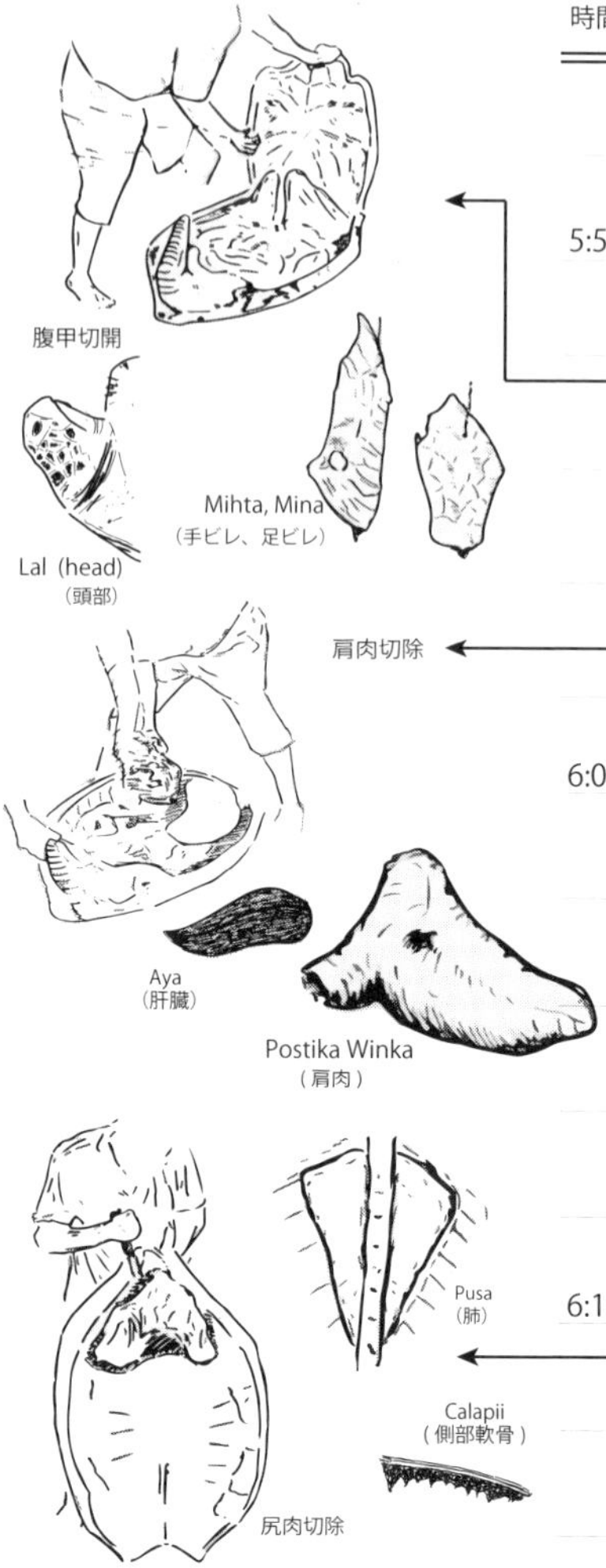

時間	手順 (ミスキート語)	手順 (日本語)
	Lih Ikaia （ウミガメを殺す）	アオウミガメを解体場所に動かす。 頭部を強打し、気絶させる。 喉元を切り開く
5:50	Mihta krakaia （足を切る）	四肢を切りおとす。
	Rama Sakaia （腹甲を取り出す）	胴と腹を切り離す。
	Taria Sakaia （血を取り出す）	血をすくう。 ※Lih Darwan Aisikanka へ （ウミガメ所有者の父）
	Posta Wina Sakaia （肉を取り出す）	肩関節の肉をとる。 ひねりながら切り離す。
6:00		
	Taria Sakaia （血を取り出す）	再び血をすくう。
	Biara Sakaia （腸を取り出す）	腸を取り出す。
	Auya Sakaia （肝臓を取り出す）	肝臓、胆のうを取り出す（胆のう廃棄）。
	Dukia Sakaia （ものを取り出す）	胃、腎臓、黄色脂肪、卵巣を取り出す。
	Lih Batanka Sakaia （脂肪を取り出す）	緑脂肪、肺を取り出す。 甲羅の側部をそぐ
	Lal Sakaia （首を取り出す）	頭を切り離す。
6:10		
	Nata Wina Sakaia （尻肉を取り出す）	尻肉を切り離す。
	Kufku/mahabra Sakaia （尾／男性器を取り出す）	尾を切る。
	Wina Sakaia （肉を取り出す）	甲羅の肉と脂肪をそぐ。

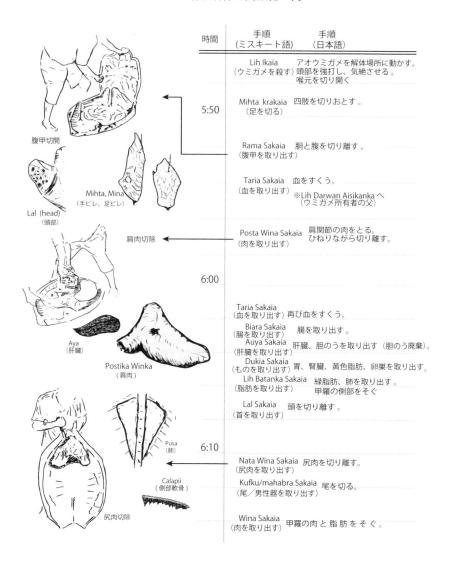

図 61. ミスキート・インディアン村落の居住地区と民家

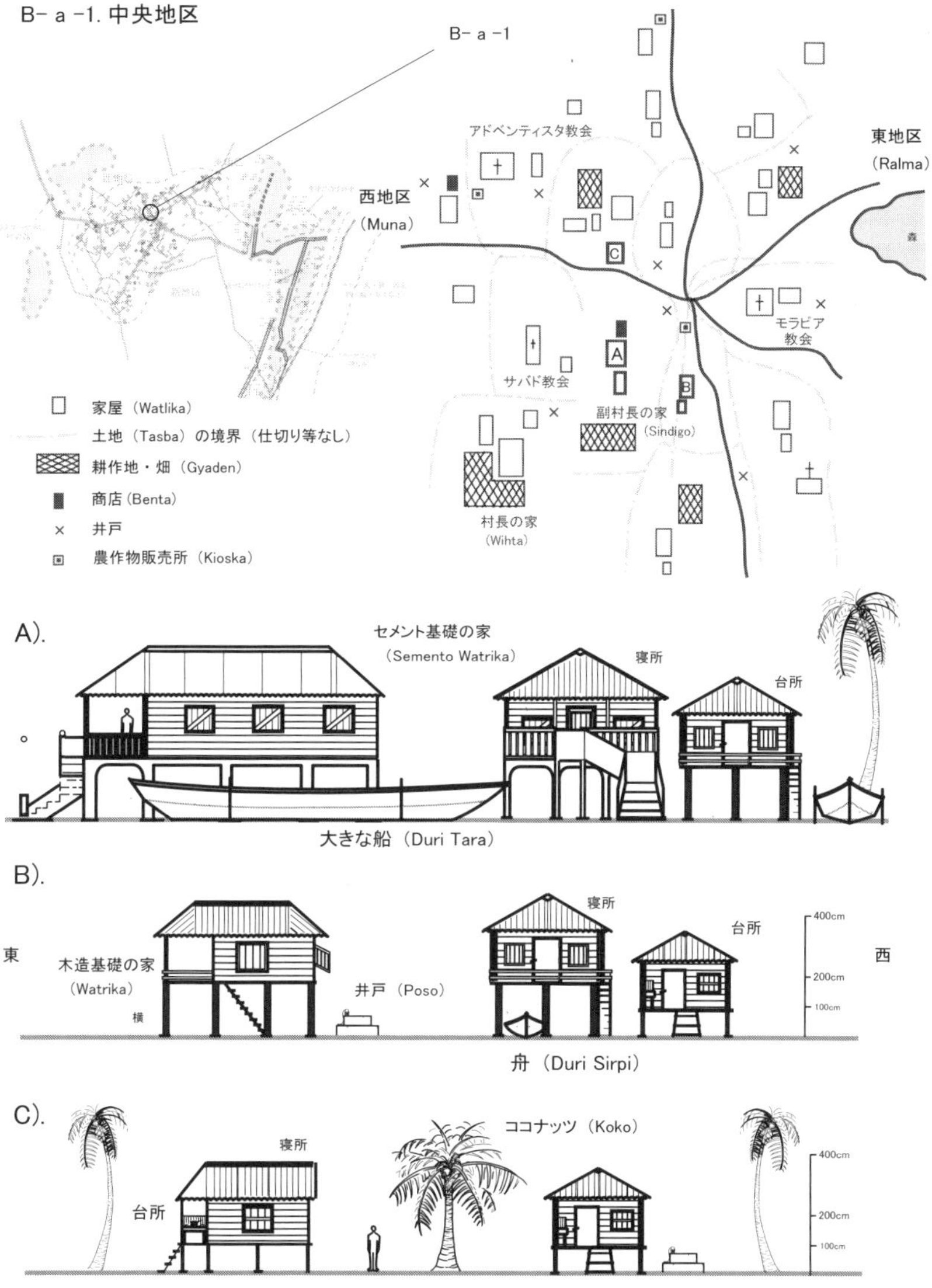

図 62. 肉魚類（Wupan）調理法

B-a-1, A) 世帯での肉魚類（Wupan）調理法

図 63. 芋類（Tama）や米や豆の調理法

B-a-1, A) 世帯での芋類（Tama）やバナナ・米・豆の調理法

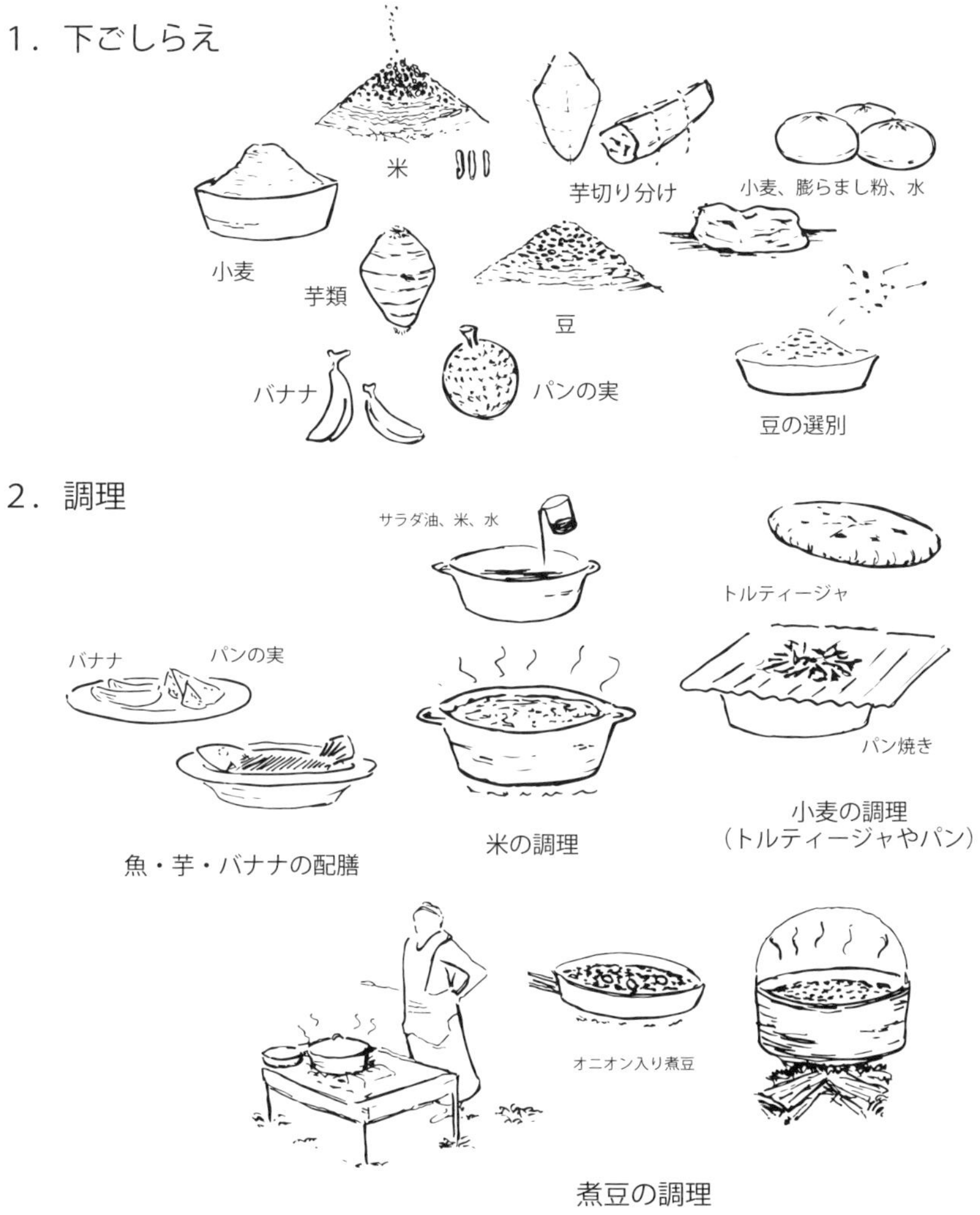

図 64（B-a-1）．A），B），C）世帯での一週間の全献立表

		インフォーマント		
		A	B	C
2012/11/25	1	G（トルティージャ），B(煮豆)	G（白米），B（煮豆），W（ウミガメ）	ND (-)
	2	G（白米），W（ウミガメ）	G（白米），B（煮豆）	-
	3	G（白米），B（煮豆），W（ウミガメ）	W（鶏肉），T（バナナ）＋キャベツ	-
2012/11/26	1	G（トルティージャ），B（煮豆）	G（白米），B（豆）	-
	2	B（煮豆），W（ウミガメ，?），T（キャッサバ）	G（白米），B（煮豆），W（魚類）	-
	3	W（アルマジロ），T（キャッサバ）	G（パン）	-
2012/11/27	1	G（トルティージャ），B（煮豆）	G（トルティージャ），B（煮豆）	G（白米），W（ウミガメ）
	2	G（白米），W（魚）T（キャッサバ）	G（白米），W（ウミガメ）	G（白米），W（ウミガメ）
	3	G（パン），W（ウミガメ）	G（パンと豆ご飯）	G（トルティージャ），W（ウミガメ）
2012/11/28	1	G（トルティージャ），W（ウミガメ）	G（トルティージャ），W（魚類）	G（パン）
	2	G（トルティージャ），W（魚），B（煮豆）	G（白米），W（ウミガメ）	G（白米），W（魚），T（キャッサバ）
	3	G（トルティージャ）＋シリアル	G（パン）	G（パン）
2012/11/29	1	G（トルティージャ）	G（トルティージャ）	G（パン）
	2	G（白米），W（ウミガメ）	G（白米），B（煮豆），W（魚類）	G（白米），W（魚，名称不明，小型）
	3	G（白米），B（豆），W（イワシ缶）	G（パン）	G（白米），W（魚）
2012/11/30	1	ND (-)	ND (-)	ND (-)
	2	-	-	-
	3	-	-	-
2012/11/31	1	G（トルティージャ），B（煮豆）	G（トルティージャ），B（煮豆）	G（パン），B（煮豆）
	2	G（白米），W（ウミガメ），T（キャッサバ）	G（白米），B（豆），W（ウミガメ）	G（白米），W（ウミガメ）T（キャッサバ）
	3	G（トルティージャ），B（煮豆）	G（トルティージャ）	G（トルティージャ）
計	G	16/18	17/18	12/12
	B	9/18	8/18	1/12
	W	10/18	8/18	7/12
	T	4/18	1/18	2/12

注：穀物（G）・豆（B）・肉魚類（W , Wupan）・芋バナナ類（T, Tama）。

図65（B-a-1）．A）世帯での食事と熱量（2009，2/17-2/28）

日付	朝昼夜	品目	A（副村長）		B（副村長の妻）		C（副村長の息子）		D（副村長の娘）		E（副村長の孫）	
			重さ（g）	カロリー（kcal）	重さ（g）	カロリー（kcal）	重さ（g）	カロリー（kcal）	重さ（g）	カロリー（kcal）	重さ（g）	カロリー（kcal）
2/17	朝	小麦（トルティージャ）	171	428	86	214	171	428			86	214
火		魚（焼魚）	83	90	42	45	83	90			42	45
		コーヒー	1	-	1	-	-	-			-	-
	昼	-										
		-										
		-										
	夜	-										
		-										
		-										
2/18	朝	-										
水		-										
		-										
	昼	米（豆ご飯）	250	902	115	415	227	817			87	314
		カメ肉	122	135	48	53	81	89			40	44
		バナナ・プランテイン	178	206	130	151	75	87			-	-
	夜	米（豆ご飯）	125	451	137	493	186	671			61	219
		魚（鮫）	260	281	66	71	59	63			20	21
		小麦（トルティージャ）	-	-	46	115	136	339			50	125
		バナナ・プランテイン	255	295	-	-	-	-			-	-
2/19	朝	米（豆ご飯）	228	821	121	436						
木		煮豆	-	-	-	-						
		魚（エイの水煮）	204	220	159	171						
	昼	米（豆ご飯）	211	760	190	686					59	212
		魚（煮魚）	-	-	-						-	-
		バナナ・プランテイン	410	475	94	109					-	-
		鮫/エイ	143	154	46	50					54	58
	夜	米（豆ご飯）	124	447	147	529					110	394
		魚（鮫※）	180	194	-	-					ラー麺汁	125
		米（白飯）	-	-	-	-					-	-
		バナナ・プランテイン	94	108	-	-					-	-
2/20	朝	小麦（トルティージャ）	199	496	186	465	184	459	129	321	70	174
金		煮豆	114	205	-	-	84	152	51	92	43	77
	昼	-										
		-										
		-										
	夜	市販スープ	369	461	-	-			-	-	-	-
		米（豆ご飯）	-		88	317			149	536	56	203
		バナナ・プランテイン	193	223	32	37			77	89	43	99
2/21	朝	小麦（トルティージャ）	-	-					51	126	97	241
土		米（豆ご飯）	66	239					-	-	-	-
		カメ肉	39	43					24	27	22	24
		コーヒー	1						1	-	1	-
	昼	米（豆ご飯）	69	249								
		カメ肉	157	174								
	夜	小麦（トルティージャ）	146	364					83	206	78	194
		煮豆	140	253					103	185	-	-
		カメ肉	49	54					-	-	-	-
		卵	-	-					-	-	12	20
		コーヒー	-	-					-	-	-	-

注：カロリーの計算値は重さ×係数 (100g ごとの Kcal)、各係数は小麦（トルティージャ）＝ 2.5、魚＝ 1.08、米 3.6、 煮豆＝ 1.8、バナナ・プランテイン＝ 1.16、カメ肉＝ 1.11、 卵＝ 1.63、市販スープ＝ 1.25。

出典：魚・バナナ・プランテイン・カメ肉は Wu Leung, Woot-Tsuen (1961)、小麦・米・煮豆・卵は FAO（1949）を参照。現地調査にもとづき作成。

日付	朝昼夜	品目	A（副村長） 重さ（g）	カロリー（kcal）	B（副村長の妻） 重さ（g）	カロリー（kcal）	C（副村長の息子） 重さ（g）	カロリー（kcal）	D（副村長の娘） 重さ（g）	カロリー（kcal）	E（副村長の孫） 重さ（g）	カロリー（kcal）
2/22	朝	小麦（トルティージャ）	291	726			160	399	116	289	116	P4
日		卵	-	-			-	-	18	29	10	16
		煮豆	96	173			88	158	39	70	39	70
	昼	市販スープ	294	368	80	100					80	100
		米（豆ご飯）	259	933	141	507					109	394
	夜	パン	83	208			76	189	41	103		
		米（豆ご飯）	175	630			169	609	169	609		
		カメ肉	137	152			-	-	40	44		
		市販スープ	-	-			-	-	-	-		
2/23	朝	小麦（トルティージャ）										
月		卵										
	昼	米（豆ご飯）	213	767	160	574	-	-	168	604	102	367
		カメ肉	62	68	67	74	-	-	62	68	19	21
	夜	米（豆ご飯）										
		カメ肉										
2/24	朝	米（豆ご飯）	113	405			111	400	40	144	35	125
火		カメ肉	48	53			39	43	17	19	8	9
		小麦（トルティージャ）	117	293			130	324	128	319	72	179
	昼	米（豆ご飯）	226	813	-	-	227	818				
		カメ肉	-	-	-	-	106	118				
		小麦（トルティージャ）	168	419	93	233	-	-				
	夜	鮫									12	13
		パン									66	164
		米（豆ご飯）									36	129
2/25	朝	小麦（トルティージャ）										
水		煮豆										
		コーヒー										
	昼	米（豆ご飯）										
		カメ肉										
	夜	米（白飯）										
		カメ肉										
2/26	朝	小麦（トルティージャ）	196	490							75	186
木		煮豆	48	87							?	?
		コーヒー	1	-							1	-
	昼	米（豆ご飯）										
		カメ肉										
	夜	小麦（トルティージャ）	218	544					112	279	65	163
		米（豆ご飯）	110	394					-	-	-	-
		カメ肉	96	107					95	105	37	41
		コーヒー	1	-					1	-	1	-
2/27	朝	小麦（トルティージャ）	210	524	88	220					52	129
金		カメ肉	89	98	30	33					8	9
		コーヒー	1	-	1	-					1	-
	昼	米（白飯）	148	533							97	349
		カメ肉	83	92							38	42
	夜	米（白飯）	?	?								
		魚（鯖）	45	49								
2/28	朝	米（豆ご飯）							161	579	101	363
土		卵							21	34	16	25
	昼	-										
		-										
	夜	-										
		-										
		合計（g・kcal）	8104	17656	2393	6099	2389	6250	1891	4877	2218	5696
		食事日数	8	8	4	4	3	3	3	3	6	6
		日平均	1013	2207	598	1525	885	2315	630	1390	350	949

図66（B-a-1）．A）世帯での食事とたんぱく質・脂質・炭水化物（2009，2/17-2/28）

日付	朝昼夜	品目	A（副村長）				B（副村長の妻）				C（副村長の息子）				D（副村長の娘）				E（副村長の孫）			
			重さ（g）	たんぱく質	脂質	炭水化物	重さ（g）	たんぱく質	脂質	炭水化物	重さ（g）	たんぱく質	脂質	炭水化物	重さ（g）	たんぱく質	脂質	炭水化物	重さ（g）	たんぱく質	脂質	炭水化物
2/17	朝	小麦（トルティージャ）	171	12	19	60	86	6	9	30	171	12	19	60					86	6	9	30
火		魚（焼魚）	83	7	-	-	42	4	-	-	83	7	-	-					42	4	-	-
		コーヒー	1	-	-	-	1	-	-	-	-	-	-	-					-	-	-	-
	昼	-																				
		-																				
		-																				
	夜	-																				
		-																				
		-																				
2/18	朝	-																				
水		-																				
		-																				
	昼	米（豆ご飯）	250	15	2	198	115	7	1	91	227	14	2	179					87	5	1	69
		カメ肉	122	24	7	-	48	10	3	-	81	16	4	-					40	8	2	-
		バナナ・プランテイン	178	2	0	55	130	1	0	40	75	1	0	23					-	-	-	-
	夜	米（豆ご飯）	125	8	1	99	137	8	1	108	186	11	1	147					61	4	0	48
		魚（鮫）	260	23	-	-	66	6	-	-	59	5	-	-					20	98	-	-
		小麦（トルティージャ）	-	-	-	-	46	-	-	-	136	-	-	-					50	-	-	-
		バナナ・プランテイン	255	3	1	79	-	-	-	-	-	-	-	-					-	-	-	-
2/19	朝	米（豆ご飯）	228	14	2	180	121	7	1	96												
木		煮豆	-	-	-	-	-	-	-	-												
		魚（エイの水煮）	204	18	-	-	159	14	-	-												
	昼	米（豆ご飯）	211	13	1	167	190	11	1	150									59	4	0	47
		魚（煮魚）	-	-	-	-	-	-	-	-									-	-	-	-
		バナナ・プランテイン	410	4	1	127	94	1	0	29									-	-	-	-
		鮫/エイ	143	13	-	-	46	4	-	-									54	5	-	-
	夜	米（豆ご飯）	124	7	1	98	147	9	1	116									110	7	1	87
		魚（鮫※）	180	16	-	-	-	-	-	-									ラー麺汁	-	-	-
		米（白飯）	-	-	-	-	-	-	-	-									-	-	-	-
		バナナ・プランテイン	94	1	0	29	-	-	-	-									-	-	-	-
2/20	朝	小麦（トルティージャ）	199	14	22	69	186	13	20	65	184	13	20	64	129	9	14	45	70	5	8	24
金		煮豆	114	13	2	71	-	-	-	-	84	-	-	-	51	-	-	-	43	5	1	27
	昼	-																				
		-																				
		-																				
	夜	市販スープ	369	7	28	42	-	-	-	-					-				-	-	-	-
		米（豆ご飯）	-	-	-	-	88	-	-	-					149				56	-	-	-
		バナナ・プランテイン	193	2	0	60	32	0	0	10					77				43	0	0	13
2/21	朝	小麦（トルティージャ）	-	-	-	-									51	4	6	18	97	7	11	34
土		米（豆ご飯）	66	4	0	52									-	-	-	-	-	-	-	-
		カメ肉	39	8	2	0									24	5	1	0	22	4	1	0
		コーヒー	1	-	-	-									1	-	-	-	1	-	-	-
	昼	米（豆ご飯）	69	4	0	55																
		カメ肉	157	31	8	0																
	夜	小麦（トルティージャ）	146	10	16	51									83	6	9	29	78	5	9	27
		煮豆	140	15	3	87									103	11	2	64	-	-	-	-
		カメ肉	49	10	3	0									-	-	-	-	-	-	-	-
		卵	-	-	-	-									-	-	-	-	12	1	-	-
		コーヒー	-	-	-	-									-	-	-	-	-	-	-	-

日付	朝昼夜	品目	A（副村長）				B（副村長の妻）				C（副村長の息子）				D（副村長の娘）				E（副村長の孫）			
			重さ（g）	たんぱく質	脂質	炭水化物	重さ（g）	たんぱく質	脂質	炭水化物	重さ（g）	たんぱく質	脂質	炭水化物	重さ（g）	たんぱく質	脂質	炭水化物	重さ（g）	たんぱく質	脂質	炭水化物
2/22	朝	小麦（トルティージャ）	291	20	32	102					160	11	18	56	116	8	13	40	116	8	13	40
日		卵	-	-	-	-					-	-	-	-	18	-	-	-	10	-	-	-
		煮豆	96	11	2	60					88	10	2	54	39	4	1	24	39	4	1	24
	昼	市販スープ	294	6	22	34	80	2	6	9									80	2	6	9
		米（豆ご飯）	259	16	2	205	141	8	1	111									109	7	1	86
	夜	パン	83	6	9	29					76	5	8	26	41	3	5	14				
		米（豆ご飯）	175	11	1	138					169	10	1	134	169	10	1	134				
		カメ肉	137	27	7	0					-	-	-	-	40	-	-	-				
		市販スープ	-	-	-	-					-	-	-	-	-	-	-	-				
2/23	朝	小麦（トルティージャ）																				
月		卵																				
	昼	米（豆ご飯）	213	13	1	168	160	10	1	126	-	-	-	-	168	10	1	133	102	6	1	81
		カメ肉	62	12	3	0	67	13	4	0	-	-	-	-	62	12	3	0	19	4	1	0
	夜	米（豆ご飯）																				
		カメ肉																				
2/24	朝	米（豆ご飯）	113	7	1	89					111	7	1	88	40	2	0	32	35	2	0	27
火		カメ肉	48	10	3	0					39	8	2	0	17	3	1	0	8	2	0	0
		小麦（トルティージャ）	117	8	13	41					130	9	14	45	128	9	14	45	72	5	8	25
	昼	米（豆ご飯）	226	14	2	178	-	-	-	-	227	14	2	180								
		カメ肉	-	-	-	-	-	-	-	-	106	-	-	-								
		小麦（トルティージャ）	168	12	18	59	93	7	10	33	-	-	-	-								
	夜	鮫																	12	1	0	0
		パン																	66	5	7	3
		米（豆ご飯）																	36	2	0	0
2/25	朝	小麦（トルティージャ）																				
水		煮豆																				
		コーヒー																				
	昼	米（豆ご飯）																				
		カメ肉																				
	夜	米（白飯）																				
		ウミガメ肉																				
2/26	朝	小麦（トルティージャ）	196	14	22	69													75	5	8	26
木		煮豆	48	5	1	30													?	?	?	?
		コーヒー	1	-	-	-													1	-	-	-
	昼	米（豆ご飯）																				
		カメ肉																				
	夜	小麦（トルティージャ）	218	15	24	76									112	8	12	39	65	5	7	23
		米（豆ご飯）	110	7	1	87									-	-	-	-	-	-	-	-
		カメ肉	96	19	5	0									95	19	5	0	37	7	2	0
		コーヒー	1	-	-	-									1	-	-	-	1	-	-	-
2/27	朝	小麦（トルティージャ）	210	15	23	73	88	6	10	31									52	4	6	18
金		カメ肉	89	18	5	0	30	6	2	0									8	2	0	0
		コーヒー	1	-	-	-	1	-	-	-									1	-	-	-
	昼	米（白飯）	148	9	1	117													97	6	1	77
		カメ肉	83	17	4	0													38	8	2	0
	夜	米（白飯）	?	?	?	?																
		魚（鱚）	45	4	0	0																
2/28	朝	米（豆ご飯）													161	10	1	127	101	6	1	80
土		卵													21	3	0	0	16	2	0	0
	昼	-																				
		-																				
	夜	-																				
		-																				
		合計（g・kcal）	8104	592	321	3133	2393	154	71	1046	2389	153	94	1057	1891	136	90	743	2218	257	107	924
		食事日数	8	8	8	8	4	4	4	4	3	3	3	3	3	3	3	3	6	6	6	6
		日平均	1013	74	40	392	598	38	18	261	885	57	35	391	630	45	30	248	350	41	17	146

注：カロリーの計算値は重さ×係数(100g ごとの Kcal)（タンパク質，脂質，炭水化物）、小麦（トルティージャ）＝ 0.07, 0.11, 0.35、魚＝ 0.09, -, -,、米 0.06, 0.007, 0.79、煮豆＝ 0.11, 0.02, 0.62、バナナ・プランテイン＝ 0.01, 0.002, 0.31、カメ肉＝ 0.2, 0.054, -、卵＝ 0.12, 0.011, 0.01、市販スープ＝ 0.02, 0.075, 0.115。

出典：魚・バナナ・プランテイン・カメ肉は Wu Leung, Woot-Tsuen（1961）、小麦・米・煮豆・卵は FAO（1949）を参照。現地調査にもとづき作成。

あとがき

私の場合は研究室の机でたまたまある文献を見たのがきっかけであった。その紙面にはインディアンたちが稀少な動物となっていたアオウミガメを獲り、たらふく食っている様子が描かれていた。その時のなんとも形容しがたい驚きに、怖い気持ちが入り混じったのを覚えている。

その後、その感情は私をニカラグアという名前も知らなかった国へと導き、ミスキート諸島と呼ばれるカリブの海にまでいざなうことになった。

現地での学術調査はお世辞にも上手くいったものではなかった。連日連夜に及んだ嘔吐と熱で頭はおかしくなり、漂う夜中の船底で寝転ぶと、カメの小便と血の混じった海水で背中がびしょ濡れになったこともあった。海上では、吐きすぎると胃がポンプのように痙攣することも知った。たいていのことはどうでもよくなっていた。

彼らが船上で作ってくれる料理はそれは酷いものであった。持参した缶詰めのタイカレーを一緒に食べると、インディアンたちは王様の料理だと絶賛した。それなのに私は、彼らが調理してくれる魚のトマトピューレ煮込みを、世界で一番不味いものだと密かに思っていた。

私は海の上では本当に何の役にも立たなかった。もう二度と行くまいと願ったことは、これまでにも一度や二度ではなかった。肝炎や、想像以上の下痢があることも知った。蚊（モスキート）の猛威は筆舌に尽くし難いものであった。ある村の老人に、「お前は働きすぎて、村のバランスを乱すから出て行ってほしい」と告げられたこともあった。

私はこの時代になぜそれほどまでにこの稀少な動物たちを殺さなければ生きていけないのかを知りたかった。本書ではその疑問に対する解を示したつもりである。

本書の執筆のために、国立民族学博物館の池谷和信教授には長年にわたってご指導をいただいてきた。本書は先生の長きに渡るご指導によって生まれたものである。ここに記して感謝させていただきたい。また、本書執筆に対し、人間文化研究機構（国立民族学博物館）にご所属の諸先生方や関係する研究者の方々、学友、博士前期課程で通っていた筑波大学、旧文化生態学研究室の先生方からも多くの示唆を得てきた。また、大学院（総合研究大学院大学、文化科学研究科）に提出した博士論文の審査にご協力いただいた諸先生方にも心より御礼申し上げたい。これまで大学院からも、現地学術調査に対して多大なるご理解とご支援をいただいてきた。日本学術振興会の平成三〇年度科学研究費補助金・研究成果公開促進費（課題番号18HP5118）より本出版への助成金も頂戴することができた。編集や校閲には明石書店の兼子さんと岩井さんにご協力いただき、その後、世に送り出される運びとなっている。

家族にも温かく支えてもらってきた。この研究が始まる前、私はある企業で働いていて、そこで今の妻と出会った。妻は曲がったことが嫌いで、その真の強い優しい人柄に私は惹かれた。私たちはその後しばらくして結婚し、少しすると、私は妻に大阪で研究を続けたいと告げて、しぶしぶの彼女を遠方の地にまで連れてきた。妻は大阪でも私の代わりにずっと汗かき働いてくれた。内心、どこか私の中には彼女に頼ればなんとかなるという卑しい精神があった。大阪では狭いアパートに住んでいた。妻は時折、肩身も狭いと言って恥ずかしがった。妻はさほど友人作りがうまい方ではなかったので、私が海外に調査に出ても一人熱心に働いて家計を支えてくれた。私はそれを尻目にして研究を続けてきた。なかなか成果が出ず、彼女にあたって喧嘩にもなったことは十回や二十回なんて数ではない。だから、妻の前からもよく逃げた。その後も私はこの研究を続けることで彼女に鞭を打ち続けてきた。博士号や著作、彼女は時折、私ばかりが欲する物を手に入れていると漏らした。実際その通りであった。私はそうやって、妻の輝きを踏み台にして本書を完成させた。そういっても過言ではない。

感謝を伝えたい方は多い。こんな私たちを見かねて、亡き父や関東で一人暮らす母、離れた兄弟たちや親類、妻の家族が一緒になって懸命に支えてくれた。小さな段ボール箱にぱんぱんに詰め込まれた五キロの米袋やレトルトカレー、煎餅とか現金に至るまで、色々と送ってもらわなければ生活は回っていかなかった。兄が関西に遊びに来た際は黙って飯を奢ってくれ、弟は実家のほうに気を使わせないよう陰で尽力してくれた。池谷先生をはじめ、諸先生方には色々とお気づかいをいただいてきた。現地の友人らにも大きな借りができた。本研究書はそうした人々の支えによって脱稿の今を迎えた。随分と恵まれてきたと思う。関係各所の皆様には、心より御礼を申し上げたい。

著者

2018年11月26日

Culture. *Jurnal Studi Kultural* 1 (2): 94-98.
山本紀夫編（2007）『世界の食文化 13　中南米』大阪 : 農山漁村文化協会 .

Pelras, C. (1996) *The Bugis*. Oxford: Blackwell Publishers.

Pelzer, K. (1972) The Turtle Industry in Southeast Asia. *Erdkunde* 26 (1): 9-16.

Pereira, G., and Josupeit, H. (2017) The World Lobster Market. Globalfish Research Programme. Rome: FAO.

Polunin, N., and Nuitja, N. (1981) Sea Turtle Populations of Indonesia and Thailand. In Bjorndal K. A., (ed.) *Biology and Conservation of Sea Turtles*, pp.353-362. Washington D.C.: Smithsonian Institution Press.

Rabel, T. (1974) *Sea Turtles and the Turtle Industry of the West Indies, Florida, and the Gulf of Mexico, with Annotated Bibliography*. Miami: University of Miami Press (Revised edition of R. Ingle. and F. Smith).

Roberts, H., and Murray, S. (1983) Controls on Reef Development and the Terrigenous-Carbonate Interface on a Shallow Shelf, Nicaragua. *Coral Reefs* 2 (1): 104-109.

Sather, C. (1997) *The Bajau Laut: Adaptation, History, and Fate in a Maritime Fishing Society of South-eastern Sabah*. Oxford: Oxford University Press.

Smith, R. (1985) The Caymanian Cat boat: A West Indian Maritime Legacy. *World Archaeology* 16: 19-27.

Suwelo, I., and Nuitja N., and Soetrisno, I. (1981) Marine Turtles in Indonesia. In Bjorndal K. A. (eds). *Biology and Conservation of Sea Turtles*, pp.349-352. Washington D.C.: Smithsonian Institution Press.

高木 仁（2009）『ニカラグア共和国・ミスキート村落におけるウミガメ漁漁撈集団の編成にみる社会関係』修士学位請求論文, 筑波大学.

高木 仁（2015）「東ニカラグア、ミスキート諸島海域の木造アオウミガメ漁船（Dori Tara, 大きな舟）」『文化科学研究』12: 139-163.

高木 仁（2016）「自然資源の利用に関する環境人類学研究――ニカラグア先住民によるアオウミガメ漁の事例」博士学位請求論文, 総合研究大学院大学.

高木 仁（2018）「カリブ海のウミガメ食」『BIOSTORY』28: 98-108.

Thompson, E. (1967) Time, Work-Discipline, and Industrial Capitalism. *Past & Present* 38: 56-97.

Troëng, S., Evans, D., Harrison, E., and Lagueux, C. (2005) Migration of Green Turtles Chlonia Mydas from Tortugueso Costa Rica. *Marine Biology* 148 (2): 435-447.

梅棹忠夫（1967）『文明の生態史観』東京 : 中央公論社.

梅棹忠夫（1983）『地球時代の人類学（上・下）』東京 : 中央公論社.

Westerlaken (2016) The Use of Green Turtles in Bali, When Conservation Meets

American Association of Geographers 94: 638-661.

Milliken, T., and Tokunaga, H. (1987) *The Japanese Sea Turtle Trade 1970-1986*. A Special Report prepared by TRAFFIC (Japan). Washington, D.C.: Center for Environmental Education.

Miriani, J. (1999) *Encyclopedia of American Food and Drink*. New York: Lebhar-Freidman.

ミンツ , S.（1988）『甘さと権力――砂糖が語る近代史』（川北稔・和田光弘訳）東京 : 平凡社 .

茂在寅男 and Cucari, S.（1981）『帆船』東京 : 小学館 .

長津一史 (2010) A Preliminary Spatial Data on the Distribution of the Sama-Bajau Population in Insular Southeast Asia.『白山人類学』13: 53-62.

Nietschmann, B. (1969) The Distribution of Miskito, Sumu, and Rama Indians, Eastern Nicaragua, *Bulletin of the International Committee on Urgent Anthropological and Ethnological Research*. International Union of Anthropological and Ethnological Sciences, Vienna 11, pp. 91-102.

Nietschmann, B. (1973) *Between Land and Water: Subsistence Ecology of the Miskito Indians, Eastern Nicaragua*. New York: Seminar Press.

Nietschmann, B. (1979) Ecological Change, Inflation, and Migration in the far Western Caribbean. *The Geo Review* 69 (1): 1-24.

Nietschmann, B. (1986) *The Unknown War : The Miskito Nation, Nicaragua, and the United States*. New York: Uni Press of America.

Nietschmann, B. (1997) Protecting Indigenous Coral Rreefs and Sea Territories, Miskito Coast, RAAN, Nicaragua. In S. Stevens (eds). *Conservation through Cultural Survival: Indigenous Peoples and Protected Areas*: pp.193-224. Washington D.C.: Island Press.

Oertzen, E. V., Rossbach, L., and Wünderrich. V. (1990) *The Nicaraguan Mosquitia in Historical Documents 1844-1927*. Berlin: Dietirich Reimer Verlag.

Olien, M. (1998) General, Governor and Admiral: Three Miskito Lines of Succession. *Ethnohistory* 45: 278-318.

Parsons, J. (1955) The Miskito Pine Savanna of Nicaragua and Honduras. *Annals of the American Association of Geographers* 45(1): 36-63.

Parsons, J. (1962) *Green Turtle and Man*. Gainesville: University of Florida Press.

Parsons, J. (2000) Sea Turtle and Their Egg. In Kiple K. F., and Ornelas K. C. (eds.) *The Cambridge World History of Food*, pp.567-574. Cambridge: Cambridge University Press.

Jensen, A. (2009) Shifting Focus: Redefining the Goals of Sea Turtle Consumption and Protection in Bali. *Independent Study Project* (ISP) Collection. 753.

Johannes, R. (1978) Traditional Marine Conservation Methods in Oceania and Their Demise. *Annual Review of Ecology and Systematics* 9: 349-364.

亀崎直樹編（2012）『ウミガメの自然誌――産卵と回遊の生物学』東京：東京大学出版会.

河合恒生（1980）『パナマ運河史』東京 : ニュートンプレス .

King, F. (1982) Historical Review of the Decline of the Green Turtle and Hawksbill. In K. A. Bjorndal (eds.) *Biology and Conservation of Sea Turtles*. pp.183-188. Washington D.C.: Smithsonian Institution Press.

Kindblad, C. (2001) *Gift and Exchange in the Reciprocal Regime of the Miskito on the Atlantic Coast of Nicaragua, 20th Century*. Lund: Lund University.

桑原茂夫（2003）『図説 不思議の国のアリス』東京 : 河出書房新社 .

Lagueux, C. (1998) Marine Turtle Fishery of Caribbean Nicaragua: Human Use Patterns and Harvest Trends. *Ph. D. Dissertation*, University of Florida.

Lagueux, C. L., Campbell, C., and Strindberg, S. (2014) Artisanal Green Turtle, Chelonia mydas, Fishery of Caribbean Nicaragua: Catch Rates and Trends, 1991-2011. *PLoS ONE* 9 (4): e94667. Doi: 10.1371/journal. Pone. 0094667.

Lefever, H. (1992) *Turtle Bogue: Afro-Caribbean Life and Culture in a Costa Rican Village*. Pennsylvania: Susquehanna University Press.

レヴィ＝ストロース , C.（2007）『食卓作法の起源』（渡辺公三・榎本譲・福田素子・小林真紀子訳）東京 : みすず書房 .

Lewis, C. (1940) The Cayman Islands and Marine Turtle. *Bulletin of the Institute of Jamaica, Science Series* 2: 56-65.

Linares, O. (1976) “Garden hunting” in the American Tropics. *Human Ecology* 4 (4): 331-349.

Lindsey, L. (1995) *Turtle Islands: Balinese Ritual and the Green Turtle*. Tokyo: Takarajima Books.

Long, E. (1970) *The History of Jamaica: Reflections on its Situation, Settlements, Inhabitants, Climate, Products, Commerce, Laws and Gorvernment*. volume1. London: Frank Cass (Reprinted edition of 1730).

増田義郎（1989）『略奪の海カリブ――もうひとつのラテン・アメリカ史』東京：岩波書店 .

McSweeney, K. (2004) The Dugout Canoe Trade in Central America's Mosquitia: Approaching Rural Livelihoods through system of exchange. *Annals of the*

Haenn, N., and Wilk, R. (eds.) (2005) *The Environment in Anthropology: A Reader in Ecology, Culture, and Sustainable Living*. New York: New York University Press.

Halkyard B. (2009) Exploiting Green and Hawksbill Turtles in Western Australia: A Case Study of the Commercial Marine Turtle Fishery, 1869-1973. *A HMAP Asia Project Paper. Asia Research Centre Working Paper* no. 160, Murdoch University.

Helms, M. (1971) *Asang: Adaptations to Culture Contact in a Miskito Community*. Gainesville: University of Florida Press.

Helms, M. (1986) Of Kings and Contexts: Ethnohistorical Interpretations of Miskito Political Structure and Function. *American Ethnologist Society* 13 (3): 506-523.

Hendrickson, J. (1958) The Green Sea Turtle, Cheloniam mydas (Linn.) in Malaya and Sarawak. *Proceedings of Zoological Societies of London*. 130(4): 455-535.

Herlihy, L. (2008) Matrifocality and Women's Power on the Miskito Coast. *Ethnology* 46(2): 133-150.

Houwald, G. (2003) *Mayangna, Apuntes Sobre la Historia de los Indegenas Sumu en Centroamérica*. Managua: Fundación Vida.

Humber, F. J. G., and Broderick, A. (2014) So Excellet a Fishe: Global Overview of Legal Marine Turtle Fisheries. *Diversity and Distribution* 20 (5): 579-590.

ヒューズ, K.（1999）『十九世紀イギリスの日常生活』（植松靖夫訳）東京：松柏社.

飯田卓（2004）「マダガスカルの嗜好品――『祝祭』としてのウミガメ食」高田公理・栗田靖之／CDI 編『嗜好品の文化人類学』講談社 : 190-197.

池谷和信編著（2003）『地球環境問題の人類学――自然資源へのヒューマンインパクト』東京 : 世界思想社.

池谷和信編（2009）『地球環境史からの問いヒトと自然の共生とは何か』東京 : 岩波書店.

池谷和信編（2017）『狩猟採集民からみた地球環境史――自然・隣人・文明との共生』東京 : 東京大学出版会.

石毛直道（2005）『食卓文明論――チャブ台はどこに消えた』東京 : 中央公論新社.

Ingle, R., and Smith, W. (1938) *Sea Turtles and the Turtle Industry of the West Indies, Florida, and the Gulf of Mexico, with Annotated Bibliography*. Miami: University of Miami Press.

Jamieson, M. (2002) Ownership of Sea-Shrimp Production and Perceptions of Economic Opportunity in a Nicaraguan Miskitu Village. *Ethnology* 41(3): 281-298.

la Costa de Oaxaca. Benemérita Universidad Autónoma de Puebla, Instituto de Ciencias Sociales y Humanidades.

Carneiro, R. (1970) A Theory of the Origin of the State. *Science* 169: 733-738

キャロル , L.（2000）『不思議の国のアリス』（脇明子訳）東京 : 岩波書店 .

Carr, A., and Ogren, L. (1960) *The Ecology and Migrations of Sea Turtles 4*. Bulletin of the American museum of natural history 121. New York: American Museum of Natural History.

Carr, A., Carr, M., and Meylan, A. (1978) *The Ecology and Migrations of Sea Turtles, 7. The west Caribbean green turtle colony*. Bulletin of the American Museum of Natural history 162. New York: American Museum of Natural History.

コロン，E.（1992）『コロンブス提督伝』（吉井善作訳）朝日新聞社 .

Conzemius, E. (1932) *Ethnological Survey of the Miskitu and Sumu Indians of Honduras and Nicaragua*. Washington D.C.: Smithsonian Institution Bureau of American Ethnology.

ダンピア，W.（1992）『最新世界周航記』（平野敬一訳）東京 : 岩波書店 .

Denevan, W. (2002) Bernard Q. Nietschmann, 1941-2000: Mr Barney, Geographer and Humanist. *Geographical Review* 92 (1): 104-109.

Dennis, P. (2000) Autonomy on the Miskitu coast of Nicaragua. *Reviews in Anthropology* 29 (2): 199-210.

Dennis, P. (2003) Cocaine in Miskitu Villages. *Ethnology* 42(2): 161-172.

Dennis, P. (2004) *The Miskitu people of Awastara*. Austin: University of Texas Press.

Dennis, P., and Olien, M. (1984) Kingship among the Miskito. *American Ethnologist* 11(4): 718-737.

Dodds, D. (1998) Lobster in the Rain Forest: The Political Ecology of Miskito Wage Labor and Agricultural Deforestation. *Journal of Political Ecology* 5 (1): 83-108.

Ellen, R. (2003) *On the Edge of the Banda Zone: Past and Present in the Social Organization of a Moluccan Trading Network*. Honolulu: University of Hawaii Press.

Frazier, J. (1980) Exploitation of Marine Turtles in the Indian Ocean. *Human Ecology* 8: 229-370.

Garland, K., and Raymond, C. (2010) Changing Taste Preferences, Market Demands and Traditions in Pearl Lagoon, Nicaragua: A Community Reliant on Green Turtles for Income and Nutrition. *Conservation and Society* 8 (1): 55-72.

参考文献

Acheson, J. (1975) The Lobster Fiefs: Economic and Ecological Effects of Territoriality in the Maine Lobster Industry. *Human Ecology* 3 (3): 183-207.

秋道智彌（1994）「神がみの島のウミガメ」『月刊みんぱく』18 (11): 15-17.

秋道智彌（2016）『越境するコモンズ』京都：臨川書店 .

Albala, K. (2003) *Food in Early Modern Europe*. Westport: Greenwood Press.

Alison, R. (2012) *The Case of the Green Turtle: An Uncensored History of a Conservation Icon*. Baltimore: Johns Hopkins University Press.

Achterkamp, R. (2017) Western and Local Perceptions of Sea Turtle Conservation in Serangan, Bali. *MA thesis*, Cultural Anthropology and Development Sociology, Universiteit Leiden.

Beeton, I. (1993) *A Victorian Alphabet of Everyday Recipes*. Boston: Bullfinch Press Book.

Behrens, C. (1986) Shipibo Food Categorization and Preference: Relationships between Indigenous and Western Dietary Concepts. *American Anthropologist* 88 (3): 647-658.

Bell, C. et al. (2005) Some of them came home: the Cayman Turtle Farm head starting project for the green turtle. *Oryx* 39 (2): 137-148.

Bell, N. (1989) *Tangweera*. Austin: University of Texas Press.

Bennett, C. (1962) The Bayano Cuna Indians, Panam: An Ecological Study of Livelihood and Diet. *Annals of the American Association of Geographers* 52 (1): 32-50.

Bilmyer, J. (1946) The Cayman Islands. *Geographical Review* 36: 29-43.

Black, C. (1983) *The History of Jamaica*. Kingston: Longman Caribbean.

Bjorndal, K. (ed.) (1981) *Biology and Conservation of Sea Turtles*. Washington D.C.: Smithsonian Institution Press.

Bräutigam, A., and Eckert, K. (2006) *Turning the Tide: Exploitation, Trade and Management of Marine Turtles in the Lesser Antilles, Central America, Colombia and Venezuela*. Cambridge: TRAFFIC international.

Campbell, C., and Lagueux, C. (2005) Survival Probability Estimates for Large Juvenile and Adult Green Turtles (*Chelonia mydas*) Exposed to an Artisanal Marine Turtle Fishery in the Western Caribbean. *Herpetologica* 61: 91-103.

Capistrán, E. (2010) *Voces del Oleaje: Ecología Política de las Tortugas Marinas en*

【著者略歴】
高木　仁（たかぎ・ひとし）
1979年、埼玉県久喜市に生まれる。2016年、総合研究大学院大学にて博士号（文学）を取得し、2017年より国立民族学博物館に所属。著作に「東ニカラグア、ミスキート諸島海域の木造アオウミガメ漁船（Dori Tara, 大きな舟）」『文化科学研究』（12巻、pp.139-163、2015年）、「カリブ海のウミガメ食」『BIOSTORY』（28巻、pp.98-108、2017年）などがある。

人とウミガメの民族誌
ニカラグア先住民の商業的ウミガメ漁

2019年1月31日　初版第1刷発行

著　者　高　木　　仁
発行者　大　江　道　雅
発行所　株式会社 明石書店
〒101-0021 東京都千代田区外神田6-9-5
電話　03（5818）1171
電話　03（5818）1174
振替 00100-7-24505
http://www.akashi.co.jp
装　丁　明石書店デザイン室
印　刷　株式会社文化カラー印刷
製　本　本間製本株式会社

（定価はカバーに表示してあります）　ISBN978-4-7503-4775-2

医療人類学を学ぶための60冊

医療を通して「当たり前」を問い直そう

澤野美智子 編著 ■A5判／並製／240頁 ◎2800円

文化人類学の一領域であり、一方で患者への治療やケアに直接結びつく医学・看護学の側面ももつ「医療人類学」。その全体像をつかむための必読書やお薦めの本を60冊選んで紹介するブックガイド。近年重視されるQOLのあり方を考えるためにも役に立つ一冊。

●内容構成●

第Ⅰ章　医療人類学ことはじめ――中高生から読める本
第Ⅱ章　身体観と病気観
第Ⅲ章　病気の文化的側面と患者の語り
第Ⅳ章　病院とコミュニティ
第Ⅴ章　歴史からのアプローチ
第Ⅵ章　心をめぐる医療
第Ⅶ章　女性の身体とリプロダクション
第Ⅷ章　さまざまなフィールドから――医療人類学の民族誌
